全国高职高专教育"十二五"规划教材

机 械 制 图

郭建斌　主编

中国水利水电出版社
www.waterpub.com.cn

内 容 提 要

本书是根据教育部批准印发的"高职高专工程制图课程教学基本要求",参考最新国家标准所编写的一本近机类《机械制图》教材。

本书在保证基本教学内容的基础上,综合了水利、制药、工业类等近机类应用专业的需要,重视学习者读图能力的培养,增强了组合体构形、零件图、装配图的阅读和绘制等内容,在文字上注意基本概念和基本知识的准确阐述;书中 AutoCAD 制图内容采用 2010 版本,力求读者快速入门。

全书共分 11 章,介绍了制图的基础知识、基本方法和技巧,以及国家标准规定等;既包括了几何要素、基本体、组合体、轴测图的视图投影等画法几何知识,又包括了零件图、装配图、焊接图、立体展开图的绘制和阅读等机械图知识;涵盖了 CAD 绘图和三维造型等计算机绘图。

与本书配套的《机械制图习题集》同时出版。

本书可以作为高职高专教育近机类、水利类、制药类各专业的基础教材,也可供其他专业教师和有关工程技术人员参考。

图书在版编目（ＣＩＰ）数据

机械制图 / 郭建斌主编. -- 北京 ： 中国水利水电
出版社，2011.8
全国高职高专教育"十二五"规划教材
ISBN 978-7-5084-8933-9

Ⅰ. ①机… Ⅱ. ①郭… Ⅲ. ①机械制图－高等职业教
育－教材 Ⅳ. ①TH126

中国版本图书馆CIP数据核字(2011)第182537号

书　名	全国高职高专教育"十二五"规划教材 **机械制图**	
作　者	郭建斌　主编	
出版发行	中国水利水电出版社 (北京市海淀区玉渊潭南路 1 号 D 座　100038) 网址：www. waterpub. com. cn E - mail：sales@waterpub. com. cn 电话：(010) 68367658（发行部）	
经　售	北京科水图书销售中心（零售） 电话：(010) 88383994、63202643 全国各地新华书店和相关出版物销售网点	
排　版	中国水利水电出版社微机排版中心	
印　刷	北京市北中印刷厂	
规　格	184mm×260mm　16 开本　23 印张　545 千字	
版　次	2011 年 8 月第 1 版　2011 年 8 月第 1 次印刷	
印　数	0001—4000 册	
定　价	**36.00 元**	

本 书 编 委 会

主　　编：郭建斌

副 主 编：林红艳　戴小斌　黄晓萍　张淑敏

编写人员：徐立群　秦战生　范世祥　卜现港

　　　　　夏海南　卢　彬　侯　俊　张晓红

　　　　　夏仕锋

前　言

　　本教材是由河海大学联合南京中医药大学、南京工业大学、南京机电职业技术学院、金肯职业技术学院等院校在 2008 年出版的《机械制图》的基础上根据教育教学需要重新组织编写的。本教材综合了水利、医药、工业类等近机类应用专业的需要，结合现代机械工程图学的教学目标，目的在于打通相关专业基础教学平台，实现通用知识与专业特色相结合的教育教学目标。

　　本教材根据教育部批准印发的"高职高专工程制图课程教学基本要求"和近年来发布的国家标准，参考了相关院校的同类教材、教学大纲、教学计划，在吸取实践教学经验的基础上编撰而成。编写过程中，努力按照"宽基础、精内容、重实践、易教学"的要求，安排本书的体系、知识点、文字叙述和插图等内容，力图充分体现开发智力、培养能力、调动学习积极性等教学宗旨，以期实现培养和提高中高级科技人才素质的教学建设目标。本教材的编写主要体现在以下特点：

　　（1）本教材以实现"培养学生绘图和读图能力"为目标，在制图的基本理论和基本知识方面，特别注重叙述的条理和内容的深入浅出，使学生能正确绘制和阅读比较简单的机械图样。

　　（2）根据课程知识点的内在联系，组织教学内容，按照循序渐进、由浅入深的原则，突出重点，分散难点。

　　（3）书中对文字叙述的详略和图例选择作了一定安排，注意内容突出、目标清晰、繁简适中，便于读者的自学。在文字叙述上，注意基本概念和基础知识的准确阐述，注意教学内容中绘图和看图过程的表达，为提高学生绘图和看图能力打下坚实的基础。

　　（4）书中内容参考和采纳了最新国家标准要求，便于读者能够了解和掌握相关标准的规定。

　　（5）考虑到专业特点和学时所限，将"换面法"等知识点作了删除；考虑到现代 CAD 三维建模技术已比较成熟，对轴测视图部分作了一定简化、删节；与专业工程应用衔接紧密的"零件图"、"装配图"、"展开图"、"焊接图"、"平面 CAD 制图"等内容作了一定扩充延伸。章节安排贯彻了与工程应用相结合的教学目标。

（6）为满足不同层次教学的需要，本书对基础知识环节进行了"☆"、"☆☆"两级难点认证，使全书在知识体系上科学合理。使用中可根据学生专业、层次等的不同自行选择，适合不同层次要求的教学。

（7）近年来以 AutoCAD、SolidWorks 等为代表的现代 CAD 软件系统得到广泛应用，本书有针对性地介绍了相关 CAD 的应用知识，以促进制图类教材的变革与创新。

本教材编撰过程中考虑到内容与其他同类教材的兼容性、连贯性，选编内容注意吸纳和参考同类教材、教案的经典题例，并在此基础上进行修订和创新。书中若干图样选编自互联网资料，出处无从查考，加之编撰时间较为紧迫，因此选用时没有注明参考出处，特此声明。

为了促进教与学的有序规范以及辅助课外教学的目标，本书专门开发了 CAI 课件系统和基于互联网平台的课外辅助支撑系统，通过 Flash 动画技术实现启迪式教学和课程教学内容的有效再现，有效降低教师备课、授课的工作强度，加强工程实践性环节，调动学生的学习积极性，利于自学和制图技能的掌握。该系统可以兼容各高校现有多媒体支持平台，实现无缝衔接，欢迎大家通过QQ1762544523 索取使用。

由中国水利水电出版社出版的郭建斌、徐立群主编的《机械制图习题集》，供本书配套使用。本套教材可作为高职高专院校非机类和近机类工科专业"机械制图"课程的教材，也可供各类学校和自学青年学习机械制图时参考。

本教材经中国水利水电出版社教材编审委员会 2011 年工作会议评审，同意出版，并委托河海大学水电学院陈寿富教授审阅。审阅人提出了许多宝贵的修改意见和建议，在此致以诚挚的感谢。

在编撰过程中，河海大学教务处、河海大学能源与电气学院等单位领导给予了高度重视和大力支持，在此一并表示感谢。

由于编者水平有限，书中难免存在一些缺点和不足，为此热忱欢迎广大读者批评和指正，以使本教材能够更趋完善。

编　者

2011 年 6 月于南京

目 录

绪　　论

0.1　课程基本概念

机械制图是用图样表示机械的确切形状结构、大小、工作原理和技术要求的学科。在生产建设和科学研究过程中，对于已有或想象中的空间体（如地面、建筑物、机器等）的形状、大小、位置等相关资料，很难用语言和文字清楚表达，通常需要在平面（例如图纸）上用图形表达，这种工程物体的表达图称为工程图。工程图由图形、符号、文字和数字等组成，能表达设计意图、制造要求和技术经验等，可解决工程中的定位、度量、计算等问题，是进行设计和构思的重要工具之一，常被称为工程界的语言。

工程图通常采用抽象的点、线、面等几何形体的方法，把工程上的立体形体投影成平面图样，通过研究平面图样来获得空间物体的形状、大小和相互位置等特征信息。为了使图样中涉及的格式、文字、图线、图形简化和符号含义有统一明确的理解，在工程图中，除了用于表达物体形状的线条以外，还应采用国家制图标准规定的一些表达方法和符号，注以必要的尺寸和文字说明，使得工程图能完善、明确和清晰地表达出物体的形状、大小和位置以及其他必要的资料（如物体的名称、材料的种类和规格、生产方法等）。

按用途分类，常用的工程图有如下几种。

（1）零件图。描述零件的形状、大小以及制造和检验零件的技术要求，如图0.1所示。

（2）装配图。表明机器或部件的整体结构和所属零件、部件之间的装配连接关系等。

（3）轴测投影图（轴测图）。在一个投影面上同时反映零件的正面、顶面和侧面形状的立体图，是一种直观性强、常用的辅助图样。

（4）布置图。描述机械设备在厂房内的位置。

（5）示意图。表达机械的工作原理。各机械构件均用符号示意表示，如表达机械传动原理的机构运动简图、表达液体或气体输送线路的管道示意图等。

（6）展开图。将空间形体的表面在平面上摊平后得到的图形。

（7）焊接件图。表示被焊构件的相互位置、焊接要求和焊缝尺寸等。

按表达方法分类，常用的工程图有如下几种。

（1）视图。机件向投影面投影得到的图形，主要用于表达机件的外部形状和轮廓特征。机件位于投影面与观察者之间时称为第一角投影法，投影面位于机件与观察者之间时称为第三角投影法。中国国家标准规定采用第一角投影法。根据投影方向和相应投影面的位置，视图可分为主视图、俯视图、左视图、右视图等。

（2）剖视图。用假想的剖切面剖开机件，将处在观察者与剖切面之间的部分移去，对其余部分向投影面进行投影而得到的图形。

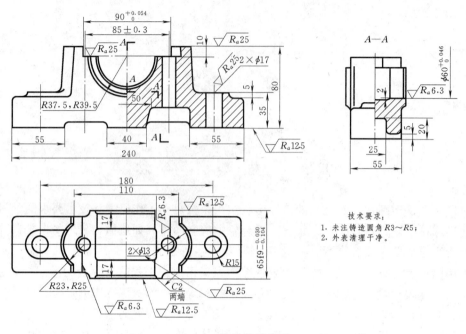

图 0.1 轴承座零件图

（3）断面图。用假想的剖切面截切机件所获得的截面图形，一般用于轴、肋筋等结构形状的表达。

0.2 课程目标、任务和内容

本课程是应用投影法（主要是正投影）绘制机件图样、解决空间几何问题。目的是培养学习者图样的绘制、阅读和图解等能力，如图 0.2 所示。

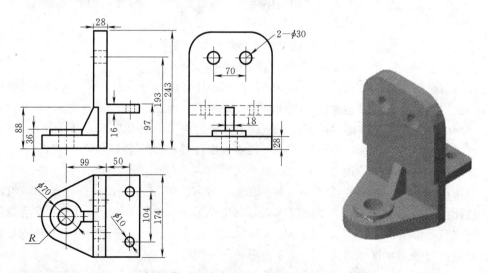

图 0.2 空间立体的平面视图表达

2

本课程学习任务包括以下几个方面。

（1）掌握投影法的基本理论，培养使用二维平面图形表达机器和零部件三维空间形状的能力。

（2）研究常用的图解方法，培养徒手、使用仪器、绘图软件绘制机械图样的能力以及阅读机械图样的能力。

（3）初步掌握计算机绘制图形的能力。

（4）理论与实践相结合，培养图示空间几何形体和图解空间几何问题的能力。

（5）培养工程意识以及贯彻、执行国家标准的意识。

（6）培养耐心细致的工作作风和严肃认真的工作态度。

本课程学习内容包括以下几个方面。

（1）几何学部分内容。包括投影的基本知识，点、直线和平面的投影，几何元素的相对关系，基本体的投影，平面和直线与立体相交，立体与立体相交，组合体，轴测图与透视图，立体表面展开。

（2）制图基础部分内容。包括制图基本知识，国家标准的有关规定，仪器绘图、徒手绘图和使用计算机绘图的基本方法和技能。

（3）机械图部分内容。包括视图表达方法、机械零件图和部件装配图的一般理论、方法和国家标准的有关规定，机械零件和部件的一般结构知识、技术要求和构型设计方法的初步介绍。

（4）计算机绘图基础知识。

0.3 课 程 学 习 方 法

几何学是制图的理论基础，比较抽象，系统性较强。制图是投影理论的运用，实践性较强，学习时要完成一系列的绘图、识图作业。必须注意学习方法，才能提高学习的效果。

本课程的学习方法有以下四个要点。

1. 空间想象和空间思维与投影分析的作图过程紧密结合

本课程的核心内容是用投影法（主要是多面正投影法）表达空间几何元素以及在二维平面上图解空间几何问题。基础投影理论是空间形体与二维平面图形相互转换的纽带。用投影理论分析形体与图形的能力，是制图能力培养与形成的中心环节。

要有目的地训练形体分析和线面分析的方法，将空间形体分解为各种基本几何体，再进一步分解为面、线、点，然后按照基本投影规律转换为平面图形。反过来，要使学习者也能理解平面图形上的点、线、面等几何元素在空间形体上的具体位置和在投影体系中的相对位置及特点，并能根据"长对正、高平齐、宽相等"的三等对应关系，以及"量左右、比高低、分前后"的六向方位关系，找出各视图间的内在联系，从而想象出空间形体的形状和结构。总之，要通过基础投影理论的反复应用，训练并养成学生的空间想象能力和思维能力，以达到熟练地读图和绘图的目的。

2. 理论联系实践，绘图学习与读图学习相结合

由于工程图样是用于生产过程的重要技术文件，不仅要求其承载的信息正确，而且要

求图样本身要规范、清晰、整洁、美观，这在很大程度上取决于认真负责的工作态度、严谨的科学作风以及正确的绘图方法、步骤和技能的掌握。

另外，本课程是理论和绘图实践相结合的课程。一方面将空间机件通过平面图样表示出来，称为绘图过程；另一方面要根据平面图样想象出机件的立体形状和空间结构，称为读图过程。无论是读图或绘图，学习者都必须具备理论与实践相结合的本领，需要通过大量画图和看图实践，切实提高空间思维想象能力，才能掌握实际绘图（徒手绘图、尺规绘图和用计算机绘图）的正确方法、步骤和操作技能和实践图解能力。

3. 树立标准化意识，加强对国家标准的学习

为了确保图样传递信息准确无误，对图形形成的方法和图样的具体绘制、标注方法都必须有严格、统一的规定，以保证其正确与规范。

各国一般都有自己的国家标准，国际上有国际标准化组织（ISO）制定的标准。在我国，对工程技术图样重要的统一规定以"国家标准"形式作出。国家标准简称"国标"，代号"GB"。我国 1959 年颁布《工程制图》国家标准，1965 年颁布《建筑制图》国家标准，此后，随着科技进步和国民经济的发展，制定了各个技术领域和行业部门通用的《技术制图》国家标准等。国家标准对投影方法、图样画法、尺寸注法、图纸幅面及格式、比例、字体、图线等很多方面都作了规定。每个学习者都必须从开始学习本课程时就树立标准化意识，认真学习并坚决遵守国家标准的各项规定，保证自己所绘图样的正确、规范。

4. 与工程实践相结合

本课程是服务于工程实践的工具课，因此，在学习中必须注意学习和积累相关工程实际知识，如机械设计知识、机械零件结构知识和机械制造工艺知识等。这些知识的积累对加强读图和画图能力都有很大帮助。

0.4 课程发展的历史和前景

用图样来纪事起源很早，如中国宋代苏颂和赵公廉所著《新仪象法要》中已附有天文报时仪器的图样，明代宋应星所著《天工开物》中也有大量的机械图样，但尚不严谨。18 世纪末期，法国几何学家 G·蒙日发表《画法几何》一书，完整系统地论述了画法几何学，提出了二维平面上图样表达三维空间形体和图解空间几何问题的方法，奠定了工程制图的理论基础。此后，工作图样开始严格按照画法几何的投影理论进行绘制。

20 世纪中后期，伴随着计算机技术的迅猛发展，计算机图形学（Computer Graphics, 简称 CG）和计算机绘图技术得到快速发展，并正在各行各业中得到日益广泛的应用。CG 为计算机辅助设计（Computer Aided Design, 简称 CAD）的发展提供了条件与基础，可以说计算机绘图技术为人类设计自动化的实现创造了不可缺少的条件。近年来计算机绘图技术的三维立体造型功能得到长足发展，如 SolidWorks、AutoCAD、Autodesk Inventor、Pro/Engineer、CATIA、Unigraphics 等 3D - CAD 软件，可以直接输出立体图，如在设计船舶、车身曲面时可从不同视角观察所设计的形体，表现力和预见性极强，并可以实现力学、流态和热分析等内容的仿真分析研究，极好地预见到设计效果。"先三维造型、再自动生成二维图形"的方法已在很多设计场合使用，它改变了长期以来单纯在

二维平面上解决三维问题的模式，极大地促进了工程图学的发展。

目前采用计算机绘图技术可以绘制汽车、船舶、飞机的外形透视图，如图 0.3 所示；可以绘制机械零件图和部件装配图，如图 0.4 所示；可以绘制集成电路版图，如图 0.5 所示；可以绘制建筑效果图，如图 0.6 所示；还可以绘制气象图、地形图、统计图表以及服装图样、艺术图案和动画片等。在未来的时代里，以计算机绘图理论和技术为主的工程制图技术必将得到更大的发展，为人类文明作出更大的贡献。

图 0.3　汽车车身透视图

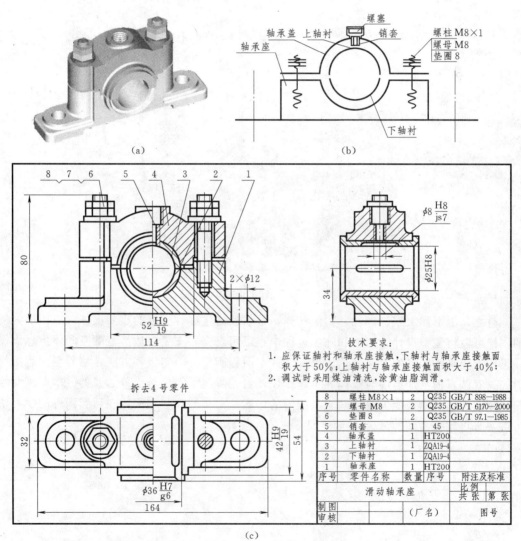

(a)　　　　　　　　　　　(b)

拆去4号零件

技术要求：
1. 应保证轴衬和轴承座接触，下轴衬与轴承座接触面积大于50%；上轴衬与轴承座接触面积大于40%；
2. 调试时采用煤油清洗，涂黄油脂润滑。

8	螺柱 M8×1	2	Q235	GB/T 898—1988
7	螺母 M8	2	Q235	GB/T 6170—2000
6	垫圈 8	2	Q235	GB/T 97.1—1985
5	销套	1	45	
4	轴承盖	1	HT200	
3	上轴衬	1	ZQA19-4	
2	下轴衬	1	ZQA19-4	
1	轴承座	1	HT200	
序号	零件名称	数量	序号	附注及标准

滑动轴承座		比例	
		共张	第张
制图		(厂名)	
审核			图号

(c)

图 0.4　滑动轴承座装配图

5

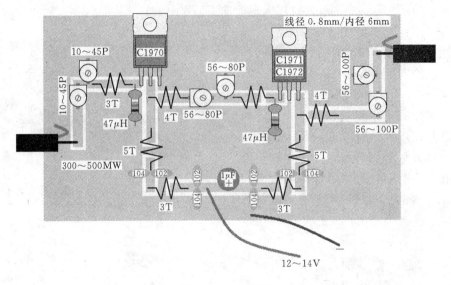

线径 0.8mm/内径 6mm

10~45P
C1970
10~45P
3T
47μH
5T
300~500MW
104 102
102
1μF
102
102 104
104
104
3T
3T
56~80P
56~80P
4T
47μH
C1971
C1972
56~100P
4T
56~100P
5T

12~14V

图 0.5　电路总图

图 0.6　住宅透视图

　　总之，图形和文字、声音、图像一样，是承载信息进行交流的重要媒体。以图形为主的图样可以将工程设计、制造和施工过程中难以用语言和文字表达清楚的空间体信息、设计思想等用平面图形的方法表达出来。掌握本课程所学习的知识和方法，培养空间想象能力，树立认真的工作态度与严谨的工作作风，对工程技术人员是十分必要的。本课程对绘图、读图和图解学习能力及空间想象能力的培养是初步的和基本的，在后续课程的学习中可进一步得到提高和加强。

第1章 机械工程图学基础

图样是现代工业生产中的技术文件，也是工程界的技术语言，其中设计图样是产品设计、制造、安装、检测校验等过程中的重要技术资料，是技术交流的基本工具，是工程师的语言。为方便生产管理和技术交流，国家标准对图样的内容、格式、画法、所用代号等均有统一"规定"。《技术制图》和《机械制图》等国家标准是绘制和阅读机械图样的技术准则和依据，其中《机械制图》国家标准适用于机械图样的制图、阅图，《技术制图》标准则普遍适用工程界各种专业技术图样，如水工制图、化工制图等。我国的《机械制图》国家标准于1959年颁布实施，相关国家标准自实施以来，历经多次修订，随着生产技术的发展，有些地方还将有所变动和发展，起到了统一工程语言的作用。作为工程技术人员，必须严格遵守，认真贯彻执行。

本章将结合国家标准，介绍图纸幅面及相关规格、比例、字体、图线和尺寸注法的有关规定，以及常见手工制图方法和几何作图方法，实现工程技术人员手工绘图的基本技能，为掌握现代计算机绘图技术过程中的各种绘图技巧打好基础。

手工绘图过程是：在标准绘图纸上，用绘图铅笔按标准规定和方法绘制图样稿（白图），再使用亚透明的描图纸盖在图稿上，用描图笔把图稿描出（底图），然后用晒图机或复印机将底图上的图样翻晒或复印在图纸上，就得到一般常见的工程图纸（通称蓝图）。

1.1 有关国家标准规定

1.1.1 图纸幅面（GB/T 14689—2008）[1] 相关规格

1. 图纸幅面

国家标准规定：绘制技术图样时，应优先采用标准幅面图纸绘图。国家标准规定了A0、A1、A2、A3、A4等基本幅面如图1.1所示（基本幅面的尺寸见表1.1）。必要时，允许按长边加长的方法加大幅面尺寸，具体是A0、A2、A4加长量按A0幅面长边1/8的倍数递增，对于A1、A3加长量按A0短边的1/4倍数递增；A0和A1两幅面允许两边同时加长，图纸常用加长幅面的

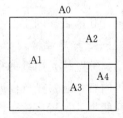

图1.1 图纸幅面
示意图

---

❶ GB/T 14689—2008《技术制图 图纸幅面和格式》为推荐性国家标准代码，14689为标准编号，2008年发布。

尺寸见表 1.2。

表 1.1 图纸基本幅面的尺寸 单位：mm

幅面代号	A0	A1	A2	A3	A4
$B \times L$	841×1189	594×841	420×594	297×420	210×297
e	20			10	
c	10			5	
a	25				

表 1.2 图纸常用加长幅面的尺寸 单位：mm

幅面代号	$B \times L$	幅面代号	$B \times L$	幅面代号	$B \times L$
A0×2	1189×1682	A2×5	594×2102	A4×3	297×630
A0×3	1189×2523	A3×3	420×891	A4×4	297×841
A1×3	841×1783	A3×4	420×1189	A4×5	297×1051
A1×4	841×2378	A3×5	420×1486	A4×6	297×1261
A2×3	594×1261	A3×6	420×1783	A4×7	297×1471
A2×4	594×1682	A3×7	420×2080	A4×8	297×1682

2. 图框格式

无论图样是否装订，均应在图幅内绘出图框，以明确设计图样的有效区域。图框由内外两框线组成，外框用细实线绘制，大小为幅面尺寸（表 1.1），内框用粗实线绘制。内外框周边的间距尺寸与图框格式和图幅有关，其中图框格式分为不留有装订边［图 1.2 (a)、(b)］和留装订边［图 1.2 (c)、(d)］两种，图框周边尺寸 a、c、e 见表 1.1。但应注意，同一产品的图样只能采用一种格式。对图形复杂的图纸一般应设置图幅分区便于检索，其形式如图 1.3 所示。

3. 标题栏格式

标题栏是图纸的重要组成部分，用以直观标明设计产品名称，设计、校核人，编序号等内容，通常是读图时第一步需要了解的阅读对象，一般采用手写体书写。国家标准规定标题栏的位置应位于图纸的右下角，如图 1.2 所示。

标题栏中的文字方向为看图方向。标题栏的线型、格式及内容应符合 GB/T 10609.1—2008《技术制图 标题栏》的有关规定，如图 1.4 (a) 所示，其中装配图中明细栏由 GB 10609.2—2008《技术制图 明细栏》规定，通常制图作业中可采用简化标题栏格式绘制，如图 1.4 (b) 所示。

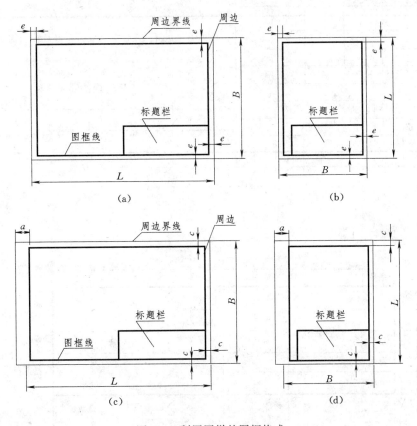

图 1.2　制图图样的图框格式

(a) 不留装订边横向图框；(b) 不留装订边纵向图框；

(c) 留有装订边横向图框；(d) 留有装订边纵向图框

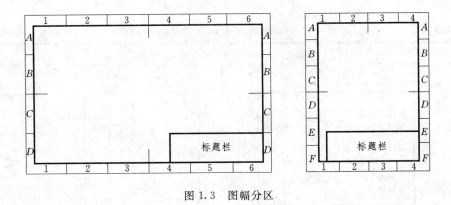

图 1.3　图幅分区

4. 图纸的折叠装订

图纸应按 GB 10609.3—2008《技术制图　复制图的折叠方法》折叠成 297mm×210mm （A4 图纸的大小）后装订，见表 1.3。

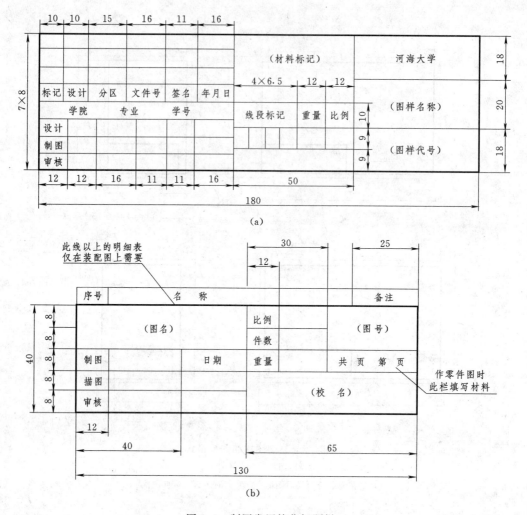

（a）

（b）

图 1.4　制图常用简化标题栏

表 1.3　　　　　　　　折叠成 A4 幅面的方法（GB 10609.3—1989）　　　　　单位：mm

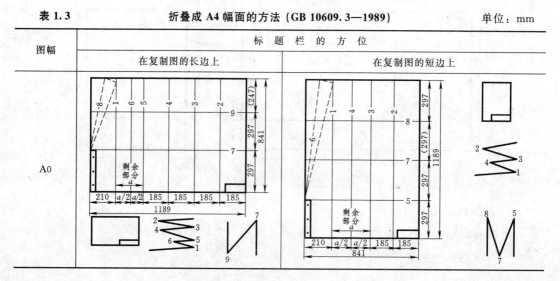

图幅	标题栏的方位	
	在复制图的长边上	在复制图的短边上

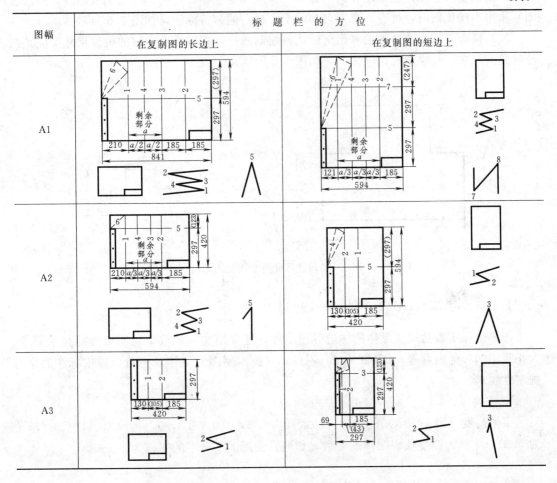

1.1.2 比例 (GB/T 14690—1993)

比例是指图样中图形与其实物相应要素的线性尺寸之比。为了能从图样上直接反映出机件的实际大小，绘图时应尽量采用 1∶1 的比例，以便于阅读时直接看出机件的实际大小。作图中也可以根据机件大小与结构不同，采用缩小或放大的比例，GB/T 14690—1993《技术制图 比例》中规定了缩小或放大的比例，图样应选定确定比例系列绘制。图样的绘图比例见表 1.4。

表 1.4　　　　　　　　　　　　图样的绘图比例

种 类	绘图比例 1			绘图比例 2				
原值比例	1∶1			1∶1				
放大比例	$5\times10^{n}∶1$	$2\times10^{n}∶1$	$1\times10^{n}∶1$	$4\times10^{n}∶1$	$2.5\times10^{n}∶1$			
缩小比例	$1∶2\times10^{n}$	$1∶5\times10^{n}$	$1∶1\times10^{n}$	$1∶1.5\times10^{n}$	$1∶2.5\times10^{n}$	$1∶3\times10^{n}$	$1∶4\times10^{n}$	$1∶6\times10^{n}$

注　n 为大于等于零的整数。

11

（1）绘制同一图样应采用相同的比例，一般注写在标题栏内。当某个视图（如局部视图）采用不同比例时，可在该视图名称的下方或右侧另行标注，如图1.5所示。

（2）特别要注意的是无论采用何种比例绘制图样，在图样上注写的机件尺寸均应是机件的真实尺寸，与绘图的比例无关。如图1.5所示。

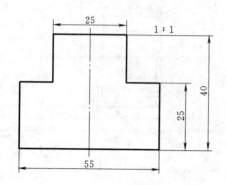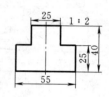

图1.5　标注尺寸与绘图比例无关

1.1.3　字体（GB/T 14691—1993）

图样上除了表达机件形体的构造等图形外，还要用文字和数字说明机件的技术要求、大小规格和其他内容等。GB/T 14691—1993《技术制图　字体》中对图样中标注的字有规定性要求。

1. 字高

字体高度（用 h 表示）的公称尺寸系列为1.8，2.5，3.5，5，7，10，14，20（单位为mm），字体的高度代表字体的号数，如通常使用的5号字的字高为5mm。

2. 汉字

汉字体应为长仿宋体字，并使用中华人民共和国正式公布推行的《汉字方案》中规定的简化字。

汉字的高度不应小于3.5mm，其字宽一般为 $h/\sqrt{2}$。图1.6为汉字示例。

10号仿宋汉字：

中华人民共和国江苏省南京市河海大学

7号仿宋汉字：

横平竖直注意起落结构均匀填满方格

5号仿宋汉字：

技术制图机构制图有限责任公司

图1.6　汉字示例

3. 字母和数字

字母和数字分 A 型和 B 型。A 型字体的笔划宽度（d）为字高的 1/14，B 型字体的笔划宽度为字高的 1/10。在同一张图样上，只允许选用一种形式的字体。字母和数字可写成斜体或直体。斜体字字头向右倾斜，与水平基准线成 75°。

图 1.7 为拉丁字母的大小写示例，图 1.8 为罗马数字和阿拉伯数字示例。

4. 手工书写规则

在图样中书写字体必须做到：字体工整、笔划清楚、间隔均匀、排列整齐。

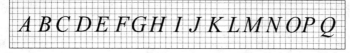

(a)

abcdefghijklmnopq

(b)

图 1.7 拉丁字母的大小写示例
(a) 大写字母；(b) 小写字母

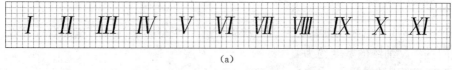

(a)

1234567890

(b)

图 1.8 罗马数字和阿拉伯数字示例
(a) 罗马数字；(b) 阿拉伯数字

1.1.4 图线（GB/T 17450—1998、GB/T 4457.4—2002）

目前我国图样图线绘制方法有专项标准 GB/T 17450—1998《技术制图　图线》和 GB/T 4457.4—2002《机械制图　图线》。在绘制图样时，应执行两标准中的相关规定。

1. 线型

国家标准中规定了 15 种基本线型的变形。图样中常用的八种图线名称、型式、宽度及其应用情况见表 1.5。

表 1.5　　　　　　　　　　　图 线 形 式 与 应 用

图线名称	图线型式	代号	图线宽度	主要用途
粗实线	——————————	A	$d=0.5\sim2mm$	可见轮廓线、过渡线
细实线	———————————	B	$d/2$	尺寸线、尺寸界线、剖面线、引出线、辅助线

图线名称	图线型式	代号	图线宽度	主要用途
波浪线		C	$d/2$	断裂处边界线、视图与剖视的分界线（徒手绘制）
双折线		D	$d/2$	断裂处（假想）的边界线
虚线	2～6 ≈1	E	$d/2$	不可见的轮廓线、过渡线
细点划线	≈20 ≈3	F	$d/2$	轴线、对称中心线、节圆及节线、轨迹线
粗点划线	≈15 ≈3	G	d	有特殊要求的线或表面的表示线
双点划线	≈20 ≈5	H	$d/2$	假想轮廓线、相邻辅助零件的轮廓线、中断线

2. 线宽

图样中的图线分粗线和细线两种。粗线宽度 d 应根据图形的大小和复杂程度在 $0.5\sim$ 2mm 之间选择，细线的宽度约为 $d/2$。

图线宽度的推荐系列为：0.13mm，0.18mm，0.25mm，0.35mm，0.5mm，0.7mm，1mm，1.4mm，2mm。通常在工程应用时一般取 0.7mm 或 0.5mm，避免采用 0.18mm 以下的线宽（复制困难）。

3. 图线画法

（1）同一图样中，同类图线的宽度应基本一致。

（2）虚线、点划线及双点划线的线段长度和间隔应各自大致相等。

（3）两条平行线（包括剖面线）之间的距离应不小于粗实线宽度的两倍，其最小距离不得小于 0.7mm。

（4）如图 1.9 所示，点划线、双点划线的首尾，应是线段而不是短划；点划线彼此相

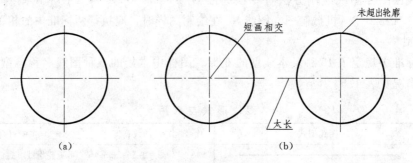

图 1.9　点划线相交画法
(a) 正确；(b) 错误

14

交时应该是线段相交，而不是短划相交；中心线应超过轮廓线，但不能过长，建议中心线应超过轮廓线 2～5mm。

（5）在较小的图形上画点划线、双点划线有困难时，可采用细实线代替。

（6）虚线与虚线、虚线与粗实线相交应是线段相交；若虚线处于粗实线的延长线上时，粗实线应画到位，而虚线在相连处应留有空隙，如图 1.10 所示。

（7）各种图线画法的常用相交、相连如图 1.11 所示。

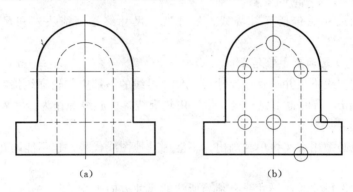

（a）   （b）

图 1.10　图线画法示例

（a）正确；（b）错误

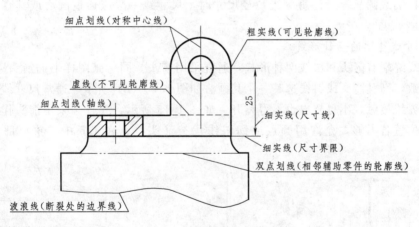

图 1.11　图线画法示例

1.1.5　尺寸注法（GB/T 4458.4—2003）

尺寸标注主要是明确图样中机件形体的实际尺寸、构造规格等信息，GB/T 4458.4—2003《技术制图　尺寸注法》对制图的尺寸标注作了如下原则规定。

1.1.5.1　基本规则

（1）标注尺寸应严格遵照国家标准相关规定，做到正确、齐全、清晰、合理。

（2）机件的真实大小及构造应以图样所标注的尺寸数值为依据，与图样中所绘图形的大小、比例及绘图的准确度无关。

（3）图样中标注的默认尺寸单位毫米，一般不需注明，如需采用其他单位，则必须注明其相应的单位符号。

（4）图样中每一需要标注的尺寸，一般在一张图样中只标注一次，并应标注在能够反映该结构最清晰的图形上。

（5）图样中所注尺寸是该机件最后完工时的尺寸，否则应另加说明。

1.1.5.2 标注尺寸的四要素

一个完整的尺寸应包括尺寸界线、尺寸线、尺寸终端（箭头）和尺寸数字。如图1.12（a）所示。

1. 尺寸界线（表示尺寸的起止）

通常采用细实线画出并垂直于尺寸线。尺寸界线的一端应与轮廓线接触，另一端伸出尺寸线外2～3mm，有时也可以直接"借"用轮廓线、中心线等作为尺寸界线。

2. 尺寸线

（1）尺寸线必须用细实线单独画出，不能用其他图线代替，也不能画在其他图线的延长线上。

（2）标注线性尺寸时，尺寸线必须与所注的尺寸方向平行。

（3）当有几条相互平行的尺寸线时，大尺寸要注在小尺寸的外面，以免尺寸线与尺寸界线相交。

（4）在圆或圆弧等标注直（半）径尺寸时，尺寸线一般应通过圆心或其直径的延长线上。

3. 尺寸线终端的两种形式

尺寸线终端有箭头和斜线两种形式，通常采用箭头。同一张图样上的箭头（或斜线）大小要一致，而且箭头或斜线选其一，其画法如图1.12（b）所示。通常尺寸线终端尖端要与尺寸界线接触，不得超出也不得离开，如图1.13所示，并且当采用箭头作为尺寸线终端时，位置若不够，允许用圆点或细斜线代替箭头，见表1.6中"狭小部位"标注方法。

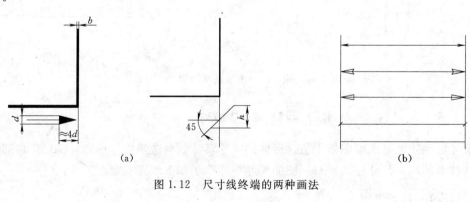

（a）　　　　　　（b）

图1.12　尺寸线终端的两种画法

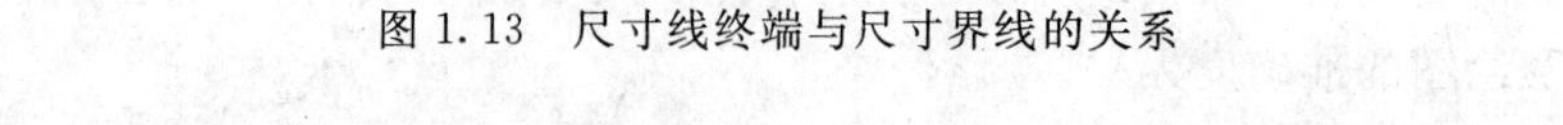

图1.13　尺寸线终端与尺寸界线的关系

4. 尺寸数字

线性尺寸的数字一般注写在尺寸线的上方（图1.14）；或断开尺寸线，注在尺寸线的中断处。

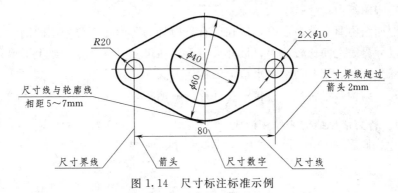

图 1.14　尺寸标注标准示例

（1）书写尺寸数字，水平方向的尺寸数字头朝上。

（2）垂直方向的尺寸数字头朝左。

（3）倾斜方向的尺寸数字头要保持朝上的趋势。

（4）应避免在30°范围内标注尺寸，实在无法避免时，可按表1.6中"尺寸数字"标注方法进行注写。

在尺寸标注过程中必须注意以下要点，一些常见正确与错误对比情况如图1.15所示。

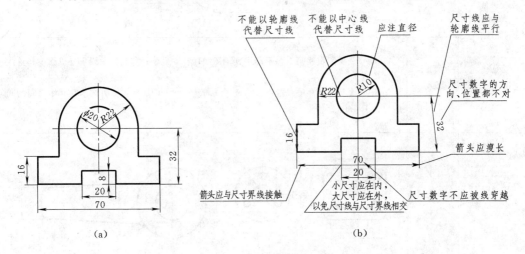

图 1.15　尺寸标注的正误对比
(a) 正确；(b) 错误

（1）尺寸数字应写在尺寸线的中间，在水平线上，应从左到右写在尺寸线上方，在铅直尺寸线上，应从下到上写在尺寸线左方。

（2）长尺寸在外，短尺寸在内。

（3）尺寸界线不能作为尺寸线。

17

（4）轮廓线、中心线可以作尺寸界线，但不能作为尺寸线。

（5）尺寸线倾斜时，标注方向应便于阅读，应尽量避免在斜线 30°范围内注写尺寸。

（6）同一张图纸内尺寸数字大小应一致。

（7）在剖面图中写尺寸数字时，应在留有空白处书写而在空白处不画剖面线。

（8）两尺寸界线之间比较窄时，尺寸数字可注在尺寸界线外侧，或上下错开，或用引出线引出再标注，见表 1.6 中"狭小部位"标注方法。

（9）桁架式结构，可将尺寸直接注在杆件的一侧。

1.1.5.3　各类常见结构的尺寸标注

线性尺寸、圆及圆弧尺寸、角度、弧度尺寸、曲线尺寸、简化注法及其他注法见表 1.6。

表 1.6　　　　　　　　　　　　　各类常见结构尺寸标注

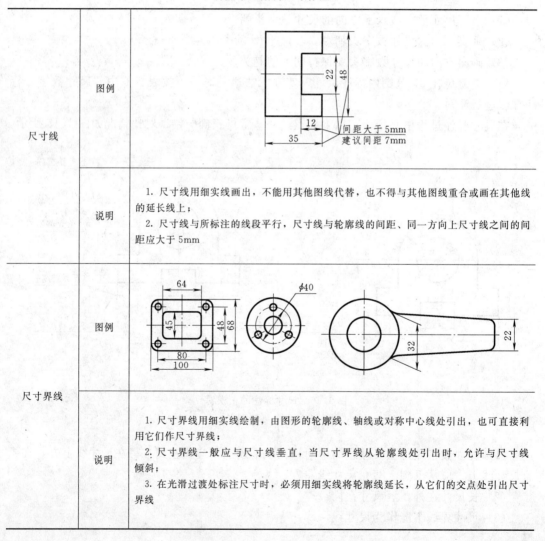

尺寸线	图例	
	说明	1. 尺寸线用细实线画出，不能用其他图线代替，也不得与其他图线重合或画在其他线的延长线上； 2. 尺寸线与所标注的线段平行，尺寸线与轮廓线的间距、同一方向上尺寸线之间的间距应大于 5mm
尺寸界线	图例	
	说明	1. 尺寸界线用细实线绘制，由图形的轮廓线、轴线或对称中心线处引出，也可直接利用它们作尺寸界线； 2. 尺寸界线一般应与尺寸线垂直，当尺寸界线从轮廓线处引出时，允许与尺寸线倾斜； 3. 在光滑过渡处标注尺寸时，必须用细实线将轮廓线延长，从它们的交点处引出尺寸界线

尺寸数字	图例	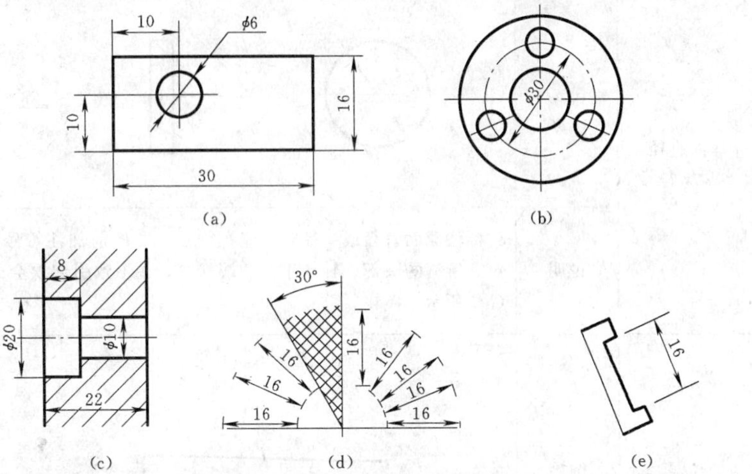
	说明	1. 尺寸数字一般应标注在尺寸线的上方,也允许标注在尺寸线的中断处; 2. 线性尺寸数字的方向一般应采用如图(d)所示的方向标注,并尽可能避免在图示30°范围内标注,若无法避免时,可按图(e)的形式标注;但在一张图样中,应尽可能采用同一种方法; 3. 非水平方向上的尺寸,其数字可水平标注在尺寸线的中断处; 4. 尺寸数字不可被任何图线所通过,否则必须将该图线断开
尺寸线终端	图例	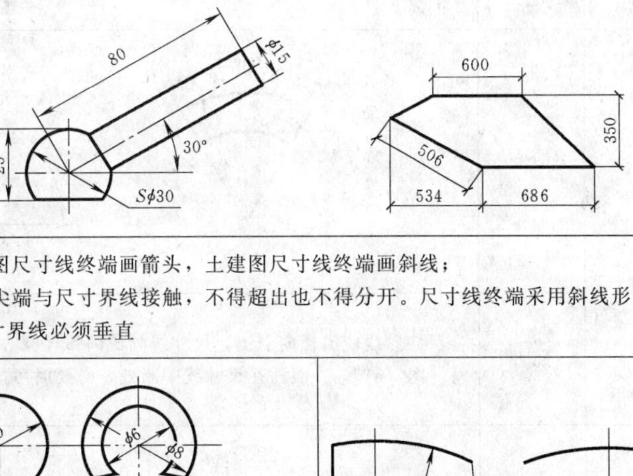
	说明	1. 机械图尺寸线终端画箭头,土建图尺寸线终端画斜线; 2. 箭头尖端与尺寸界线接触,不得超出也不得分开。尺寸线终端采用斜线形式时,尺寸线与尺寸界线必须垂直
直径与半径	图例	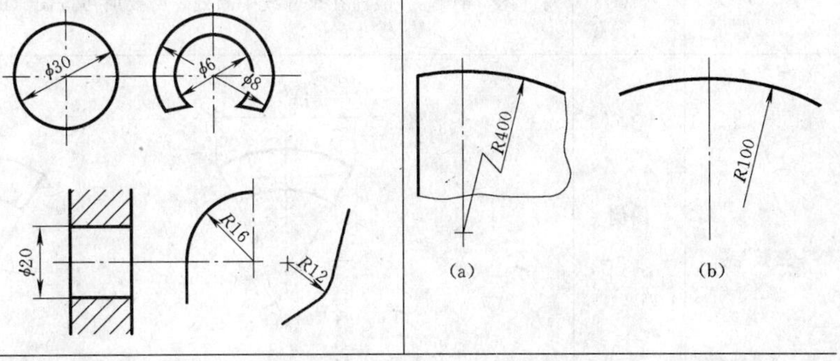
	说明	1. 标注直径时,应在尺寸数字前加注符号"ϕ";标注半径时,应在尺寸数字前加注符号"R"; 2. 当圆弧的半径过大或在图纸范围内无法注出其圆心位置时,可按图(a)的形式标注,若不需要标出其圆心位置时,可按图(b)的形式标注,但尺寸线应指向圆心

19

		图例
球面直径与半径	图例	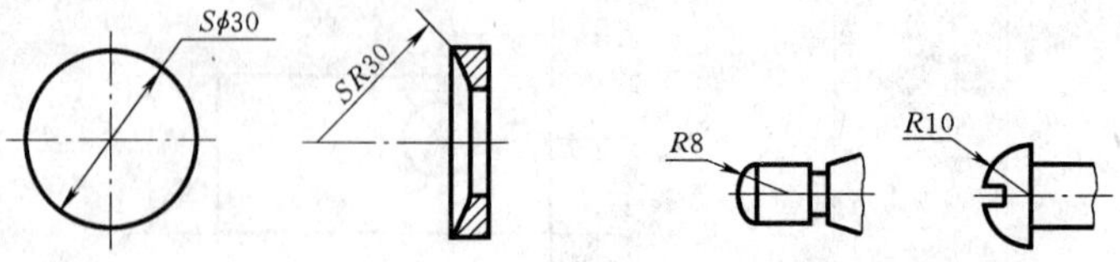 (a)　　　　　　　　(b)
	说明	标注球面直径或半径时，应在符号 ϕ 或 R 前加注符号"S"，如图（a）所示。对于螺钉、铆钉的头部、轴和手柄的端部等，在不致引起误会的情况下，可省略符号 S，如图（b）所示
斜度锥度	图例	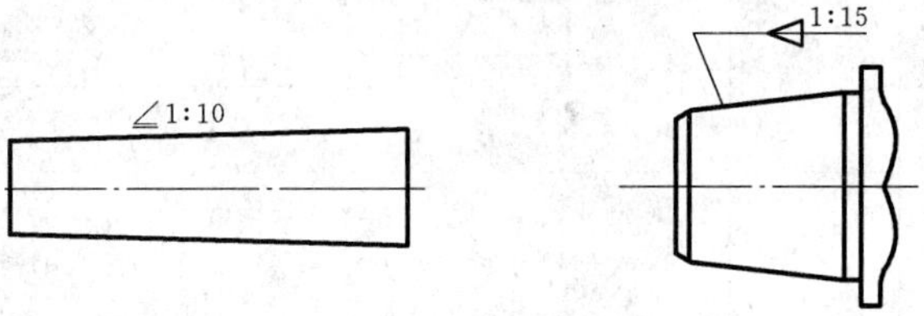
	说明	1. 斜度和锥度的标注，其符号应与斜度、锥度的方向一致； 2. 符号的线宽为 $h/10$，画法如图
角度	图例	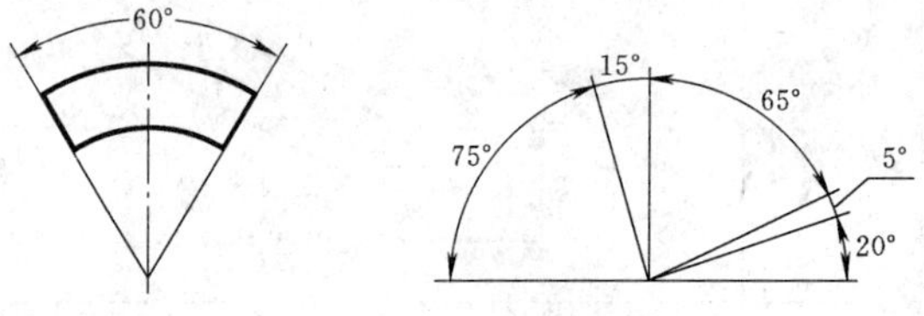 (a)　　　　　　　　(b)
	说明	尺寸界线应沿径向引出，尺寸线画成圆弧，圆心是角的顶点，尺寸数字应一律水平书写［图（a）］，一般注在尺寸线中断处，必要时可按图（b）的形式标注
弦长与弧长	图例	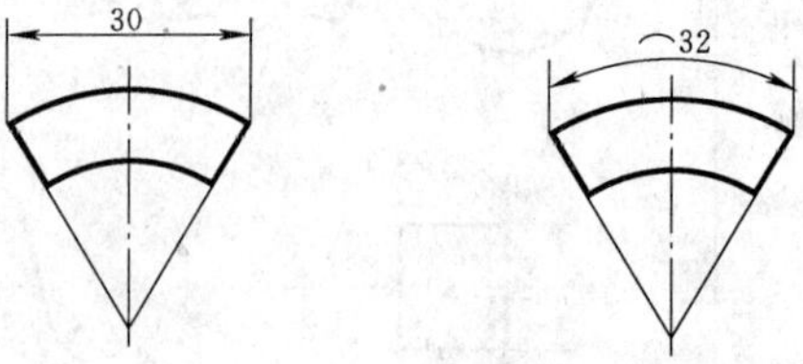 (a)　　　　　　　　(b)
	说明	标注弦长和弧长时，尺寸界线应平行于弦的垂直平分线，标注弧长尺寸时，尺寸线用圆弧，并应在尺寸数字前方加注符号"⌒"

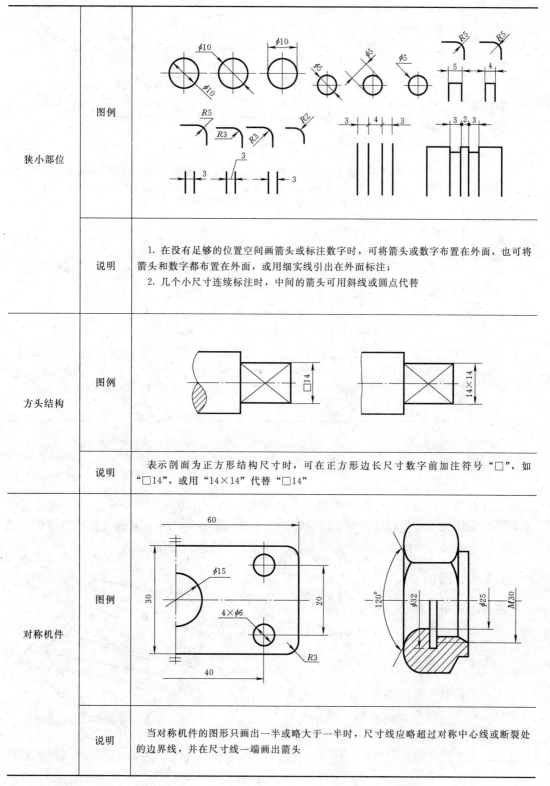

狭小部位	图例	
	说明	1. 在没有足够的位置空间画箭头或标注数字时，可将箭头或数字布置在外面，也可将箭头和数字都布置在外面，或用细实线引出在外面标注； 2. 几个小尺寸连续标注时，中间的箭头可用斜线或圆点代替
方头结构	图例	
	说明	表示剖面为正方形结构尺寸时，可在正方形边长尺寸数字前加注符号"□"，如"□14"，或用"14×14"代替"□14"
对称机件	图例	
	说明	当对称机件的图形只画出一半或略大于一半时，尺寸线应略超过对称中心线或断裂处的边界线，并在尺寸线一端画出箭头

简化注法（一）	图例	
	说明	在同一图形中，对于尺寸相同的孔、槽等多个重复结构，可仅在一个结构上注出其尺寸和数量。均匀分布的成组结构的尺寸按"*X*（个数）×孔径"、"*X*（个数）/宽×长"、"*X*（个数）/槽宽×直径（或槽深）"等方法标注
简化注法（二）	图例	
	说明	当孔的定位和分布情况在图中已明确时，可不标注其角度，并省略"均布"两字；对于间隔相等的链式尺寸，可采用注一个间距，其余的可用"间距数量×间距（角度）＝总距离"进行标注

1.2 制 图 工 具

学习制图，首先要了解各种绘图工具性能和协同工作原理，掌握它们的正确使用方法，同时应注意工具的维修保养，以保证绘图质量和加快绘图速度。通常使用的绘图工具有图板、丁字尺、三角板、比例尺和分规、圆规、曲线板、绘图机等。

1.2.1 图板

图板主要用于铺放和固定图纸，表面应平坦，导边必须平直，如图 1.16 所示。

1.2.2 丁字尺

丁字尺是画水平线的长尺，它由尺头和尺身组成，两者结合处必须固结，尺头内侧和尺身工作边相互垂直。使用时，左手扶住尺头，

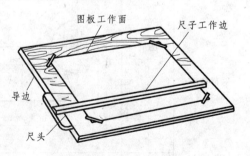

图 1.16　丁字尺的使用

并保证尺头内侧边贴紧图板的左导边，然后右手执笔沿尺身工作边画线，丁字尺沿图板导

边上下活动，可画一系列相互平行的水平线，如图 1.16 所示。作图时笔尖应紧靠尺身，笔杆略向右倾斜，自左向右匀速画线。

1.2.3 三角板

一副三角板有 $30°×60°×90°$ 和 $45°×45°×90°$ 两块。它与丁字尺配合使用可画垂直线和 $15°$ 倍角的倾斜直线，如图 1.17 所示。

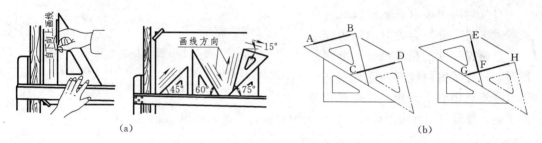

(a)　　　　　　　　　　　　　　　　(b)

图 1.17　三角板的使用

(a) 三角板与丁字尺相互配合使用；(b) 三角板相互配合使用

1.2.4 圆规

圆规可用来画圆和圆弧。使用时，应使针尖略长于铅芯。顺时针匀速转动圆规，并稍向前倾斜，此时应保证针尖和铅芯均垂直于纸面。画大圆时，可用加长杆来扩大画圆的半径，如图 1.18 所示。当画底稿时用普通针尖固定圆规，描深时应换带支承面的针尖，避免插入图板过深；圆规上的铅芯削磨形状，如图 1.19 所示，通常圆锥状铅芯用于草图的绘制，而扁平状铅芯用于图样加粗。

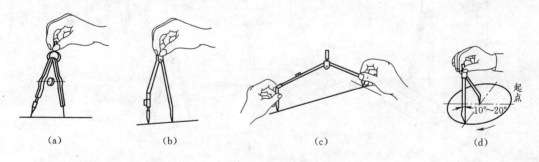

(a)　　　　　(b)　　　　　(c)　　　　　(d)

图 1.18　圆规的使用

(a) 画小圆；(b) 画大圆；(c) 加长杆的用法；(d) 用圆规画圆

1.2.5 比例尺和分规

1. 比例尺

比例尺上刻有各种比例，常见的是三棱比例尺，如图 1.20 所示，这种比例尺有 6 种不同比例的刻度可以选用，如 $3:1$、$1:100$、$1:3000$ 等。

比例尺不能当直尺画图用，常用分规在尺上直接截取所需比例长度，其用法如图1.20所示，也可把比例尺放在已画好的图线上直接量取比例尺寸。

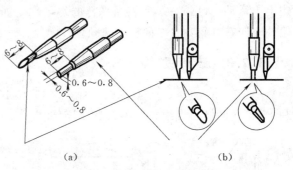

2. 分规

分规是用于量取确定线段和分割线段的工具。分规合拢时两针尖应平齐，以确保尺寸的量取准确。分割线段时，将分规的两针尖调整到所需的距离，然后用右手拇指、食指捏住分规手柄，使分规两针尖沿线段交替作为圆心旋转前进，如图1.21所示。

图1.19 圆规铅芯形状
(a) 普通尖、铲形铅芯（打草稿用）；(b) 支承尖、矩形铅芯（描深用）

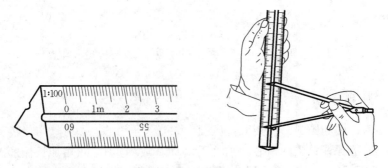

图1.20 比例尺的使用

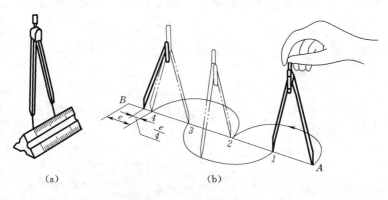

图1.21 分规的使用
(a) 量取长度；(b) 等分线段

1.2.6 铅笔

铅笔是绘制各种图线的重要绘图用品。铅芯有软硬之分，标号"B"表示软铅芯，标号"H"表示硬铅芯，标号"HB"表示铅芯软硬适中。铅笔削法如图1.22所示。铅笔与圆规铅芯的形式及选用见表1.7。

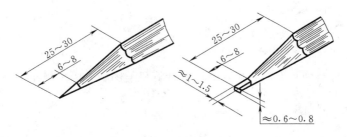

图 1.22 铅笔磨削方法

表 1.7 铅笔与圆规铅芯的形式及用途

类别	铅 笔				圆规铅芯		
铅芯软硬	2H	H	HB	HB、B	H	HB	B、2B
铅芯形式							
用途	①作底稿；②描深细实线、点划线；③写字；④作箭头			描深粗实线	绘底稿	描深点划线、细实线、点划线	描深粗实线

1.2.7 曲线板

曲线板用来画非标准曲线，其轮廓由多段不同曲率半径的光滑曲线组成。作图时，先徒手用铅笔轻轻地把曲线上一系列的点按其趋势依次地连接起来，然后比照徒手连接的曲线，选择曲线板上曲率合适的轮廓与之贴合，最后描深曲线。

每次连接应至少通过曲线上三个点，并注意每作一段线，都要使曲线板轮廓边与曲线贴合相切，这样才能使所画的曲线光滑地过渡，如图 1.23 所示。

图 1.23 曲线板的使用

1.3 制 图 方 法

通常绘制图样有两种方法：尺规制图和计算机绘图，其中尺规制图是常用的方法。

1.3.1 尺规制图

尺规制图是借助丁字尺、三角板、圆规、分规等绘图工具和仪器进行手工绘图的方法。正确使用各种尺规工具和仪器能保证绘图质量，加快绘图速度，为计算机绘图奠定基础。尺规绘图步骤及方法如下。

1. 绘图前的准备工作

（1）准备工具。准备好所用的绘图工具和仪器，削好铅笔及圆规上的笔芯，注意笔芯被削成的形状（写字用笔芯成尖锥状，划线笔芯成扁平状）。

（2）固定图纸。将图纸用胶带纸或双面贴固定在图板正中位置，使图纸的下边与丁字尺尺寸刻度边平齐，固定好的图纸要平整。

2. 画图框及标题栏

按 GB 规定的幅面尺寸，用细实线绘制图框和标题栏，待图纸完工后再对图框线加深、加粗（已印制好图框的图纸省略此步骤）。

3. 布置图形

根据机件的表达方案，按照 GB 规定的各视图的投影关系配置，留有标注尺寸、注写技术要求的余地，定出各个视图在图纸上的位置，使各个图形在图纸上均匀分布。

4. 画底稿

用 H（或 2H）型铅笔轻淡地打底稿，轻轻画出（不可太粗、太深），虚线的间隔要均匀，点划线应画得更细、更浅。作图绘制顺序如下。

（1）确定各图形的位置。先画轴线或对称中心线，再画主要轮廓线，然后画细节，有对应关系的图线应一次画出，避免经常更换工具，从而提高绘图速度。发现错误，应即时擦去改正。

（2）剖视图或断面图制图时，最后画断面符号。图形完成后，画其他符号。底稿完成后，经校核，擦去多余的作图线。

5. 图线加深

用 B（或 HB）型铅笔加深粗实线，用削尖的 H 型铅笔加深虚线、细实线、细点划线等各类细线。画圆时圆规的铅芯应比画相应直线的铅芯软一号。加深是在底稿图的基础上进行的，一般步骤如下。

（1）加深所有粗实线的圆和圆弧。

（2）从上向下依次加深水平的粗实线。

（3）从左向右，利用三角板和丁字尺配合，依次加深铅垂的粗实线。

（4）从左上方开始，依次加深倾斜方向的粗实线。

（5）按加深粗实线的步骤，同样加深所有的虚线圆、圆弧。

（6）加深所有的点划线、细实线和波浪线等。

6. 标注尺寸

标注尺寸时，先画出尺寸界限、尺寸线和尺寸箭头，再注写尺寸数字和其他文字说明。

7. 填写标题栏

仔细检查图纸后，填写标题栏中的各项内容，完成全部绘图工作。

1.3.2 基本制图方法

机件形状是多种多样的，但在图样中的视图表达，主要由直线、圆和其他一些曲线所组成的平面几何图形组成。因此熟练掌握和运用基本制图方法，是绘制图样的关键。

1.3.2.1 平行线和垂直线

应用两块三角板可以过定点作已知直线的平行线和垂直线，具体作图方法如图1.24、图1.25所示。

1.3.2.2 等分线段

如图1.26所示，可利用平行线法，将线段 *AB* 五等分。先由端点 *A* 任作射线 *AC*，在 *AC* 线上取适当长度截取五等分，连接5、*B* 两点，并过4、3、2、1各点分别作5*B* 的平行线，即得线段 *AB* 的五等分点。

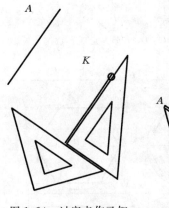

图1.24 过定点作已知
直线的平行线

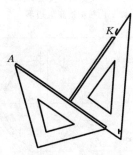

图1.25 过定点作已知
直线的垂直线

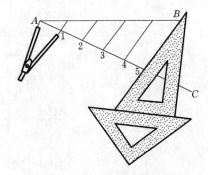

图1.26 线段的等分方法

1.3.2.3 圆周等分（内、外接正多边形）

用绘图工具可以作出圆的三、四、五、六、……等分，顺序连点即可以获得内接正多边形。其作图方法和过程见表1.8。

表 1.8	圆等分及内接正多边形的作图方法和过程
圆三等分（内接正三边形）	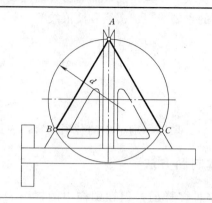
	1. 找得圆最高顶点 A； 2. 用30°三角板短边贴紧丁字尺，移动三角板使斜边过 A 点作直线，交圆于点 B、C； 3. A、B、C 三点是圆的三等分点，顺序连接三点，即是内接圆的正三边形
圆五等分（内接正五边形）	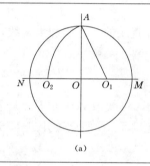 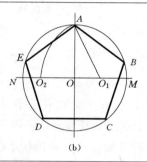 (a)　　　　　　　　(b)
	1. 找得 OM 的中点 O_1； 2. 以为 O_1 圆心，O_1A 为半径作弧，交 MN 于点 O_2； 3. 以 O_2A 弦长为长度，顺序由 A 截圆，交点 B、C、D、E 即为五等分点； 4. $A\sim E$ 五点顺序连接，即是内接圆的正五边形
圆六等分（内接正六边形）	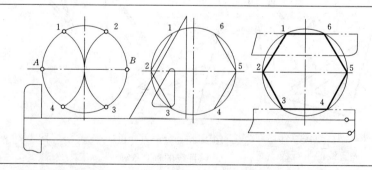
	1. 找得圆的水平顶点 A、B； 2. 用30°三角板短边贴紧丁字尺，移动三角板使斜边过 A、B 点作直线，交圆于点1、2、3、4点； 3. 交点 A、B、1、2、3、4 即为六等分点； 4. $A\rightarrow4$ 六点顺序连接，即是内接圆的正六边形

28

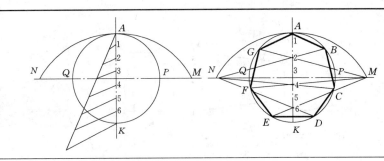

圆 n 等分（内接正 n 边形）

1. 直径 AK 经过 n 等分，得到 1, 2, 3, 4, 5, 6, …, n 点；

2. 以 K 为圆心，AK 为半径作弧 NAM；

3. 自 M、N 连 1, 2, 3, 4, …, n 中的偶数（或奇数）点，作直线交圆于点 B, C, D, …；

4. 交点 A, B, C, D, …即为圆的等分点；

5. A, B, C, D, …点顺序连接，即是内接圆的正 n 边形

1.3.2.4　斜度和锥度

1. 斜度

一直线对另一直线，或者一平面对另一平面的倾斜程度称为斜度。例如机械图样中的铸造斜度、锻造斜度等。斜度的大小用两直线或两平面夹角的正切来表示，斜度在图样中常用 $1:n$ 的形式表示其大小，例如：$\angle 1:5$，$\angle 1:10$。标注时，斜度符号"$\angle$"应与图样上的斜度方向一致，如图 1.27 所示。

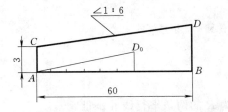
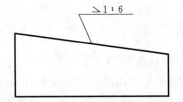

图 1.27　斜度标注及画法

2. 锥度

锥度的大小，是指正圆锥的底圆直径与其高度的比值，对于圆台应为两底圆直径之差与其高度之比 $1:n = \dfrac{D}{L} = \dfrac{D-d}{l} = 2\tan\dfrac{\alpha}{2}$，在图样中以 $\triangleright 1:n$ 的形式标注，如图 1.28 所示。

在标注时，锥度符号"$\triangleright$"或"$\triangleleft$"的方向应与图样上的锥度方向一致。

锥度一般用于机械中的圆锥销、工具手柄等回转结构的标注。如图 1.29 所示是一手柄的锥度标注

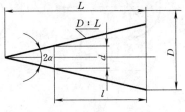

图 1.28　锥度的定义

示例。

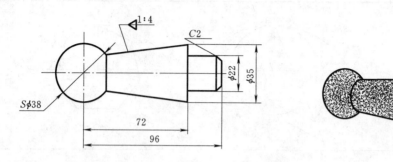

图 1.29　手柄的锥度标注

1.3.2.5　圆弧连接

通常绘制机件图样时，经常有光滑过渡、流线型相切等情况，如图 1.30 所示。这种光滑连接在平面几何中的相切现象，在绘图时经常表现为用已知半径的圆弧（称为连接弧），光滑连接（即相切）已知直线或圆弧，这一类问题的关键是必须准确地作出连接弧的圆心和切点，从而确保相切。

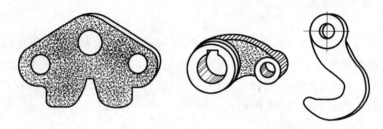

图 1.30　各种机件圆弧光滑过渡的情况

与圆弧连接常见如下作图关系。

1. 半径为 R 的圆弧与已知直线 I 相切

所作圆的圆心轨迹是距直线 I 的距离为 R 的两条平行线 II、III。

当可以确定切点 K 时，由 K 向直线 II 作垂线，与直线 II 的交点即为圆心 O，以 O 为圆心，R 为半径作弧，则所作圆弧与已知直线 I 相切，如图 1.31（a）所示。

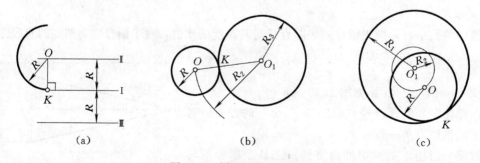

（a）　　　　　　　（b）　　　　　　　（c）

图 1.31　圆弧连接基本作图

2. 作半径为 R 的圆弧与已知圆弧相切

已知圆弧圆心为 O_1、半径为 R_1，可以知道所作圆弧的圆心轨迹是与已知圆弧的同心圆，此同心圆半径 R_2 视相切情况（外切或内切）而定。当两圆弧外切时，$R_2 = R_1 + R$，如图 1.31（b）所示；当两圆弧内切时，$R_2 = R_1 - R$，如图 1.31（c）所示。

当可以确定作图圆弧的圆心 O 时，则连接圆心的直线 O_1O 与已知圆弧的交点 K 即为切点。

通常实际作图时，可根据作图条件，确定圆心所在多条轨迹线，则轨迹线的交点就是连接弧的圆心，从而完成圆弧连接。图 1.32～图 1.37 为几种常见的圆弧连接作图方法及其步骤。

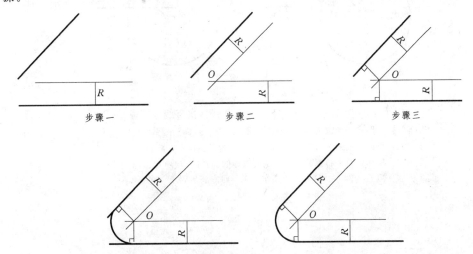

步骤一   步骤二   步骤三

图 1.32   用半径为 R 的圆弧连接两直线

步骤一：作出所作圆弧圆心的轨迹，即作距两已知直线距离为 R 的平行线；
步骤二：两平行直线的交点即为所作圆弧的圆心 O；
步骤三：以 O 为圆心，R 为半径，作圆弧，即能满足要求

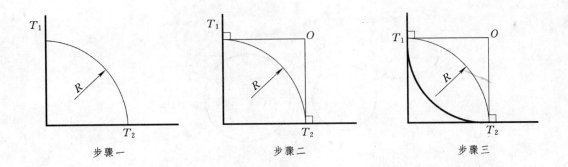

步骤一   步骤二   步骤三

图 1.33   用半径为 R 的圆弧连接垂直两直线

步骤一：作两垂直直线的交点，并以该交点为圆心，R 为半径，划弧，弧交两垂直直线于点 T_1、T_2；
步骤二：过 T_1、T_2 作两垂直直线的垂线，相交点即是要作圆弧的圆心 O；
步骤三：以 O 为圆心，R 为半径，作圆弧，即为所求

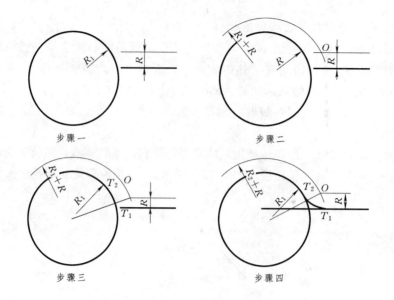

图 1.34　用半径为 R 的圆弧连接直线和圆弧

步骤一：作距直线距离为 R 的平行线，圆心 O 一定在该平行直线上；

步骤二：以已知圆的圆心为圆心，以 $R+R_1$ 为半径作弧，圆心 O 一定在该圆弧上；

步骤三：所作弧与平行线的交点即是要求作的圆弧的圆心 O；

步骤四：以 O 为圆心，R 为半径，作圆弧，即能满足要求

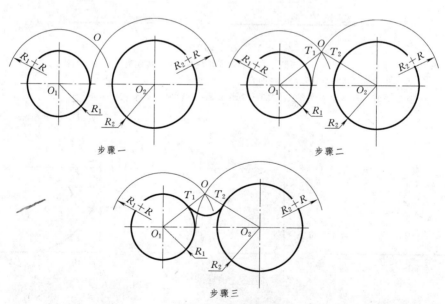

图 1.35　用半径为 R 的圆弧外切连接两圆弧

步骤一：以已知圆 1 的圆心为圆心，以 $R+R_1$ 为半径作弧，圆心 O 一定在该圆弧上；

　　　　　以已知圆 2 的圆心为圆心，以 $R+R_2$ 为半径作弧，圆心 O 一定在该圆弧上；

步骤二：所作两圆弧的交点即是要求作的圆弧的圆心 O；

步骤三：以 O 为圆心，R 为半径，作圆弧，即能满足要求

32

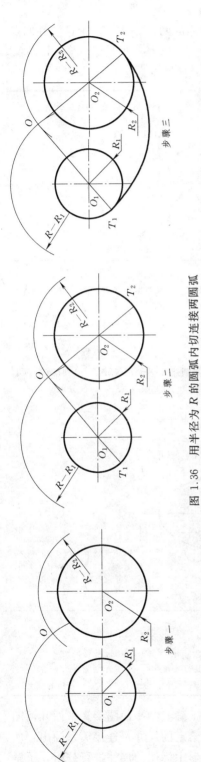

图 1.36 用半径为 R 的圆弧内切连接两圆弧

步骤一：以已知圆 1 的圆心为圆心，以 $R-R_1$ 为半径作弧，以 $R-R_2$ 为半径作弧，以已知圆 2 的圆心为圆心，以 $R-R_2$ 为半径作弧，圆心 O 一定在该圆弧上；

步骤二：所作两圆弧的交点是即要求作的圆弧的圆心 O；

步骤三：以 O 为圆心，R 为半径，作圆弧，即能满足要求

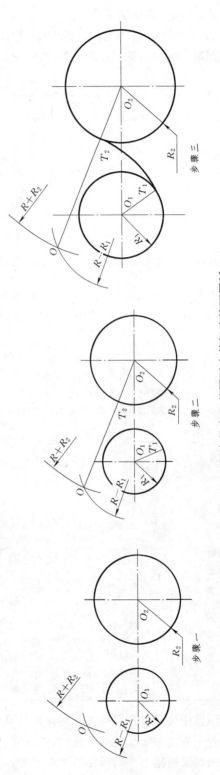

图 1.37 用半径为 R 的圆弧内外切连接两圆弧

步骤一：以 O_1 和 O_2 为圆心，分别以 $R-R_1$ 和 $R+R_2$ 为半径，画弧相交于点 O；

步骤二：连接 OO_1，OO_2，延长 OO_1 与圆 O_1 交于 T_1，OO_2 交于 T_2；

步骤三：以 O 为圆心，以 OT_1 或者 OT_2 为半径，连接 $T_1 T_2$

1.3.2.6 椭圆的画法

椭圆是平面图样中经常遇到的曲线。表1.9为椭圆常用的两种方法，其中第一种四点画法为近似简化画法，第二种同心圆法为准确描点画法。

椭圆作图方法及步骤

椭圆四点作图法	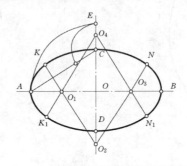
	作图步骤如下：
	1. 连接 A、C，以 O 为圆心、长半轴 OA 为半径画弧，与 CD 的延长线交于点 E，以 C 为圆心、CE 为半径画弧，与 AC 交于点 E_1；
	2. 作 AE_1 的垂直平分线，与长短轴分别交于点 O_1、O_2，再作对称点 O_3、O_4；O_1、O_2、O_3、O_4 即为四段圆弧的圆心；
	3. 分别作圆心连线 O_1O_4、O_2O_3、O_3O_4 并延长；
	4. 分别以 O_1、O_3 为圆心，O_1A 或 O_3B 为半径画小圆弧 K_1AK 和 NBN_1，分别以 O_2、O_4 为圆心，O_2C 或 O_4D 为半径画大圆弧 KCN 和 N_1DK_1（切点 K、K_1、N_1、N 分别位于相应的圆心连线上），即完成近似椭圆的作图
椭圆同心圆法	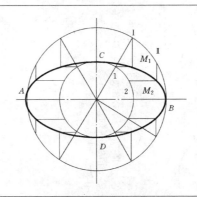
	1. 以短轴 CD、长轴 AB 为直径分别作两同心圆；
	2. 过圆心作一系列直径与两圆相交，交点分别是1、Ⅰ、2、Ⅱ、…；
	3. 分别过1，2，…，作 AB 平行线，过Ⅰ、Ⅱ，…，作 CD 的平行线；
	4. 平行线对应两两相交 M_1、M_2，…，均为椭圆上的准确点；
	5. 作过 M_1、M_2、…的连线，即完成近似椭圆的作图

分析图样中尺寸以及线段之间的连接关系，可以帮助正确绘制平面图形。平面几何图形都是由若干直线和曲线连接而成的，这些线段必须根据给定的尺寸及连接关系画出，所以要想正确而又迅速地作出所需的平面图形，就必须对图形中标注的尺寸进行分析，了解图样中各线段的形状、大小、位置及性质等内容。

1.4　平面图形分析及制图步骤

平面图形的分析，内容包括：①分析平面图形中所注尺寸的作用，确定组成平面图形的各个几何图形的形状、大小和相互位置；②分析平面图形中各线段所注尺寸的数量，确定组成平面图形的各线段的性质和相应画法。总之，通过分析，搞清尺寸与图形之间的对应关系，从而可以解决以下两个问题：①通过对平面图形的尺寸分析，确定各线段的性质和画图顺序，即由尺寸分析，确定平面图形的画法；②运用尺寸分析，确定平面图形中应该标注哪些尺寸，不应该标注哪些尺寸，即由尺寸分析，确定平面图形的尺寸注法。

1.4.1　平面图形尺寸分析

平面图形中的尺寸，根据其作用可以分为两类。

1. 定形尺寸

用于表示平面图形中各个几何图形的形状和大小的尺寸称为定形尺寸，如图1.38手柄中的24、$\phi 10$、$\phi 26$、$R24$、$R16$、$R64$、$R11$等为定形尺寸。

2. 定位尺寸

用于表示各个几何图形间的相对位置的尺寸称为定位尺寸。如图1.38手柄中，尺寸12确定了$\phi 10$的圆心位置；100间接的确定$R11$的圆心位置；$\phi 46$确定$R64$圆心的一个方向的定位尺寸。

3. 基准

在平面图形中，定位尺寸通过选择图形的对称线、中心线或某一轮廓线作为标注尺寸的起点，这个起点称为尺寸基准，简称基准。平面图形有水平和垂直两个方向的基准。对于回转体，一般以回转体轴线为径向尺寸基准，以重要端面为轴向尺寸基准。如图1.38手柄中的对称中心线和通过$R24$圆心的竖直线。

1.4.2　平面图形线段分析

平面图形中的线段可按其所注定形尺寸和定位尺寸的数量分为已知线段、中间线段和连接线段三类。

1. 已知线段

具有定形尺寸和齐全的定位尺寸的线段称为已知线段。对于圆弧（或圆），它应具有圆弧半径（或圆的直径）和圆心的两个定位尺寸，如图1.38手柄中的$R24$、$R11$、$\phi 10$等。已知线段根据所给的尺寸能够直接作出。

2. 中间线段

具有定形尺寸和不齐全的定位尺寸的线段称为中间线段。对于圆弧（或圆），它应具有圆弧半径（或圆的直径）和圆心的一个定位尺寸，但是作为中间线段圆弧需要一端的相邻的线段作出后根据相切条件作出，如图1.38手柄中的$R64$。

3. 连接线段

只有定形尺寸而没有定位尺寸的线段称为连接线段，连接线段需要依靠两端相邻线段作出后才能作出。对于连接圆弧，它只有圆弧半径（或圆的直径）而没有圆心的定位尺寸，如图 1.38 手柄中的 $R16$。

根据上述分析，画平面图形时，应先画已知线段，再画中间线段，最后画连接线段。

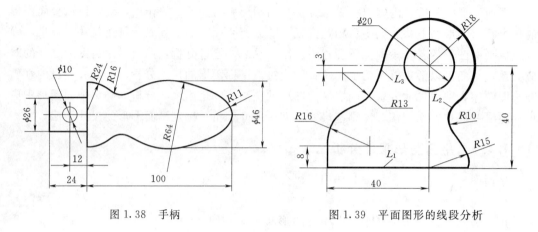

图 1.38　手柄　　　　　　　　图 1.39　平面图形的线段分析

1.4.3　平面图形的尺寸标注

平面图形尺寸标注的原则要求为正确、完整、清晰。

(1) 正确。平面图形的尺寸要遵守国家标准规定标注，尺寸数值不能写错和出现矛盾。

(2) 完整。平面图形的尺寸要注写齐全。既不遗漏各组成部分的定形尺寸和定位尺寸，又没有多余的尺寸，图 1.40 中标注存在封闭尺寸链，尺寸 L、M、S 是多余尺寸。

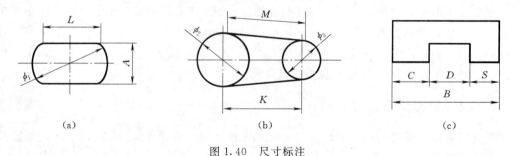

(a)　　　　　　　　　　　(b)　　　　　　　　　　　(c)

图 1.40　尺寸标注

(3) 清晰。标注的尺寸位置要安排在图形的明显处，标注清楚，布局整齐。可以参考图 1.38、图 1.39 所示，进行尺寸标注。

【例 1.1】　标注如图 1.41 (a) 所示平面图形的尺寸。

该平面图形大致由三部分组成，其左端圆的对称轴线可以作为水平和铅直两方向的尺寸基准，如图 1.41 (a) 所示；其次标注出左端部分的定形尺寸和右端部分定形、定位尺寸，如图 1.41 (b) 所示；然后标注中间部分的定形、定位尺寸，如图 1.41 (c) 所示。图 1.41 (d) 为尺寸标注完成后的图形。

尺寸标注过程中，经常容易出现多注或少注的现象，可以通过尺寸分析和反复练习等方法逐步提高。表 1.10 列举了部分常见平面图形的尺寸标注，供读者参考和掌握标注尺寸的方法和注意点。

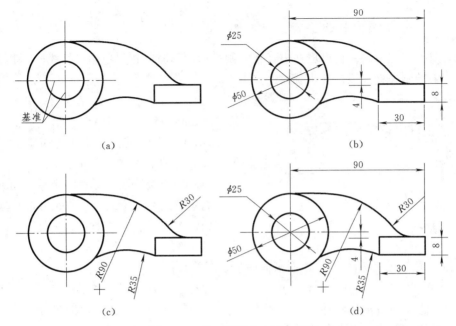

图 1.41　平面图形尺寸标注示例

表 1.10　　　　　　　　　　平面图形的尺寸标注的示例

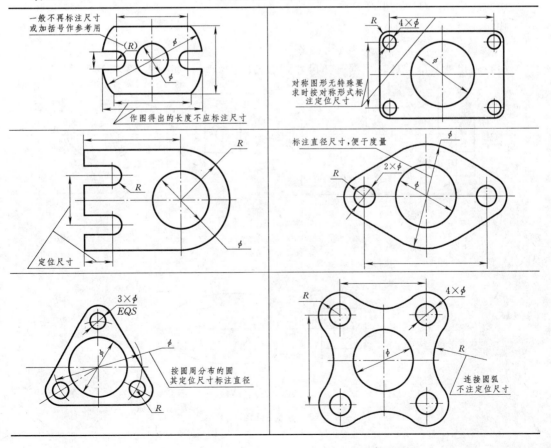

1.4.4 平面图形制图步骤

结合对平面图形的分析可以知道，在绘制平面图形时，首先应画已知线段，其次画中间线段，最后画连接线段。其步骤顺序如下。

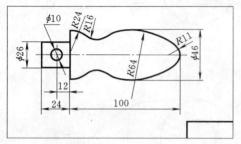

图1.42 手柄

（1）分析图形，画出基准线，并根据定位尺寸画出定位线。

（2）画出已知线段，即作出定形尺寸、定位尺寸齐全的线段。

（3）画连接线段，即作出那些只有定形尺寸，而定位尺寸不全或无定位尺寸的线段。

（4）擦去不必要的图线，标注尺寸，按线型描深。

下面以图1.42手柄为例，说明平面图形绘图的具体步骤。

1. 分析

手柄为上下对称的回转体，因此确定水平对称中心线是宽度方向的尺寸基准，通过 $R24$ 圆心的竖直线为长度方向的尺寸基准。

已知线段——$\phi26$、24构成的方框，$\phi10$ 的圆、$\phi46$、$R24$、$R11$ 等尺寸；

中间线段——$R64$ 的圆弧；

连接线段——$R16$ 的圆弧。

2. 绘图步骤

（1）画尺寸基准线后，根据已知尺寸画出各已知线段，如图1.43（a）所示。

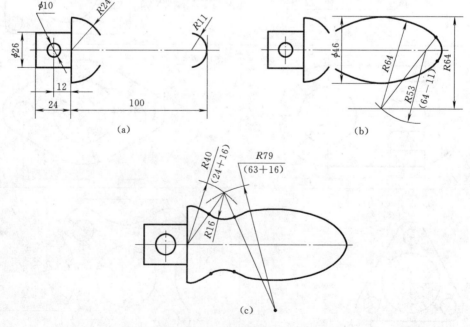

图1.43 平面图形绘图步骤

（2）依次作出中间线段，如 $R64$ 圆弧与已知弧 $R11$ 内切，其圆心所在轨迹圆半径为 $R64-R11=R53$，且与 $R11$ 弧同心；结合 $R64$ 圆弧关于水平轴线对称，其圆心轨迹在距最高顶点距离为 64 的直线上；由此可确定 $R64$ 圆弧的圆心，所作圆弧如图 1.43（b）所示。

（3）作出连接线段，如 $R16$ 的圆弧与两端相连的已知圆弧 $R24$、中间线段 $R63$ 圆弧是外切关系，分别按外切关系作 $R24+R16=R40$、$R63+R16=R79$ 两圆弧，两圆弧交点即是连接线段 $R16$ 圆弧的圆心，所作圆弧如图 1.43（c）所示。

（4）检查无误后整理图形，加深图线，标注尺寸完成绘图，作图结果如图 1.42 所示。

1.5　计算机绘图基础

1.5.1　AutoCAD 2010 简介

AutoCAD 是美国 Auto Desk 公司开发的计算机辅助绘图软件，它是交互式通用型的绘图软件包。它的版本从 R1.0 到 2010 不断升级，功能日趋完善。AutoCAD 在工程界非常普及，它具有直观的用户界面、下拉式菜单、易于使用的对话框和定制工具栏、完整的二维绘图、编辑功能与强大的三维造型功能，并支持网络和外部引用等。

启动 AutoCAD 2010，进入图 1.44 所示的工作界面。

AutoCAD 2010 的工作界面主要由标题栏、绘图区域、十字光标、菜单栏、工具栏、状态栏、命令提示行、坐标系图标等组成。

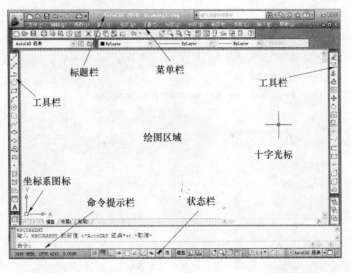

图 1.44　AutoCAD 2010 工作界面（AutoCAD 经典）

1. 标题栏

标题栏位于应用程序窗口的最上面，用于显示当前正在运行的程序名及用户正在使用的图像文件。右端为最小化、最大化或关闭和还原应用程序窗口的按钮。

2. 绘图区域与十字光标

绘图区域是用户用 AutoCAD 2010 进行绘图的区域。作图窗口内有一条十字线，其交点反映当前光标的位置。十字光标用于绘图、选择对象等。

3. 菜单

AutoCAD 2010 共包括十个下拉菜单，如图 1.45 所示系统软件"工具"下拉菜单。利用菜单可执行系统大部分操作分命令，AutoCAD 2010 的菜单有如下特点：

(1) 菜单中右面有小三角形图标（▶）的菜单项，表示还有子菜单。

(2) 菜单中选择右面有省略号（…）的菜单项，将显示出一个对话框。

(3) 选择右面没有内容的菜单项，即可执行相应的 AutoCAD 命令。

图 1.45　AutoCAD 2010"工具"下拉菜单

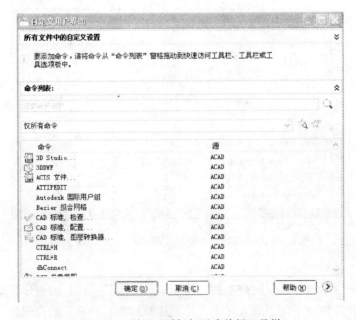

图 1.46　利用对话框打开或关闭工具栏

4. 工具栏

AutoCAD 2010 为用户提供了众多的工具栏，图 1.44 中所示为两种最常用到的工具栏，能够实现各种命令的图块化快捷操作。单击菜单"视图→工具栏"，可以利用弹出的对话框打开或关闭某一工具栏，如图 1.46 所示。

表 1.11 列出了 AutoCAD 2010 中的工具栏及其功能。

表 1.11   AutoCAD 2010 工具栏

选　项	含　义	选　项	含　义
3D Orbit	3D 动态观察	Render	渲染
CAD Standard	CAD 标准	Shade	着色
Draw	绘图	Solid	实体造型
Draw Order	绘图次序	Solid Editing	实体编辑
Dwl _ toobar	工具栏	Standard	标注
Inquiry	查询	Styles	样式
Insert	插入	Surface	表面造型
Layers	层	Text	文本
Layouts	布局	USC	用户坐标系
Modify	编辑	USC II	用户坐标系 II
Modify II	编辑 II	View	视图
Object Snap	对象捕捉	Viewports	视口
Properties	特征	Web	网络
Refedit	参照对照	Zoom	缩放
Reference	参照	Customize	用户自定义

5. 状态栏

状态栏显示在应用程序窗口的底部，用来反映当前的作图状态。左侧的一组数字显示了当前光标的坐标。中间的按键则显示绘图时是否打开了捕捉、栅格、正交、极轴、对象捕捉、对象追踪、线宽、模型等功能。

6. 命令提示行

命令提示行是 AutoCAD 显示用户从键盘键入的命令以及显示各种信息与提示的地方。

7. 坐标系图标

在绘图区域内的左下角处，它表示当前绘图时所使用的坐标系形式。

在绘图过程中，如果要精确定位某个对象的位置，就需要以某个坐标系作为参照。在进入 AutoCAD 绘图区时，系统自动进入的坐标其左下角为（0，0），如图 1.44 所示。AutoCAD 就是采用这个坐标系来确定图形矢量的。我们称该坐标为世界坐标系（WCS）。用户可根据需要建立自己的坐标系，称为用户坐标系（UCS）。

在 AutoCAD 中，点的坐标可以用直角坐标、极坐标表示，每一种坐标又分为：绝对坐标和相对坐标。

（1）直角坐标。用 X、Y、Z 三个数值表示某点的位置。

在绝对坐标输入方式下，表示为"X、Y、Z"（在平面绘图中，Z 坐标为 0，可省略）。例如：在命令行中输入点的坐标提示下输入"10，20"，则表示输入了一个 X、Y 的坐标值分别为 10、20 的点，此为绝对坐标输入方式，表示该点的坐标是相对于当前坐标原点的坐标值，如图 1.47（a）所示。

在相对坐标输入方式下，需要在坐标值前加上"@"。例如：输入"@15，25"，则为相对坐标输入方式，表示该点的坐标值是相对于前一点坐标 X 轴的增量为 15，Y 轴的增量为 25，如图 1.47（b）所示。

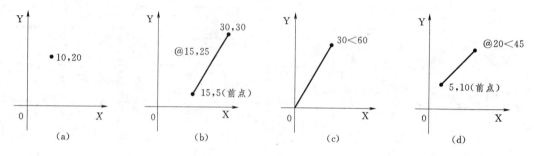

图 1.47　坐标的输入方式

（2）极坐标。用长度和角度表示的坐标为极坐标，极坐标只能用来表示二维点的坐标。

在绝对坐标输入方式下，表示为："长度＜角度"，如"30＜60"表示该点到坐标原点的距离为 30，该点至坐标原点连线与 X 轴正方向的夹角为 60°，如图 1.47（c）所示。

在相对坐标输入方式下，表示为："@长度＜角度"，如"@20＜45"表示长度为该点到前一点的距离为 20，角度为该点至前一点连线与 X 轴正方向的夹角为 45°，如图 1.47（d）所示。

1.5.2　绘制平面图形

实例：按图 1.38 手柄所示的尺寸精确绘图（尺寸标注、文字注解不画），绘图方法和图形编辑方法不限。

（1）设置绘图环境：建立合适的图形界限及栅格距离，图形必须放置在图形界限范围内。

（2）图中的中心线应放在 L1 层上，线型为 Center，线宽为 0.25mm，颜色为红色。

（3）图中的外轮廓线为 L2 层上，线型为 Continuous，线宽为 0.5mm，颜色为白色。

1.5.2.1　绘图前的准备工作（创建图形样本）

在绘制图形时，总要进行大量重复性工作，如绘图环境、常用的图层、线型以及图线中各图层的颜色设置等。如果每次绘制图样，都要进行这些反复设置，就会造成时间上的浪费。为了解决这个问题，可以创建适合自己的图形样板，即".dwt"文件。每次绘制图样时，只需调用图形样板即可，这样就可避免重复性的设置工作。下面就来学习图形样板的创建方法。

1. 设置绘图环境

首先需要设置绘图环境和系统参数，具体操作如下：

（1）启动 AutoCAD 后，在菜单中选择"文件"→"新建"命令，在弹出的"选择样板"对话框中选用"acadiso.dwt"模板，单击"打开"按钮即可，如图 1.48 所示。

（2）设置绘图单位。选择菜单"格式"→"单位"命令，打开"图形单位"对话框，如图 1.49 所示。

在"长度"选项组中的"类型"列表框中选择"小数"命令；在"角度"选项组中的"类型"列表框中选择"十进制度数"命令；在"插入比例"下拉列表中，选择"毫米"。

图 1.48　新建对话框　　　　　　　　　　图 1.49　单位设置

（3）设置绘图界限。选择菜单中"格式"→"图形界限"命令。执行该命令后，系统在命令行给出如下提示：

指定左下角点或［开（ON）/关（OFF）］<0.000，0.0000>：↙

指定右下角点<420.0000，297.0000>：210，297↙

系统默认为 A3 图纸。用户可根据绘图需要输入其他图幅的另一点尺寸坐标，如 A4 为：297，210。

设置了绘图界限后，当栅格显示被打开时，栅格将显示在整个图形界限里面。在进行视图缩放时，使用 ZOOM 命令中的 ALL 选项将按图形界限显示整幅图形。

（4）AutoCAD 2010 显示命令。在使用 AutoCAD 绘图过程中常需要将视图放大、缩小或者移动。AutoCAD 提供了缩放命令和平移命令。

点击标准工具栏中的图标 🔍 🔍 🔍 或者选择菜单"视图→缩放"或者在命令提示行中输入"ZOOM"，均可以实现将视图放大或缩小的功能。而缩放工具栏 🔍 🔍 🔍 🔍 🔍 🔍 🔍 🔍 🔍 可以直接选择缩放命令的各子项。视图的缩放不会影响图形的实际尺寸。

点击标准工具栏中的图标 ✋ 或者选择菜单"视图→平移"或者在命令提示行中输入"PAN"，可以实现将视图平移的功能。

2. 设置图层、线型和颜色

层是用户组织图形的最有效的工具之一，类似没有厚度的透明纸，放置各种图形信息。例如在表达图样时，把线型、尺寸、文字说明等放在不同的层上，一层挨一层的放置，就构成完整的一幅图。用户可以根据需要打开、关闭、增加和删除层，每层可以拥有任意的 AutoCAD 内容、颜色和线型（根据国标和电子出版物的有关规定：一般粗实线采用白色，细点划线采用红色，虚线采用黄色）。不同的颜色和线型不但使区分屏幕上的对象变得容易，而且还携带并传递着重要的绘图输出信息（如仅输出某些层或某种颜色或以某种笔宽输出线型等）。AutoCAD 支持 255 种颜色和超过 40 种的预定义线型，且用户还可自定义线型。

设置图层的具体步骤如下：

（1）打开"图层特性管理器"。选择菜单中"格式"→"图层"命令，或单击图层工具栏中的 按钮，弹出"图层特性管理器"对话框，其中显示当前的图层数目和状态，如图 1.50 所示。

图 1.50　图形的初始图层状态

（2）新建图层。在"图层特性管理器"中，单击"新建"按钮，在图形中创建一个新图层，系统自动命名为"图层 1"，如图 1.51 所示。此时图层名称呈现为可编辑状态，可给其重新命名。同理，对于不使用的图层，用户可单击"删除"按钮，删除该图层。

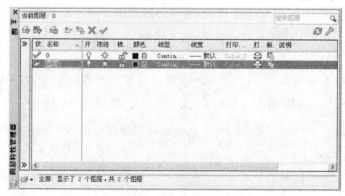

图 1.51　新建图层

（3）设置颜色。单击该图层上的颜色设置区，弹出如图 1.52 所示的"选择颜色"对

44

话框，在其中可选择不同的颜色，然后单击"确定"按钮完成操作。

（4）设置线型。单击该图层上的线型设置区，即"Continuous"图标，弹出如图1.53所示的"选择线型"对话框，在其中选择需要的线型，然后单击"确定"按钮完成

图1.52　"选择颜色"对话框

图1.53　"选择线型"

操作。若该框内没有要用的线型，可单击该对话框的"加载（L）…"选项，从弹出的"加载或重载线型"对话框中选择，如图1.54所示，选择"Center"中心线，然后单击两次确定。

（5）设置线宽。单击线宽设置区，弹出如图1.55所示的"线宽"对话框，选择合适的线宽，L1层设为0.25mm，L2层设为0.50mm，单击"确定"按钮完成操作。

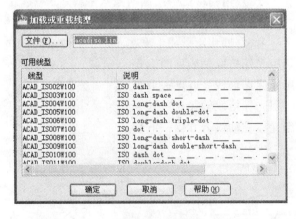

图1.54　"加载或重载线型"对话框

图1.55　"线宽"对话框

（6）图层特性的其他操作。

1）图层打开💡/关闭💡：使该图层上的图形可见或不可见。

2）图层冻结❄/解冻☀：被冻结的图层上的图形不仅不可见，同时也不参加运算，有利于提高运行速度，冻结后的图层必须解冻后才可见。

3）图层加锁🔒/解锁🔓：图层加锁后，该图层上图形可见但不可编辑，要编辑该图层上的对象必须解锁。

4）图层打印🖨/不打印🖨：控制是否打印该图层中的图形。

1.5.2.2 绘制图形

1. 绘制作图基准线

(1) 切换到中心线层。

(2) 用直线命令绘制轴线。

命令行：LINE✓

LINE 指定第一点：(用光标指定或命令行输入线段起始点坐标)

图 1.56 绘制直线

指定下一点或 [放弃 (U)]：@140, 0✓

指定下一点或 [放弃 (U)]：✓

技巧：在用坐标确定点的位置时，可以通过一种更简便的方法来提高操作速度。当第一点位置确定后，只需移动光标给出新点的方向，然后输入距离值就可迅速确定新点的位置，如图 1.56 所示。

(3) 按 Enter 键重复执行直线命令，系统提示：

命令：LINE 指定第一点：(用光标指定或命令行输入线段起始点坐标)

指定下一点或 [放弃 (U)]：(用光标指定)

指定下一点或 [放弃 (U)]：✓ (如图 1.57 所示)

图 1.57 画垂直线

2. 画外轮廓线

(1) 切换到外轮廓线层。

(2) 用偏移命令绘制两条水平线。

命令行：OFFSET✓

指定偏移距离或 [通过 (T)] <通过>：13✓

选择要偏移的对象或<退出>：[用光标拾取轴线见图 1.58 (a)]

指定点以确定偏移所在一侧：(用光标在轴线上方点一下)

选择要偏移的对象或<退出>：(用光标拾取轴线)

指定点以确定偏移所在一侧：(用光标在轴线下方点一下)

选择要偏移的对象或<退出>：✓

两条水平线绘制好了，如图 1.58 (b) 所示。

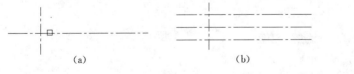

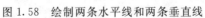

(a) (b) (c)

图 1.58 绘制两条水平线和两条垂直线

(3) 用偏移命令绘制两条垂直线。

按 Enter 键重复执行直线命令，系统提示：

指定偏移距离或 [通过 (T)] <通过>：12✓

选择要偏移的对象或<退出>：(用光标拾取垂直基准线)

指定点以确定偏移所在一侧：用光标在垂直基准线左方点一下

46

选择要偏移的对象或<退出>：(用光标拾取垂直基准线)

指定点以确定偏移所在一侧：用光标在垂直基准线右方点一下

选择要偏移的对象或<退出>：↙

两条垂直线绘制好了，如图 1.58 (c) 所示。

(4) 把绘制好的外轮廓线变为 L2 层。用光标拾取四条外轮廓线，在图层中选取 L2 层（如图 1.59 所示）。就把外轮廓线变为 L2 层。

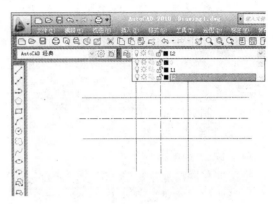

图 1.59　图层变化

(5) 多余线段修剪掉。

命令行：TRIM↙

选择对象：(用光标拾取外轮廓线，总计 4 个)

选择对象：↙

选择要修剪的对象，或按住 Shift 键选择要延伸的对象，或［投影（P）/边（E）/放弃（U）］：［哪里不要光标点哪里，如图 1.60 (a) 所示］

选择要修剪的对象，或按住 Shift 键选择要延伸的对象，或［投影（P）/边（E）/放弃（U）］：↙

多余的线段修剪掉，如图 1.60 (b) 所示。

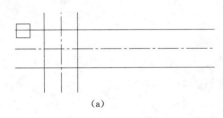

(a)

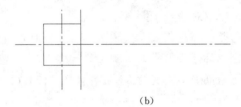

(b)

图 1.60　多余线段修剪

图 1.61　绘制 φ10 的圆

(6) 绘制 φ10 的圆。

命令行：circle↙

_ circle 指定圆的圆心或［三点（3P）/两点（2P）/相切、相切、半径（T）］：(用光标拾取圆心)

指定圆的半径或［直径（D）］：5↙

绘制好半径为 5 的圆，如图 1.61 所示。

(7) 绘制 R24 的圆弧。

命令行：arc↙

_ arc 指定圆弧的起点或［圆心（C）］：c↙

指定圆弧的圆心：［用光标捕捉交点，如图 1.62 (a) 所示，点鼠标左键］

指定圆弧的起点：(用光标捕捉交点，而后向右移动，给出新点的方向) 24↙

指定圆弧的端点或［角度（A）/弦长（L）］：(用光标捕捉垂直线上的一点，点鼠标左

键)

绘制好 $R24$ 的圆弧，如图 1.62（b）所示。

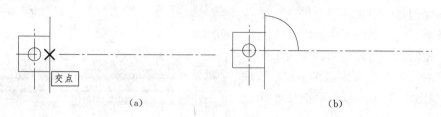

（a）　　　　　　　　　　　　　　（b）

图 1.62　绘制 $R24$ 圆弧

（8）绘制 $R11$ 的圆弧。

1）绘制垂直中心线。

命令行：OFFSET ↙

指定偏移距离或［通过（T）］＜通过＞：100 ↙

选择要偏移的对象或＜退出＞：（用光标拾取最右端的直线）

指定点以确定偏移所在一侧：（用光标在最右端的直线右方点一下）

选择要偏移的对象或＜退出＞：↙

绘制好 $R11$ 的垂直中心线，如图 1.63（a）所示。

2）把绘制好的垂直中心线变为 L1 层。

工具栏："标准工具栏" → "![icon]"

选择源对象：（用光标拾取轴线）

选择目标对象或［设置（S）］：（选取垂直中心线）

选择目标对象或［设置（S）］：↙

把垂直中心线变为 L1 层，如图 1.63（b）所示。

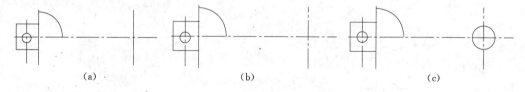

（a）　　　　　　　　　（b）　　　　　　　　　（c）

图 1.63　绘制垂直中心线

3）绘制圆弧 $R11$。

命令行：circle ↙

_ circle 指定圆的圆心或［三点（3P）/两点（2P）/相切、相切、半径（T）］：（用光标拾取圆心）

指定圆的半径或［直径（D）］：11 ↙

绘制好半径为 11 的圆，如图 1.63（c）所示。

（9）绘制 $R64$ 的圆弧。

1）绘制 $\phi46$ 尺寸的上面一条线。

命令行：OFFSET↙

指定偏移距离或［通过（T）］<通过>：23↙

选择要偏移的对象或<退出>：（用光标拾取轴线）

指定点以确定偏移所在一侧：（用光标在轴线上方点一下）

选择要偏移的对象或<退出>：↙

绘制好 $\phi46$ 尺寸的上面一条线，如图 1.64（a）所示。

2）绘制 $R64$ 的圆弧。

命令行：circle↙

_ circle 指定圆的圆心或［三点（3P）/两点（2P）/相切、相切、半径（T）］：T↙

指定对象与圆的第一个切点：（用光标拾取 $\phi46$ 尺寸的上面一条线）

指定对象与圆的第二个切点：（用光标拾取半径为 11 的圆）

指定圆的半径 <11.0000>：64↙

绘制好半径为 64 的圆，如图 1.64（b）所示。

3）删除 $\phi46$ 尺寸的上面一条线。

命令行：erase↙

选择对象：（用光标拾取 $\phi46$ 尺寸的上面一条线）

选择对象：↙

删除 $\phi46$ 尺寸的上面一条线，如图 1.64（c）所示。

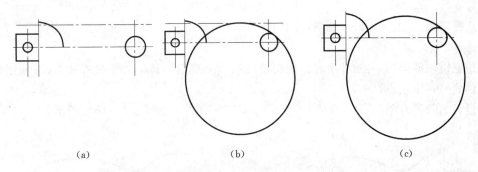

（a）   （b）   （c）

图 1.64　绘制 $R64$ 的圆弧

（10）绘制 $R16$ 的圆弧。

命令行：fillet↙

选择第一个对象或［多段线（P）/半径（R）/修剪（T）/多个（U）］：R↙

指定圆角半径 <0.0000>：16↙

选择第一个对象或［多段线（P）/半径（R）/修剪（T）/多个（U）］：（用光标拾取半径为 64 的圆）

选择第二个对象：（用光标拾取半径为 24 的圆弧）

绘制好 $R16$ 的圆弧，如图 1.65 所示。

（11）修剪 $R64$ 圆弧多余的线。

命令行：TRIM↙

选择对象：（用光标拾取 R16 的圆弧）

选择对象：（用光标拾取 R11 的圆）

选择对象：✓

选择要修剪的对象，或按住 Shift 键选择要延伸的对象，或［投影（P）/边（E）/放弃（U）］：（哪里不要光标点哪里）

选择要修剪的对象，或按住 Shift 键选择要延伸的对象，或［投影（P）/边（E）/放弃（U）］：✓

多余的线段修剪掉，如图 1.66 所示。

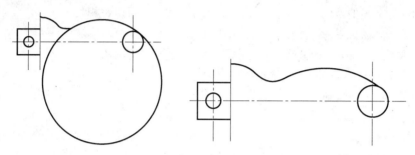

图 1.65　绘制 R16 的圆弧　　　图 1.66　修剪多余的线段

（12）镜像轴线上方的圆弧线。

命令行：mirror ✓

选择对象：［用交叉窗口选取，如图 1.67（a）所示］

选择对象：✓

指定镜像线的第一点：（用光标捕捉轴线的一个端点）指定镜像线的第二点：（用光标捕捉轴的另一个端点）

是否删除源对象？［是（Y）/否（N）］<N>：✓［如图 1.67（b）所示］

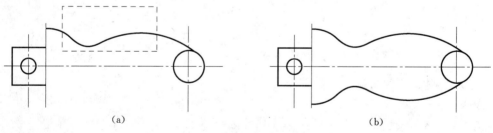

(a)　　　　　　　　　　　　(b)

图 1.67　镜像轴线上方的圆弧线
(a) 选择对象；(b) 生成镜像

（13）修剪多余线段。

命令行：TRIM ✓

选择对象：（用光标拾取 R24 的圆弧）

选择对象：（用光标拾取轴线上 R64 的圆弧）

选择对象：（用光标拾取轴线下 R64 的圆弧）

选择对象：✓

选择要修剪的对象，或按住 Shift 键选择要延伸的对象，或［投影（P）/边（E）/放弃（U）］:（哪里不要光标点哪里）

选择要修剪的对象，或按住 Shift 键选择要延伸的对象，或［投影（P）/边（E）/放弃（U）］:↙

多余的线段修剪掉，如图 1.68 所示。

（14）删除 R11 圆弧的垂直中心线。如图 1.68 所示。

（15）线宽打开，如图 1.68 所示。

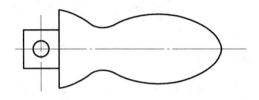

图 1.68　完成手柄制图

第2章 投 影 基 础

2.1 投 影 法 简 介

2.1.1 投影法的基本概念

（1）投影线。在投影法中，向物体投影的光线，称为投影线。

（2）投影面。在投影法中，出现影像的平面，称为投影面。

（3）投影。在投影法中，投影面上的影像轮廓称为投影或投影图。

线、面和几何体都是点的集合，它们都可以使用同样的方法得到相应的图形，只是投影线由一条换成一束。这种利用投影线通过物体，向选定平面投影，并在该平面得到图形的方法称为投影法。

如图2.1所示，空间有一平面V，一点A，过点A作一直线L，令其向V面投影，得交点a'。V面就是投影面，a'就是A在V面上的投影，直线L称为投影线。

2.1.2 投影法的分类

根据投影线的类型（平行或汇聚），投影法可分为中心投影法和平行投影法两类。

1. 中心投影法

投影线均由一点射出，照射物体后在投影面得到投影图形，称为中心投影法。投影线的汇聚点称为投影中心；得到的投影图，称为中心投影，如图2.2所示。由于投影线互不平行，所得投影与物体的真实形状有差异，因此中心投影不适合于工程图样，但由于中心投影符合人的眼睛视觉，立体感较好，多用于绘制建筑物的直观图（透视图）。

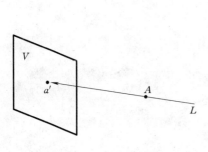

图2.1 空间点的投影

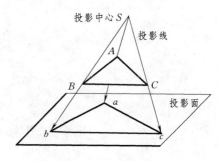

图2.2 中心投影法

2. 平行投影法

投影线相互平行的投影法称为平行投影法。投影线与投影面相垂直的平行投影法称为正投影法，根据正投影法所得到的投影称为正投影，如图 2.3（a）所示。投影线与投影面相倾斜的平行投影法称为斜投影法，根据斜投影法所得到的投影称为斜投影，如图 2.3（b）所示。正投影图的直观性虽不如中心投影图立体感好，但由于正投影图一定程度上能真实地表达空间物体的形状和大小，且作图简便，因此 GB/T 14692—2008《技术制图 投影法》中明确规定，工程图样采用正投影法绘制。在本书的后续章节中及工程中，如无特别说明，所谈到的投影一般均为正投影。

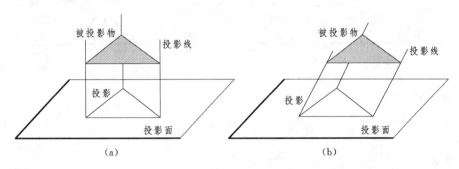

图 2.3　平行投影法
（a）正投影法；（b）斜投影法

2.1.3　正投影的特性

1. 同素类似性

在一般情况下，点的投影是点，直线的投影是直线，平面图形的投影是原图形的类似形，平行投影这一性质称为同素类似性。如图 2.4 所示，过直线 AB 上各点的投影线构成了一个投影平面 $ABba$，该投影平面与投影面 H 的交线 ab 即为直线 AB 在投影面上的投影。同理，平面 $\triangle ABC$ 投影是 $\triangle abc$。

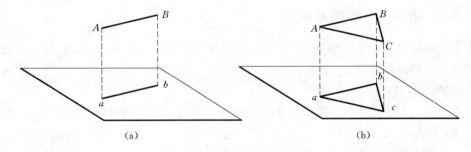

图 2.4　同素类似性
（a）线投影；（b）平面图形投影

2. 平行性

两相互平行的直线，其投影仍然平行，如图 2.5 所示。

3. 定比性

两平行线段的长度之比，与其投影的长度之比相等，$AB:CD=ab:cd$。直线上两线段长度之比，与其投影长度之比相等，如图 2.6 所示，$AC:CB=ac:cb$。特殊情况：当线段平行于投影面时，其投影长度反映线段的实长；当平面图形平行于投影面时，其投影与原平面图形全等。这种性质称为全等性。

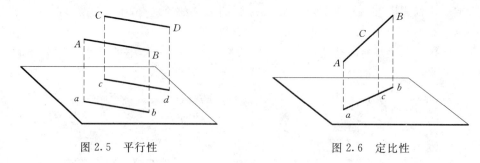

图 2.5　平行性　　　　　　　　　　　图 2.6　定比性

4. 从属性

若点在直线上，则该点的投影一定在该直线的投影上。如图 2.7 所示，$C \in AB$，则 $c \in ab$。

5. 积聚性

当直线或平面图形垂直于投影面时，其投影积聚成点或直线，如图 2.8 所示。

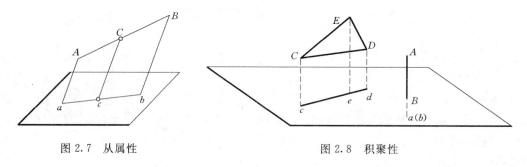

图 2.7　从属性　　　　　　　　　　图 2.8　积聚性

2.1.4　常见的几种投影图

根据投影法和附加条件的不同，工程上常采用以下四种投影图：多面正投影、轴测投影、透视投影和标高投影。

1. 多面投影（多面正投影图）

这种方法是由法国几何学家蒙日（G. Monge）首先提出并加以科学论证的，所以也称蒙日法，即在单面投影基础上增加投影面，利用正投影的方法，把形体投影到两个或两个以上互相垂直的投影面上，再按一定规律把这些投影面展开成一个平面，便得到正投影图，如图 2.9 所示。根据正投影图很容易确定物体的形状和大小，度量性好，作图简便，便于图示、图解，但其直观性和立体感较差，必须把多个投影综合起来想象，才能得出完整的形象物体，这种想象能力是要经过一定的培养和训练才能具备的。

本课程学习的重点就是在工程上用得最广的正投影图样的绘制和阅读。

2. 轴测投影（轴测图）

产生轴测投影的补充条件是在物体上固结三个相互垂直的坐标轴，形成参考直角坐标系。利用平行投影法，把物体连同它所在的坐标系一起沿不平行于任一坐标面的方向投影

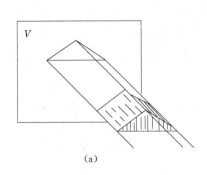
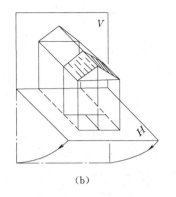
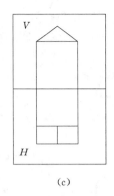

(a)   (b)   (c)

图 2.9   三棱柱的多面正投影
(a) 单面正投影；(b) 多面投影法；(c) 多面投影图样

到一个投影面上，便得到轴测投影。

用正投影法得到的轴测投影称为正轴测投影，如图 2.10 （a）所示；用斜投影法得到的轴测投影称斜轴测投影，如图 2.10 （b）所示。

轴测投影图直观性和立体感较好，有一定的可度量性。缺点是作图比较烦琐，其形象与人们观察物体所得结果有一定差距，显得不很自然。轴测投影在工程上常作为多面正投影的补充来使用。在进行机械零部件初步设计构思时，也常用徒手绘制的轴测投影草图来概略地表达设计思想。

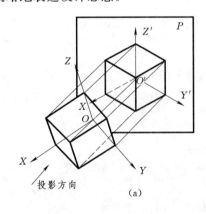
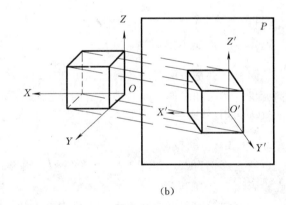

(a)   (b)

图 2.10   轴测投影法
(a) 正轴测投影；(b) 斜轴测投影

3. 透视投影（透视图，透视）

透视投影是根据中心投影法绘制的将物体投影在单一投影面上所得到的具有立体感的图形，如图 0.3（汽车车身透视图）所示。

这种图符合人眼的视觉效果，有"近大远小"的特点，看起来自然，故其直观性和立体感很好。但是由于它不能把真实形状和度量关系明显地表达出来，加上作图复杂、绘制烦琐等原因，所以目前主要在建筑、汽车等工程中作为辅助性效果图使用。随着计算机图形显示和绘制技术的进步，透视图在工程技术各领域应用将日渐广泛。

4. 标高投影

标高投影是利用正投影法，将物体投影在一个水平投影面上得到的。为解决物体高度方面的度量问题，在投影面上画出一系列等高线，并在等高线上标出实际高度尺寸（即标高）。此种投影主要用来表达形状较复杂的曲面。因此多用于在水利、土木工程中绘制地形图，如图 2.11 所示。

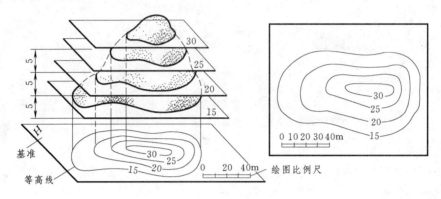

图 2.11　标高投影法

2.2　点、线、面的投影及其特性

2.2.1　点的投影及其特性

空间物体都是由面围成的，而面由线组成，线则是点的集合，所以点是空间最基本的几何元素。学习和掌握空间几何元素的投影规律和特性，才能透彻理解工程图样所表示物体的具体结构形状。

2.2.1.1　点的投影

点的投影仍为点，如图 2.12（a）所示，投影线过空间点 A 与投影面 P 的交点称为点 A 在投影面 P 上的投影。

点的空间位置确定后，它在一个投影面上的投影是唯一确定的。但是，若只有点的一个投影，则不能唯一确定点的空间位置，如图 2.12（b）所示，因此只有增加投影面，添加约束条件才能确定投影空间点的位置。

2.2.1.2　点的三面投影及投影特性

1. 三投影面体系

正投影至少需要两个不同方向的投影表示物体形状和结构。通常采用相互垂直的三个平面作为投影面，构成了三投影面正交体系，如图 2.12（c）所示。正立放置的投影面称为正立投影面，简称正面，用 V 表示；水平放置的投影面称为水平投影面，简称水平面，用 H 表示；侧立放置的投影面称为侧立投影面，简称侧面，用 W 表示。相互垂直的三个投影面的交线称为投影轴，分别用 OX、OY、OZ 表示。

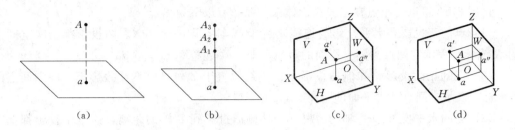

图 2.12　点的投影

(a) 点的投影；(b) 点投影的积聚性；(c) 点的三面投影；(d) 点的投影坐标

2. 点的三面投影

（1）点的投影标记。为表达方便，空间点及其投影面投影的标记规定为：空间点用大写字母 A，B，C，…表示，V 面投影用相应用小写字母 a'，b'，c'，…表示，H 面投影用小写字母 a，b，c，…表示，W 面投影用小写字母 a''，b''，c''，…表示。

（2）点的三面投影。为了表达方便，使三个投影面按以下规定旋转到同一平面：V 面不动，将 H 面绕 OX 轴向下旋转 $90°$，W 面绕 OZ 轴向后旋转 $90°$，与 V 面重合，则在同一平面内存在三投影面构成的三个图层，其中 OY 轴一分为二，即随 H 面旋转的用 OY_H 标记，随 W 面旋转的用 OY_W 标记，如图 2.13 所示。注意：画图时，投影面的边框不必画出。

这样，点的三面投影随投影面旋转而落在同一平面、不同图层上，按该方法获得的投影即是点 A 的三面投影图。图 2.13（b）为空间点 A 在三投影面的投影情况及展开后的投影图。

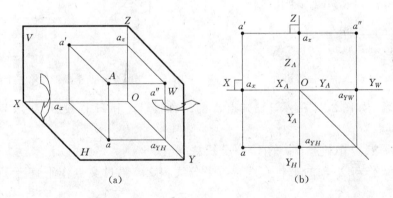

图 2.13　点的三面投影

空间点的位置需要直角坐标系的三个坐标确定。如果把投影面体系看作直角坐标系，把投影面 H、V、W 作为坐标面，投影轴即为坐标轴 X、Y、Z。空间点 A 用三个坐标确定，记为 A（x，y，z）。点 A 的直角坐标（x、y、z）便是 A 点分别到 W、V、H 面的距离。显然，点的每一个投影由其中的两个坐标所决定：V 面投影 a' 由 X_A 和 Z_A 确定，H 面投影 a 由 X_A 和 Y_A 确定，W 面投影 a'' 由 Y_A 和 Z_A 确定；因此点的任意两投影即可以确定点的三个坐标，可以根据点的两面投影补画出点的第三面投影。同理，根据点的投影规律，点的三个坐标值与该点的三面投影图、空间点是一一对应关系，可以相互表达。

由图 2.13 可以得出点在三投影面体系的投影有以下规律：

（1）点的正投影和水平投影的连线垂直于 X 轴，即 $\overline{a'a}\perp OX$。两投影都反映空间点的 X 坐标，表示空间点到侧投影面的距离。即：$\overline{a'a}\perp OX$，$a'a_z=aa_{YH}=X_A$。

（2）点的正面投影 a' 和侧面投影 a'' 的连线垂直于 Z 轴，这两个投影都反映空间点的 Z 坐标，表示空间点到水平面的距离。$\overline{a'a''}\perp Z$ 轴，$a'a_x=a''a_{YW}=Z_A$。

（3）点的水平投影到 X 轴的距离等于其侧面投影到 Z 轴的距离，这两个投影都反映空间的 Y 坐标，表示空间点到正投影面的距离：$aa_x=a''a_z=Y_A$。

【例 2.1】 已知点 A（15，25，35），求作三投影。

作图步骤：

（1）根据已知条件可以知道：X 坐标为 15，Z 坐标为 35，确定 V 投影 a'。

（2）利用 $a'a\perp OX$，以及 Y 坐标 25，求得 H 投影 a。

（3）根据已求得的两投影 a、a'，利用投影关系求得 a''。

作图过程如图 2.14 所示。

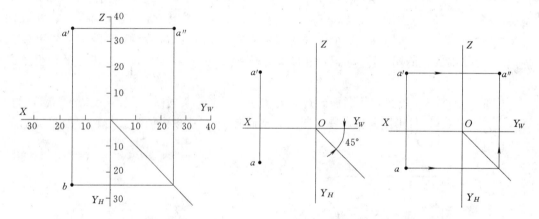

图 2.14 点 A 的三面投影　　　　图 2.15　由点 A 两个投影作第三个投影

【例 2.2】 如图 2.15 所示，已知点 A 的 V 面投影 a' 和 H 面投影 a，求 W 面投影 a''。

作图步骤：

（1）过原点 O 作 Y_H、Y_w 的 45°平分线。

（2）过 a 作与 X 轴的平行直线，与平分线相交，再过交点作垂直于 Y_w 轴的辅助直线。

（3）过 a' 作与 X 轴的平行直线，与垂直 Y_w 轴的辅助直线相交点即是 a''。

作图过程如图 2.15 所示。

3. 点的相对位置及重影点

（1）两点相对位置的确定。空间两点上下、左右、前后的相对位置，可以根据它们在投影面中的同面投影（几何元素在同一投影面的投影）来判断。距离 W 面远者在左，近者在右（根据 V 面、H 面的投影分析）；距离 V 面远者在前，近者在后（根据 H 面、W 面的投影分析）；距离 H 面远者在上，近者在下（根据 V 面、W 面的投影分析）。如图 2.16 所示的空间 A 点、B 点，由 V 面投影可判断出 A 在 B 的左方、上方，由 H 面投影可

判断出 A 在 B 的左方、前方，由 W 面投影可判断出 A 在 B 的前方、上方，因此从三面投影或两面投影，可以判断 A 点在相对于 B 点的左、前、上方。

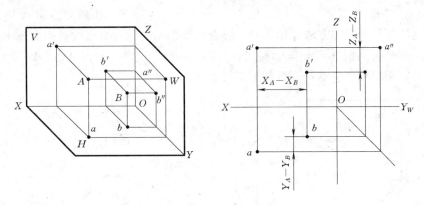

图 2.16　两点相对位置

【例 2.3】　如图 2.17 已知点 A （15，25，35），点 B 在点 A 左方 10mm，后方 5mm，下方 10mm 的位置，作点 A、B 的三面投影图。

根据已知条件可知点 A 的三个坐标为：$x_A = 15$，$y_A = 25$，$z_A = 35$，根据 B 点相对于 A 点的位置，可知点 B 的三个坐标为：$x_B = 15 + 10 = 25$，$y_B = 25 - 5 = 20$，$z_B = 35 - 10 = 25$。可以根据点 A 的坐标先作出 A 点三视图（图 2.16），再根据点 B 相对于 A 点的位置作出 B 点的三面投影。作图过程如图 2.17 所示。

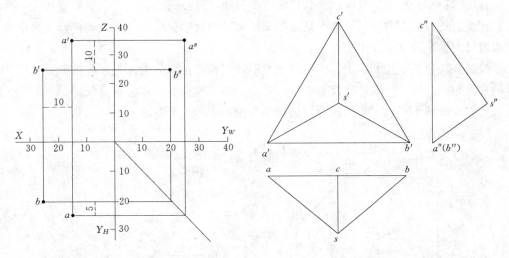

图 2.17　点 A、B 的三面投影图　　　　图 2.18　三棱锥的三面投影图

【例 2.4】　试比较图 2.18 所示三棱锥四个顶点 S、A、B、C 的相对位置。

图 2.18 中所示三棱锥的正投影图没给出投影轴，现以顶点 A 作为参照点，来比较各顶点的相对位置。

从 V 投影中可见，顶点 S、C 比顶点 A 高，顶点 A、B 同高；顶点 S、B、C 在顶点 A 右侧，且顶点 S、C 距 W 投影面距离相等，顶点 B 在最右侧；由 H 投影可见，顶点 S 在最前面，顶点 A、B、C 距 V 面距离相等。

(2) 重影点。当两点位于某投影面正前方的同一条投影线上时，即空间两点有两个坐标相等，一个坐标不相等时，则两点在该投影面上的投影就重合为一点，该两点为该投影面的重影点。如图 2.19 所示，B 点在 A 点的正前方，则 A、B 两点是 V 投影面的重影点。重影点的可见性判别方法：比较两重影点的坐标，坐标大的点投影把坐标小的点投影掩盖，如 A、B 两点的 x 和 z 坐标相同，y 坐标不等，且 $y_B > y_A$，因此 A、B 的 V 面投影 b' 可见，a' 不可见。注意：不可见加括号表示。

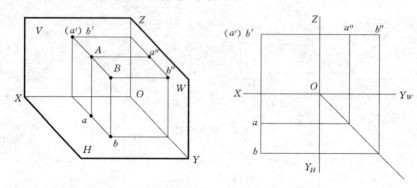

图 2.19　重影点投影视图

2.2.2　线的投影及其特性

直线的投影一般仍是直线，两点确定一条直线，且点的投影一定在直线投影上，因此确定直线上任意两点的三面投影，则点投影所确定的投影直线即是直线的投影。这也说明直线的三面投影与空间直线是一一对应关系。

根据直线与三个投影面之间的相对位置不同，可将直线分为三类：与投影面平行、垂直的直线和一般位置直线。与投影面平行、垂直的直线称为特殊位置直线。

通常直线对 H、V、W 三投影面的倾角分别用 α、β、γ 表示。

1. 一般位置直线

一般位置直线是与三个投影面都倾斜的直线，如图 2.20 所示。

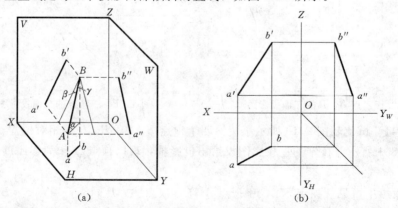

图 2.20　一般位置直线视图投影
（a）空间直线投影；（b）直线三视图投影

60

一般位置直线的投影特性如下。

（1）三个投影都是一般倾斜线段，且都小于线段的实长。

（2）三面投影都与投影轴相交，相交夹角不反映直线段对投影面的倾角。

因此，若直线段的投影与三个投影轴都倾斜，可判断该直线为一般位置直线。

2. 投影面平行线

平行于一个投影面，而与另两个投影面倾斜的直线，称为投影面平行线。

正平线——平行于 V 面的直线；

水平线——平行于 H 面的直线；

侧平线——平行于 W 面的直线，如图 2.21 所示。

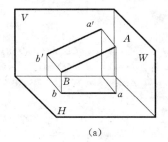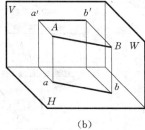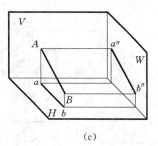

图 2.21　投影面平行直线

(a) 正平线；(b) 水平线；(c) 侧平线

以正平线为例（图 2.22），按照定义，它平行于 V 面，线上所有点与 V 面的距离都相同，这就决定了它的投影特性如下。

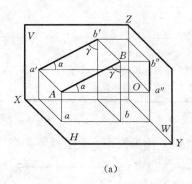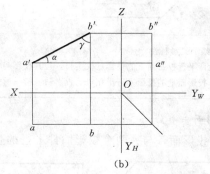

图 2.22　正平线的投影特性

（1）AB 的正面投影 $a'b'=AB$，即反映实长。

（2）水平面投影平行于 OX 轴，即 $ab /\!/ OX$ 轴。

（3）侧面投影平行于 OZ 轴，即 $a''b'' /\!/ OZ$ 轴。

（4）正面投影 $a'b'$ 与 OX 轴的夹角，即是该直线与 H 面所夹倾角 α；正面投影 $a'b'$ 与 OZ 轴的夹角，即是该直线与 W 面所夹倾角 γ。

水平线和侧平线也有类似的投影特性。三种投影面平行线的投影特点和性质见表 2.1。

表 2.1   投影面平行线的投影特性

名称	轴测图	投影图	投影特性
正平线			1. $a'b'=AB$ 反映 α、γ 角； 2. $ab\,/\!/\,OX$ 轴，$a''b''\,/\!/\,OZ$ 轴
水平线			1. $cd=CD$ 反映 β、γ 角； 2. $c'd'\,/\!/\,OX$ 轴，$c''d''\,/\!/\,OY_w$ 轴
侧平线			1. $e''f''=EF$ 反映 α、β 角； 2. $e''f''\,/\!/\,OZ$ 轴，$ef\,/\!/\,OY_H$ 轴

投影面平行线的投影特性：

1. 在直线段所平行投影面上的投影反映实长，且其投影与投影轴的夹角是直线与另两投影面的倾角；

2. 另外两个投影面上的投影平行于相应的投影轴（构成所平行的投影面的两根轴）

3. 投影面垂直线

垂直于投影面，与另两个投影面都平行的直线，称为投影面垂直线，如图 2.23 所示。

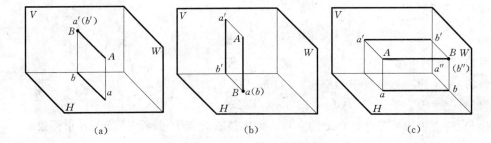

图 2.23　投影面的垂直线

（a）正垂线；（b）铅垂线；（c）侧垂线

投影面垂直线有三种：

（1）铅垂线。垂直于 H 面的直线。

（2）正垂线。垂直于 V 面的直线。

（3）侧垂线。垂直于 W 面的直线。

以铅垂线为例（图 2.24），按照定义，它垂直于 H 面，线上所有点在 H 面投影积聚成一个点，这就决定了它的投影特性如下。

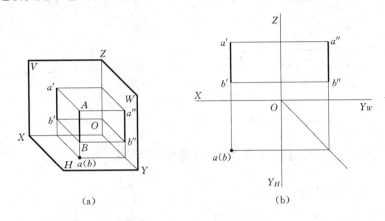

（a）   （b）

图 2.24 铅垂线的投影特征

（a）铅垂线；（b）铅垂线的投影

（1）正面、侧面投影反映实长。

（2）正面投影垂直于 OX 轴。

（3）侧面投影垂直于 OY_w 轴。

正垂线和侧垂线也有类似的投影特性。三种投影面平行线的投影特点和性质见表 2.2。

表 2.2   投影面垂直线的投影特性

名称	轴测图	投影图	投影特性
正垂线			1. $a'b'$ 积聚成一点； 2. ab 垂直 OX 轴，$a''b''$ 垂直 OZ 轴，$ab = a''b'' = AB$
铅垂线			1. cd 积聚成一点； 2. $c'd'$ 垂直 OX 轴，$c''d''$ 垂直 OY_w 轴，$c'd' = c''d'' = CD$

63

名称	轴测图	投影图	投影特性
侧垂线	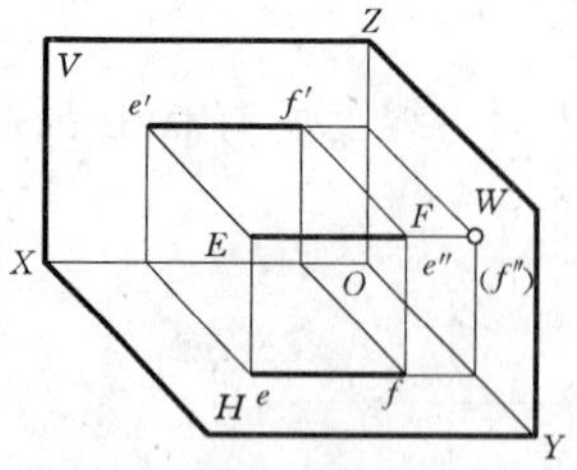	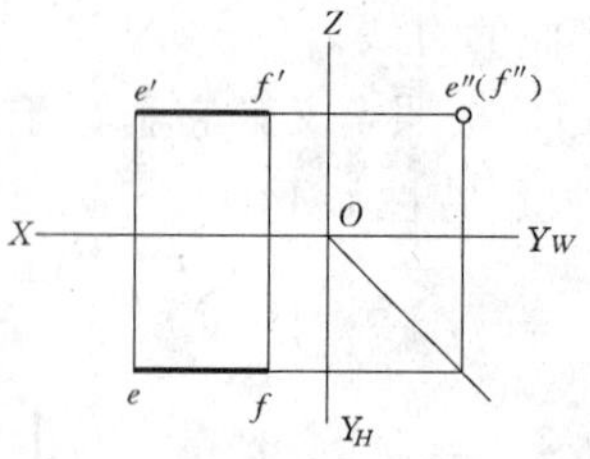	1. $e''f''$ 积聚成一点； 2. $e'f'$ 垂直 OZ 轴，ef 垂直 OY_H 轴，$e'f'=ef=EF$

1. 在所垂直的投影面上的投影积聚为一点；
2. 在另外两个投影面上的投影，垂直于相应的投影轴，且反映直线段的实长

2.2.3 点、线的相对位置及其投影特性

2.2.3.1 直线上点的投影特性
直线上的点的投影满足从属性和定比性，该特性是点在直线上的充分必要条件。

（1）从属性。直线上点的投影必定在该直线的同面投影上。如 K 点 $\in AB$，则 K 点投影 k、k'、k'' 分别在直线 AB 对应的同面投影 ab、$a'b'$、$a''b''$ 上。

（2）定比性。由于对同一投影面的投影线互相平行，$\dfrac{AK}{KB}=\dfrac{ak}{kb}=\dfrac{a'k'}{k'b'}=\dfrac{a''k''}{k''b''}$，因此同一直线上两线段长度之比等于其投影长度之比。

2.2.3.2 点、线相对位置关系
点与直线的相对位置有两种情况：点在直线上或点不在直线上。可以结合点和线的从属性和定比性作出判定。

【例2.5】 如图2.25（a）所示，作出 C 点两面投影 c'、c，点 C 分线段 AB 为 2:3。

分析：根据直线上点的投影定比特性，先将直线的任一投影分成2:3，则该点即是分 AB 为2:3的 C 点投影，利用从属性，求出 C 点的另一投影。

作图步骤如下：
（1）由 a 任意作一直线，并在其上量取5个单位长度。
（2）连 $5b$，过2分点作 $5b$ 的平行线，交 ab 于点 c。
（3）由点的投影特性，过点 c 作 OX 轴的垂线，交 $a'b'$ 于 c' 点。
则 c、c' 确定的空间点 C 即为所求点，如图2.25（b）所示。

【例2.6】 判断点 K 是否在直线上，如图2.26所示。

分析：点 K 在直线 AB 上，则 $ak:kb=a'k':k'b'$；否则，点 K 不在直线 AB 上。过 a 作射线 $a1$，使得 $a1=a'k'$，$12=k'b'$；连接 $b2$，作 $13/\!/b2$；3 与 k 不重合，则点 K 不在直线 AB 上，如图2.26所示。

64

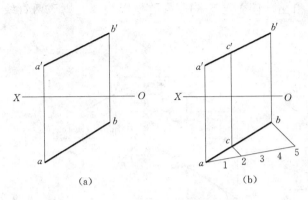
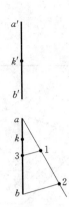

<table>
<tr><td>图 2.25　求直线上的定比分点</td><td>图 2.26　判定直线与点的关系</td></tr>
</table>

2.2.3.3　直线与直线的相对位置及其投影特性

空间两直线的相对位置有三种情况：平行、相交、交叉。

其中平行、相交的两直线又可称为共面直线，交叉的两直线称异面直线，另外还有一种特殊的直线关系——垂直。

1. 平行两直线的投影特性与判定方法

（1）平行两直线的所有同面投影都互相平行，如图 2.27 所示。

（2）两直线的每一同面投影均互相平行，则空间两直线必定互相平行。

（3）同一投影面的垂直线相互平行，其投影积聚成两个点，连线即为两直线距离的实际长度。

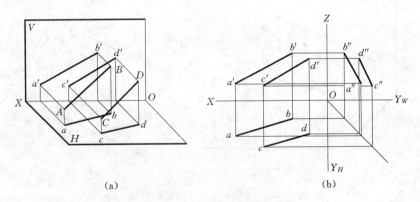

图 2.27　平行两直线的投影特性

两直线是否平行的判断，应结合直线平行的投影特性进行判定。

（1）一般情况下，只要直线的两个同面投影平行就可以作出判定。

（2）特殊情况下，当直线为特殊位置直线时，则需根据所有同名投影面上的投影作出是否平行的判定。

2. 相交两直线的投影特性

（1）若空间两直线相交，则它们的所有同面投影都相交，且各同面投影的交点之间的关系符合点的投影规律。这是因为交点是两直线的共有点，如图 2.28 所示。

（2）若两直线的各同面投影都相交，且交点又符合点的投影规律，则该两直线必相交。

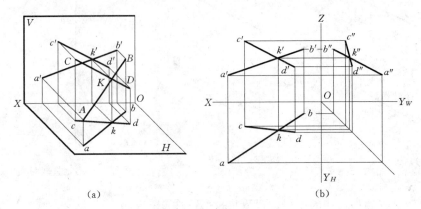

图 2.28　相交两直线的投影的投影特性

判断两直线是否相交，应结合相交直线的投影特性进行判定。通常有两种方法：①定比法判定；②用两条直线的第三投影来判定，确定是否有公共点。

3. 交叉两直线投影特性

如果两直线的投影既不符合两平行直线的投影特性，又不符合两相交直线的投影特性，则可断定该两条直线为空间交叉两直线。通常两直线按平行可能性、相交可能性，逐项排除后，最终确定交叉关系。

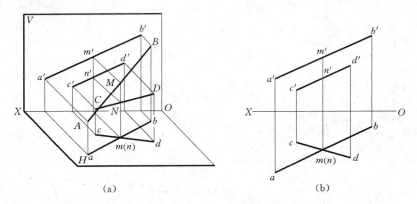

图 2.29　交叉两直线的投影特性

如图 2.29 所示，$a'b' \parallel c'd'$，ab 与 cd 相交，因此空间两直线 AB 与 CD 不可能平行；由于两直线的 V 面投影表明两直线没有公共点，因此空间两直线 AB 与 CD 不可能相交；排除了平行、相交可能性后，确定两直线为交叉关系。

注意：H 面投影的交点是 AB、CD 在 H 面的重影点，根据重影点可见性的判别方法，m 可见，n 不可见，标记为 m（n）；V 面投影 m' 在上，n' 在下，点 M 在直线 AB 上，点 N 在直线 CD 上。

由此可知，是否存在公共点（符合点的投影规律），是判定两直线交叉关系的关键。

【例 2.7】　如图 2.30（a）所示，判断两直线 AB、CD 是否平行。

由 AB、CD 的两面投影可知，AB、CD 都是侧平线，直接根据两个投影是难以作出判定的，可作出两直线的第三个投影，如图 2.30（b）所示，$a''b''$ 与 $c''d''$ 不平行，所以 AB 与 CD 不平行。

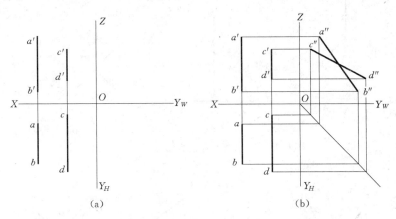

(a)   (b)

图 2.30 判断两直线是否平行

【例 2.8】 如图 2.31 所示，判断两直线是否相交。

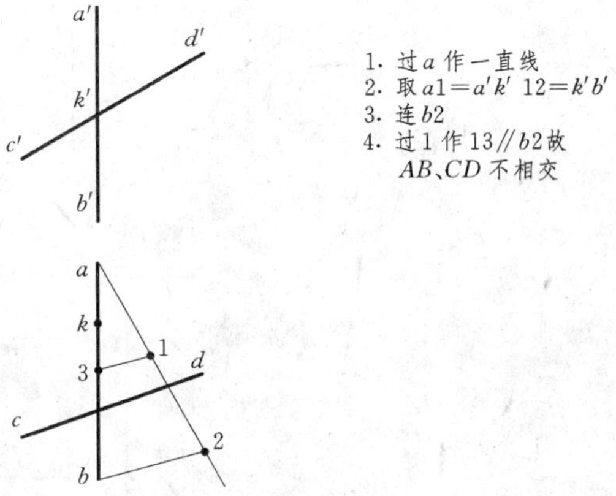

反证法：假设相交，则两直线的 V 面投影交点 k' 是两直线交点的正面投影，则点 K 分 AB 的比例在水平投影保持不变。过 a 作任一直线，在该直线上截取 $a1 = a'k'$、$a2 = a'b'$，并过 1 作 $b2$ 的平行直线 13，可以知道，k 和 3 并不重合，表明两直线交点的同面投影不符合点的投影特征，故两直线不相交。

1. 过 a 作一直线
2. 取 $a1 = a'k'$ $12 = k'b'$
3. 连 $b2$
4. 过 1 作 $13 // b2$ 故 AB、CD 不相交

☆4. 两直线垂直投影特性

垂直两直线（相交或交叉），其中一直

图 2.31 判断两直线是否相交

线平行于某个投影面，则两直线在该投影面上的投影仍保持垂直关系。由此推导出其逆定理是：若两直线（相交或交叉）在某个投影面上的投影互相垂直，其中有一条直线平行于该投影面，则此两直线必互相垂直。上述投影特性，称为直角投影定理。

已知：如图 2.32 所示，$AB \perp CD$，$AB // H$ 面，求证：$ab \perp cd$。

证明：$\because AB \perp CD$，$AB \perp Bb$　$\therefore AB \perp$ 平面 $CcdD$，$AB \perp cd$

$\because AB // ab$　$\therefore ab \perp cd$

直角投影定理的逆定理仍成立。

按直角投影定理，可以知道图 2.33 中两个投影所确定的空间直线相互垂直。

【例 2.9】 求图 2.34 所示 AB、CD 两直线之间的距离。

分析：直线 AB 是铅垂线，CD 是一般位置直线，要求两直线之间的距离，必须作出两直线的公垂线 EF。因为与铅垂线 AB 相垂直的直线必定是水平线，所以公垂线 EF 一

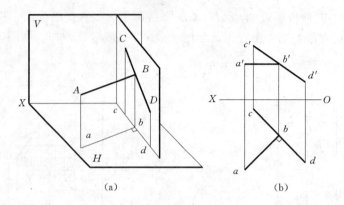

(a)   (b)

图 2.32　直角投影定理

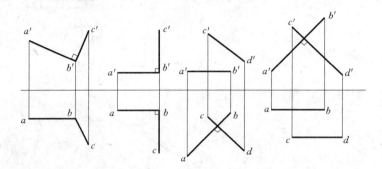

图 2.33　垂直直线的二视图投影

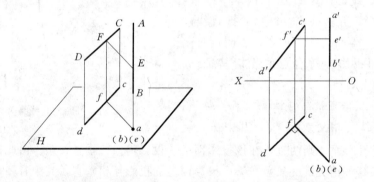

图 2.34　求 AB、CD 两直线之间的距离

定是水平线，且公垂线 EF 的水平投影 ef 一定通过 AB 的水平投影 a (b)；又因为公垂线 EF 与 CD 垂直，根据直角投影定理，公垂线 EF 和 CD 的水平投影一定呈垂直关系，所以过点 a (b) 作 cd 的垂直线就是公垂线 EF 的 H 面投影 ef，其与 cd 的交点就是另一垂足的 H 面投影 f；根据点 F 属于直线 CD，获得点 F 的 V 面投影 f′，且 EF 是水平线，所以过 f′作 OX 轴的平行线，即是公垂线 EF 的 V 面投影；由于 EF 是水平线，所以其 H 面的投影长度即反映 AB、CD 两直线的距离。

作图步骤：

（1）由直线 AB 的 H 面投影 a (b) 向 cd 作垂线交于 f，并求出 f′。

(2) 由 f' 向 $a'b'$ 作垂线交于 e'，$e'f'$ 和 ef 即为公垂线 EF 的两投影。

(3) 水平线 EF 的 H 面投影 ef 的长度即为两直线之间的距离。

2.2.3.4 直角三角形法求作直线的实长

由特殊位置直线的投影能够直接反映其实长及其与投影面的倾角，而一般位置直线的投影则不能。下面介绍一般位置直线实长及其与投影面倾角的求解方法——直角三角形法。

图 2.35（a）所示的一般位置直线，在平面 $AabB$ 内，过 A 点作 H 投影 ab 的平行线交 Bb 于 B_0，即得直角三角形 ABB_0。该直角三角形的一条直角边 $AB_0 = ab$，另一直角边 $BB_0 = Bb - Aa = Z_B - Z_A = \Delta z$，$\angle BAB_0 = \alpha$。

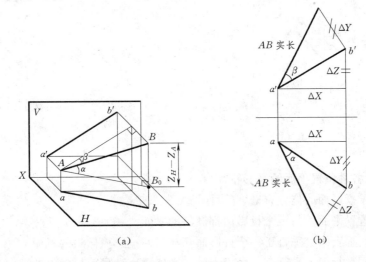

图 2.35　直角三角形法求实长

(a) 线段空间投影；(b) 线段平面投影求实长

由解析几何知识，一般位置线段 AB 实长 $|AB| = \sqrt{(\Delta X)^2 + (\Delta Y)^2 + (\Delta Z)^2}$，如图 2.35（a）所示。在平面投影上我们可以看到 [图 2.35（b）所示]，线段 AB 的实长 $|AB|$ 以及线段 AB 与投影面所夹的倾角可以采用下面的步骤求得。

(1) 以直线 AB 的水平投影 ab 为一直角边，过 b（或 a）作 ab 的垂线段，令线段长度等于 Δz；则其斜边就是直线 AB 的实长。

(2) 该直角三角形与直角三角形 ABB_0 是全等三角形，实长与水平投影 ab 所夹的角就是 AB 与 H 面的倾角 α。

(3) 同样，可以利用直线段 AB 的 V 面投影求 AB 的实长，则所作的直角三角形中线段 AB 在 V 面投影 $a'b'$ 与实长所夹倾角，就是直线与 V 面的倾角 β；同理可以在 W 面投影面上求实长，则所作的直角三角形中线段 AB 在 W 面投影 $a''b''$ 与实长所夹倾角，就是直线与 W 面的倾角 γ。

2.2.4　面的投影及其特性

2.2.4.1　平面的表示法

空间平面可由下列几何元素确定：不在一条直线上的三点，一直线及直线外一点，两相交直线，两平行直线，任意的平面图形（如三角形、圆或其他平面图形等）。因此在投影图上，可以用以上任何一组几何元素的投影来表示平面，如图 2.36 所示。由于几何元素的投影与空间几何要素之间是一一对应关系，所以这种表达方法可以一一对应空间平面。

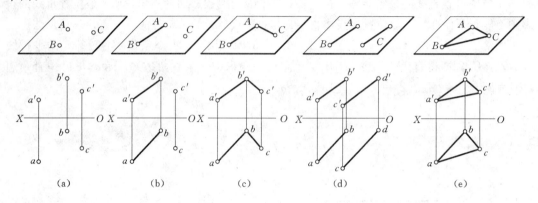

图 2.36　平面的投影视图表达方法

（a）三点式；（b）直线和线外点式；（c）相交直线式；（d）平行直线式；（e）平面图形式

2. 2. 4. 2　各种位置平面的投影特性

平面相对于投影面的位置有以下三种类型。

（1）一般位置平面。与三个投影面都倾斜的平面。

（2）投影面垂直面。垂直于一个投影面，与另两投影面倾斜的平面。

（3）投影面平行面。平行于一个投影面，必然垂直于另两投影面的平面。

平面的倾角，是指平面与某一投影面所成的二面角的平面角。平面对 H、V、W 面的倾角分别用 α、β、γ 来表示。

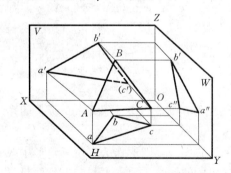

图 2.37　一般位置平面的投影特性

1. 一般位置平面

对三个投影面都倾斜的平面，称为一般位置平面。一般位置平面 $\triangle ABC$ 的投影如图 2.37 所示，由于它相对于三个投影面都倾斜，所以其三个投影仍为三角形，比实形要小，不能真实反映实形。所以一般位置平面的投影均为与实形类似的平面图形，且形状缩小；另一方面若平面的三面投影都是类似的几何图形，该平面一定是一般位置平面。

2. 投影面垂直面

仅垂直于一个投影面，而与另外两个投影面倾斜的平面，称为投影面垂直面。投影面垂直面有三种：铅垂面（垂直于 H 面）、正垂面（垂直于 V 面）、侧垂面（垂直于 W 面），如图 2.38 所示。

以铅垂面为例（图 2.39），按照定义，由于 $\triangle ABC$ 垂直于 H 面，倾斜于 V、W 面，

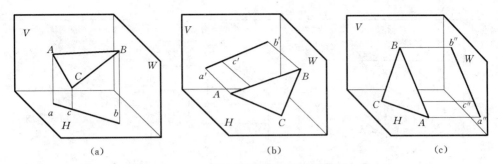

图 2.38　投影面垂直平面的投影特性

(a) 垂直于 H 面的铅垂面；(b) 垂直于 V 面的正垂面；(c) 垂直于 W 面的侧垂面

因此其投影具有以下特性。

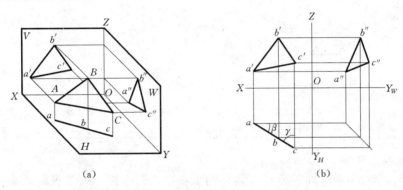

图 2.39　铅垂面的投影特性

(1) 积聚性。在其所垂直的 H 投影面上的投影为倾斜直线段，倾斜直线段与 OX 轴、OY 轴的夹角分别反映△ABC 与 V 面、W 面的倾角 β、γ。

(2) 类似性。铅垂面在另外两个投影面上的投影是实形的类似形状。

正垂面和侧垂面也有类似的投影特性，三种投影面垂直面的投影特点和性质见表2.3。判断空间平面是否为投影面垂直面，关键在于平面在某一投影面上的投影是否积聚成一条倾斜的直线段。

表 2.3　　　　　　　　　　　　投影面垂直面的投影特性

名称	轴测图	投影图	投影特性
铅垂面			1. p 积聚成一直线，反映 β、γ 角； 2. p' 和 p'' 均为原图形的类似形

名称	轴测图	投影图	投影特性
正垂面	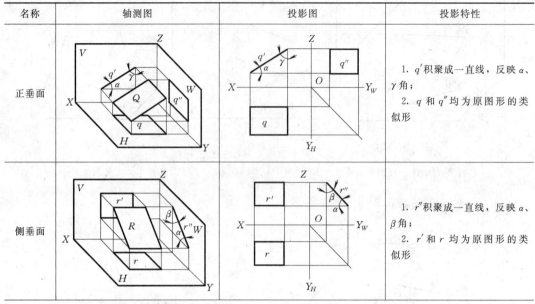		1. q' 积聚成一直线，反映 α、γ 角； 2. q 和 q'' 均为原图形的类似形
侧垂面			1. r'' 积聚成一直线，反映 α、β 角； 2. r' 和 r 均为原图形的类似形

投影面垂直面的投影特性：

1. 平面在与其所垂直的投影面上的投影面积聚成倾斜于投影轴的直线，并反映该平面对其他两个投影面的倾角；

2. 平面的其他两个投影都是面积小于原平面图形的类似形

3. 投影面平行面

平行于一个投影面，同时垂直于其他两个投影面的平面，称为投影面平行面，如图 2.40 所示。投影面平行面有三种：水平面（平行于 H 面）、正平面（平行于 V 面）、侧平面（平行于 W 面）。

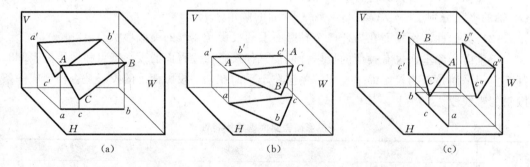

图 2.40　投影面平行平面的投影特性

(a) 平行于 V 面的正平面；(b) 平行于 H 面的水平面；(c) 平行于 W 面的侧平面

以正平面为例（图 2.41），按照定义，由于平面 P 平行于 V 面，垂直于 H 面和 W 面，因此投影特征如下。

（1）真实性。平面 P 在与之平行的 V 投影面上的投影，反映平面的实形。

（2）积聚性。平面 P 在 H 面投影和 W 面投影积聚成直线，且 H 面投影平行于 OX 轴，W 面投影平行于 OZ 轴。

水平面和侧平面也有类似的投影特性，三种投影面平行面的投影特点和性质见表2.4。判断空间平面是否是投影面平行面，关键在于平面是否同时有两个投影分别积聚成平行于投影轴的直线。

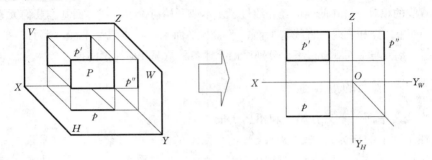

图 2.41　正平面的投影特性

表 2.4　　　　　　　　　　　　　　　　　投影面平行面的投影特性

名称	轴测图	投影图	投影特性
水平面			1. p 反映平面实形； 2. p' 和 p'' 均具有积聚性，且 $p' // OX$ 轴，$p'' // OY_W$ 轴
正平面			1. q' 反映平面实形； 2. q 和 q'' 均具有积聚性，且 $q // OX$ 轴，$q'' // OZ$ 轴
侧平面			1. r'' 反映平面实形； 2. r' 和 r 均具有积聚性，且 $r' // OZ$ 轴，$r // OY_H$ 轴

投影面平行面的投影特性：
1. 平面在与其平行的投影面上的投影反映平面图形的实形；
2. 平面在其他两个投影面上的投影均积聚成平行于相应投影轴的直线

2.3 基本几何要素的相互关系

点与直线的相对位置在前面已经介绍过了。本节开始讨论点、线、面基本几何元素相互位置关系：平面上的点和直线，直线与平面、平面与平面平行，直线与平面、平面与平面相交，直线与平面、平面与平面垂直。下面分别讨论上述各种情况几何元素的投影特性。

2.3.1 平面上的点和直线

点、直线与平面关系只有属于和不属于的关系。

直线在平面上的充分条件是：直线通过平面上的两个已知点；或通过平面上一个已知点并平行于面上的一条已知直线，如图 2.42 所示。点在平面上的充要条件是：点在属于平面的一条直线上。

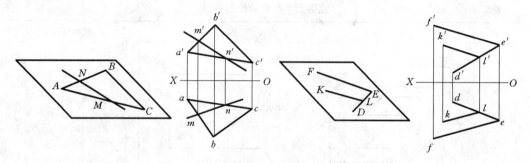

图 2.42 平面上的点和直线

【例 2.10】   如图 2.43 所示，判断点 M 是否在平面 ABCD 上。

分析：假设 M 点在平面内，则过 M 点一定存在属于平面 ABCD 的一条直线；否则就不在 ABCD 上。

作图步骤：

（1）连线 $b'm'$，并延长交 $d'c'$ 于点 n'。

（2）根据点的投影特性，作出 n' 的水平投影 n。

（3）连线 bn，m 在 bn 上，即 M 在 BN 上，因此可判断 M 点在平面 ABCD 内。

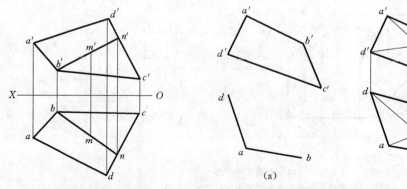

图 2.43 判断点 M 是否在平面 ABCD 上   图 2.44 补全平面图形的投影

【例 2.11】 如图 2.44（a）所示，已知平面四边形 ABCD 的 V 面投影，请补全该平面四边形的 H 面投影。

分析：已知四边形 ABCD 为平面图形，所以四边形顶点连线一定相交且共面，只要作出对角线交点的投影，就可以确定四边形顶点 C 的 H 面投影。

作图步骤：

（1）在 V 面上作 a'c'、b'd'，交点即是 AB、CD 相交点 E 的 V 面投影 e'。

（2）根据点的投影特性，可作出点 E 的 H 面投影 e。

（3）根据 E 一定是 AC 上的点，所以 c 在 ae 线上，且根据 C 点的投影特性，可以确定 C 点的 H 面投影 c。

（4）依次连接 dc、bc。

2.3.2　直线与平面、平面与平面平行

直线与平面平行的几何条件是：如果平面外的一直线和这个平面上的一直线平行，则此直线平行于该平面。

平面与平面平行的几何条件是：一平面上两条相交直线对应平行于另一平面上两相交直线，则此两平面相互平行。

【例 2.12】 判断图 2.45 所示直线 MN、AB 和平面 CDEF 的关系。

分析：由于平面 CDEF 是特殊位置平面——铅垂面，MN 是铅垂线，所以直线 MN 与平面 CDEF 一定平行。直线 AB 是一般位置直线，其在 H 面投影 ab 与平面 CDEF 在 H 面的投影平行，所以 AB 也与平面 CDEF 平行。

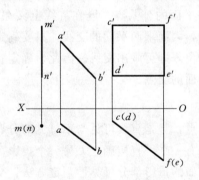

图 2.45　直线与平面平行

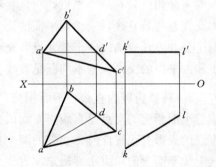

图 2.46　作与已知平面平行的直线

【例 2.13】 如图 2.46 所示，过点 K 作一水平线 KL，使之平行于 △ABC。

分析：所作的直线 KL 是水平线，由水平线的投影特性，其 V 面投影一定与 OX 坐标轴平行，所以 KL 的正视图可以确定；作属于平面 ABC 的任一条水平线 AD 的二视图 a'd'、ad，则依题意 KL 与 AD 一定平行，过 k 作 ad 的平行线，即可确定 KL 的 H 面投影 kl。则 kl、k'l' 所确定的直线 KL 即为所求。

【例 2.14】 如图 2.47 所示，过点 K 作一平面，使之与两平行直线 AB、CD 表示的平面平行。

分析：需根据两平面平行的几何条件来求解。

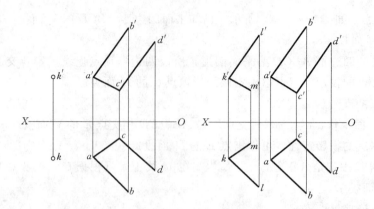

图 2.47　过点作已知平面的平行平面

作图步骤：

(1) AB、CD 平面上，作一条和 AB、CD 不平行的辅助线，如 AC ($a'c'$，ac)。

(2) 过 k 作 $kl // ab$，过 k' 作 $k'l' // a'b'$。

(3) 过 k 作 $km // ac$，过 k' 作 $k'm' // a'c'$。

(4) 平面 LKM 即为所求。

☆2.3.3　特殊位置情况的直线与平面、平面与平面相交

确定特殊位置情况直线与平面的交点（交点问题）和两平面的交线（交线问题），是解决空间相交问题的基础。其相交问题通常包括交点、交线的确定和重影可见性判定两部分。

直线与平面相交只有一个交点，它是直线和平面的公共点，既在直线上又在平面上。两平面的交线是一条直线，它是两平面的公共线，因而求两平面的交线，只要确定属于两平面的两个公共点，或确定一个公共点和交线方位，即可画出交线。因此，确定直线与平面的交点和两平面的交线，根本问题是直线与平面的交点。

2.3.3.1　特殊位置的直线、平面相交

直线与平面相交的交点是直线与平面的共有点，且是直线可见与不可见的分界点。当平面或直线的投影有积聚性时，交点的两个投影有一个可直接确定，另一个投影可利用交点在直线上或平面上的约束条件确定。直线与平面的重影部分可见性判定方法：交点的投影是线段投影可见性的分界点，其一侧可见，则另一侧必不可见；判断交点投影的两侧究竟哪一侧可见，可取重影点加以比较确定。

1. 一般位置直线与投影面垂直面相交

【例 2.15】　如图 2.48 (a) 所示，确定直线 DE 与铅垂面△ABC 的交点。

分析：交点 K 的 H 面投影 k 在△ABC 的 H 面投影 abc 上，且投影 k 必在直线 DE 的 H 面投影 de 上，因此交点 K 的 H 面投影 k 就是 abc 与 de 的交点。再根据点 $K∈DE$，由 k 向上作垂线交 $d'e'$ 的点即是点 K 的 V 面投影 k'，如图 2.48 (b) 所示。

交点 K 是直线 DE 在△ABC 范围内可见与不可见的分界点，利用重影点来判断，如图 2.48 (c) 所示。$e'd'$ 与 $a'c'$ 有一重影点 $1'$ 和 $2'$，作出其 H 面投影 1、2，可以知道，

DE 上的点 Ⅰ 在前，AC 上的点 Ⅱ 在后，因此 $1'k'$ 可见，另一部分被平面遮挡，不可见，应画虚线。

作图步骤：依分析逐项作图，最终成果如图 2.48（c）所示。

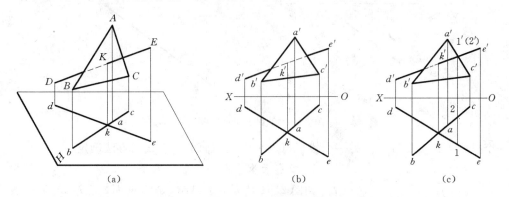

(a)　　　　　　　(b)　　　　　　　(c)

图 2.48　一般位置直线与投影面垂直面相交

2. 投影面垂直线与一般位置平面相交

【例 2.16】　如图 2.49（a）所示，确定正垂线 EF 与面 $ABCD$ 交点。

分析：正垂线 EF 的 V 面投影积聚成一点，因此交点 K 的 V 面投影 k' 与 $e'f'$ 重影；同时 K 点也是平面 $ABCD$ 上的点的约束条件，利用在平面上取点的方法，求出 K 点的 H 面投影 k，如图 2.49（b）所示。

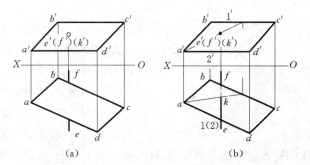

(a)　　　　　(b)

图 2.49　投影面垂直线与一般位置平面相交

EF 的可见性，可利用重影点来判断，ef 与 ad 有一重影点 1 和 2，根据 V 面投影可知，EF 上的点 Ⅰ 在上，AD 上的点 Ⅱ 在下，因此 $1k$ 可见，另一部分被平面遮挡，不可见，应画虚线，如图 2.49（b）所示。

3. 一般位置直线与投影面相交

一般位置直线与投影面相交的交点称为迹点，其中与 H 投影面相交交点称为直线的 H 面迹点，与 V 投影面相交交点称为直线的 V 面迹点，与 W 投影面相交交点称为直线的 W 面迹点。迹点可以参照特殊位置平面与一般位置直线交点的方法确定。如图 2.50（a）所示直线 L，其与 H 投影面相交的迹点 M 既是直线，也是 H 投影面上的点，而 H 投影面上所有点的 V 面投影积聚为 OX 轴，因此迹点 M 的 V 面投影 m' 就是直线 L 的 V 面投影 l' 与 OX 轴相交点；由于迹点 $M \in L$，可以确定迹点 M 的 H 面投影 m。同理可以确定直线 L 的 V 面迹点 N 二视图，如图 2.50（b）所示。

2.3.3.2　特殊位置平面与平面相交

两平面相交的交线是两平面的共有线，是平面可见与不可见的分界线。两平面的交线是直线，只要求出两个共有点，交线就可以确定了。当两平面之一投影有积聚性时，交线

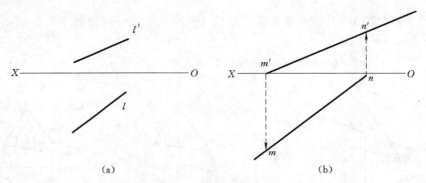

(a)   (b)

图 2.50   直线迹点的确定

的一个投影可以直接确定。另一个投影可以采用在平面上作直线的方法确定。

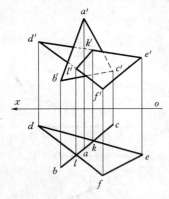

图 2.51   投影面垂直面与一般
位置平面相交

1. 投影面垂直面与一般位置平面相交

如图 2.51 所示，△ABC 是铅垂面，△DEF 是一般位置平面，它们的交线，可利用求投影面垂直面与一般位置直线的交点的方法，确定直线 DE、DF 与铅垂面 ABC 的交点 K、L，则直线 KL 就是所求交线。

V 面投影的可见性可以从 H 面投影直接判断：在 KL 的右前边，△DEF 在平面 △ABC 之前，因此 k'l' 右边 △DEF 与 △ABC 重影部分可见，其余部分的可见性可用类似方法判定。

2. 投影面平行面与一般位置平面相交

如图 2.52（a）所示，Q 平面是 H 投影面的平行面，△ABC 是一般位置平面，采用投影面垂直面与一般位置直线的交点的方法，确定△ABC 面上直线 AB 和 BC 与 Q 面的两个交点 K、L 的投影，连线就是两平面的交线，如图 2.52（b）所示。

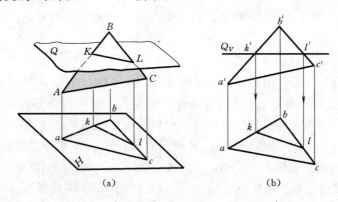

(a)   (b)

图 2.52   投影面平行面与一般位置平面相交

3. 投影面垂直面与投影面垂直面相交

如图 2.53 所示，两铅垂面相交，其交线是铅垂线。两铅垂面的 H 面投影的交点就是铅垂线的 H 面投影，由此可求出交线的 V 面投影，并由 H 面投影直接判断可见性。

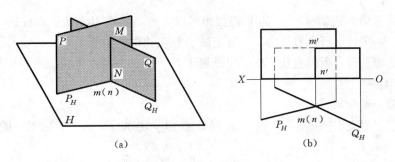

图 2.53　两铅垂面相交

☆4. 一般位置平面与投影面相交

　　一般位置平面与投影面相交的交线称为迹线，其中与 H 投影面相交交线称为平面的 H 面迹线，与 V 投影面相交交线称为平面的 V 面迹线，与 W 投影面相交交线称为平面的 W 面迹线。迹线可以参照特殊位置平面与一般位置平面交线的方法确定，如图 2.54（a）所示相交直线 L_1、L_2 所确定的平面，其与 H 投影面相交的迹线，可以分别确定直线 L_1、L_2 的 H 面迹点 M、N 的投影。由于这两个迹点是属于迹线的，所以连接两迹点即是所示的迹线。同理可以确定平面 L_1L_2 的 V 面迹线 JK 的投影，如图 2.54（b）所示。

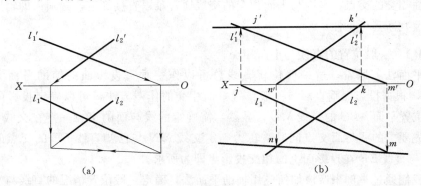

图 2.54　平面迹线投影

【例 2.17】　如图 2.55 所示，已知平面四边形 $ABCD$ 的 V 面投影，并且 $ABCD$ 属于 P 平面，补全四边形的 H 面投影。

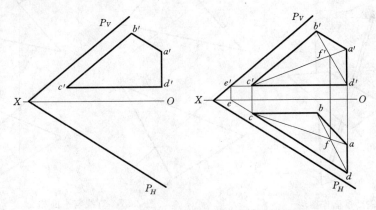

图 2.55　补全 P 平面上平面图形的视图投影

分析：由平面四边形 $ABCD$ 的 V 面投影可以知道：直线 BC 的 V 面投影 $b'c'$ 与 P 面的 V 面迹线 P_V 平行，所以直线 BC 一定是属于 P 平面的一条正平线；直线 CD 的 V 面投影 $c'd'$ 与 OX 轴平行，所以直线 CD 一定是属于 P 平面的一条水平线。然后依平面找点的方法补全投影。

作图步骤：

（1）延长 $c'd'$ 交 P_V 于点 e'，点 E 的 H 面投影一定在 OX 轴上，根据点的投影特性，可以确定 E 点的 H 面投影 e。

（2）由于 ED 是水平线，显然 $ed /\!/ P_H$，并由此确定 C 点的 H 面投影 c。

（3）由于 BC 是正平线，过点 C 的 H 面投影 c 作 OX 平行线，即确定 BC 的 H 面投影。

（4）作对角线 AC、BD 交点 F 的二面投影 f'、f。

（5）根据点 $A \in CF$ 的投影特性，可以确定点 A 的 H 面投影 a。

（6）依次连接 $a \rightarrow b \rightarrow c \rightarrow d \rightarrow a$，图形即为所求。

☆2.3.4　一般位置情况的平面与平面、直线与平面相交

一般位置情况的直线与平面或平面与平面，如果不平行则必然相交。一般位置情况的直线与平面相交的交点、平面与平面相交的交线通常难以直接确定，必须借助辅助平面法才能确定及判断其可见性。

2.3.4.1　一般位置的直线与平面相交

辅助平面法：通常，过一般位置直线总可以作一垂直投影面的辅助平面 R，如图 2.56 所示。根据投影面垂直面与一般位置平面相交的作图方法，可以确定投影面垂直面 R 与一般位置平面 ABC 的交线 MN。显然，需确定的线与面的交点一定在交线 MN 上。这样，原先要求的线与面交点问题，转为确定交线 MN 与已知直线 EF 的交点问题；则交线 MN 与直线 EF 在投影面上的相交投影点即为所求。

下面我们通过举例来谈谈如何应用辅助平面法，确定一般位置情况的直线与平面相交问题。

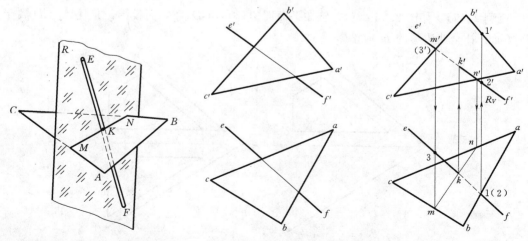

图 2.56　辅助平面作图法　　　　图 2.57　直线与平面相交

【例 2.18】 如图 2.57 所示，确定直线 EF 与三角形 ABC 交点。

分析：由图可以知道，直线 EF、平面 ABC 均为一般位置几何元素，必须采用辅助平面方法求解。即过 EF 直线作一与 V 投影面垂直的辅助面 R，确定平面 R 与平面 ABC 的交线 MN；直线 MN 与 EF 的交点即为所求。

作图步骤：

(1) 过 EF 作 V 面垂直辅助平面 R，其 V 面投影积聚为 $e'f'$ 的 R_V。

(2) 显然，R 与平面 ABC 的交线 MN 的 V 面投影与 $e'f'$ 重影。

(3) 令交线 MN 与直线 AC、BC 的交点分别为 M、N，则确定属于直线 AC、BC 的 M、N 的 V 面投影 m'、n' 和 H 面投影 m、n。

(4) 连线 m、n，直线 mn 与直线 ef 交点为所求线面交点的 H 面投影 k。

(5) 根据点 $K \in EF$，可以确定点 K 的 V 面投影 k'。

(6) k、k' 确定的空间点即为所求。

(7) H 面投影上，平面 ABC 与直线 EF 重影点 1、2，其 V 面投影点 $1'$ 在 $2'$ 的上面，所以 H 面投影 1 可见、2 不可见，即 EF 上的 $2k$ 段不可见。

同理，V 面投影上，对应 $3'k'$ 段不可见，以 k 分界另一段可见。

2.3.4.2 一般位置情况的平面与平面相交

一般位置两平面相交，由于其交线是两平面的共有线，是平面可见与不可见的分界线，因此作交线的关键是确定属于交线上的两个点，连线即为所求。

1. 与投影面垂直的辅助平面法

采用前述的辅助平面法，在其中一平面上任选两直线，确定这两条直线与另一平面的交点，显然这两个交点是属于两平面交线上的共有点，连线即为所求。

而直线与平面的交点问题已在前面一般位置情况的直线与平面相交中得到解决，下面结合例子进行说明。

【例 2.19】 如图 2.58（a）所示，求平面 ABC 与平行四边形 $DEFG$ 平面的交线，并确定可见性。

分析：在平面上任选两直线 DE、FG，确定 DE、FG 与平面 ABC 相交的交点 M、N；连接 MN，直线 MN 即为平面 ABC 与平面 $DEFG$ 交线。

作图步骤：

(1) 过 DE 作正垂面 R 为辅助面，可以知道 R 与平面 ABC 交线 Ⅰ Ⅱ 的 V 面投影 $1'2'$ 与 de 重影。

(2) 根据交线 Ⅰ Ⅱ 属于平面 ABC 的约束条件，可以确定交线 Ⅰ Ⅱ 的 H 面投影 12。

(3) 可以确定 12 与 DE 的 V 面投影 de 交点 m；并根据 $M \in DE$ 约束条件，可以确定 M 点的 V 面投影 m'，这样确定了属于平面与平面交线 MN 上的一个点 M。

(4) 同理，可以获得另一个属于平面与平面交线 MN 上的一个点 N 的二视图 n'、n。

(5) 连线 m'、n' 和 m、n，所确定的空间直线即为所求两平面的交线，如图 2.58（b）所示。

(6) H 面投影上，选择两平面投影的重影点 5、6，根据点的投影特性，可以知道 FG 上的点在 AC 上的对应点的上方，所以可以确定 H 面投影上 $mndf$ 区域可见，以 mn 分界

的另半部分平面 $mnge$ 不可见。

（7）同理，可以确定 $m'n'd'f'$ 区域可见，以 $m'n'$ 分界的另半部分平面 $m'n'g'e'$ 不可见；最终成果如图 2.58（c）所示。

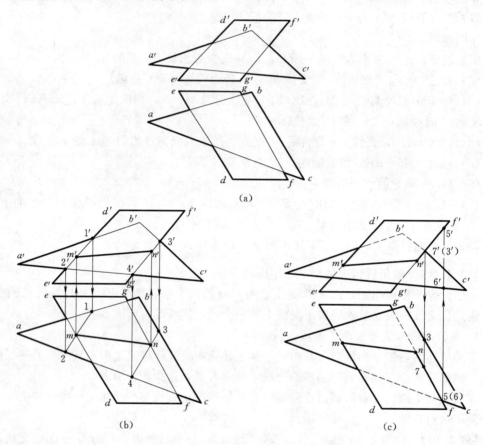

图 2.58　作两平面的交线及可见性判定

（a）两平面相交；（b）求交线；（c）可见性判定

2. 与投影面平行的辅助平面法

获取两平面交线上任两个共有点，除上面介绍的与投影面垂直的辅助平面法外，还有与投影面平行的辅助平面法，该方法原理如图 2.59 所示，即用与投影面平行的辅助平面 R、S 去截切两相交平面 P、Q，根据前面介绍的平面与投影面平行的平面相交方法，可以方便确定辅助平面与平面 P、Q 的交线 L_1、L_2、L_3、L_4，而交线 l_1、l_2 和 l_3、l_4 相交的交点是属于平面 P、Q 交线上的共有点，连线即为所求。下面结合例子进行应用。

【例 2.20】　如图 2.60 所示，求平面 ABC 与平面 $DEFG$ 的交线。

分析：应用投影面平行的辅助平面法进行求解。

作图步骤：

（1）水平辅助平面 R，其 V 面投影为与 OX 轴平行的直线。

（2）平面 R 与平面 ABC 的交线 Ⅰ Ⅱ 的 V 面投影 $1'2'$，与平面 R 的 V 面投影 R_V 重影。

82

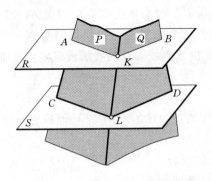

图 2.59　与投影面平行的辅助平面法

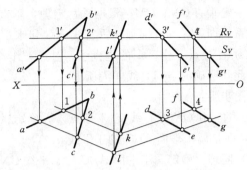

图 2.60　辅助平面法作平面交线

（3）根据交线ⅠⅡ属于平面 ABC 的约束条件，可以确定交线ⅠⅡ的 H 面投影 12。

（4）同理，可以确定平面 R 与平面 $DEFG$ 相交交线Ⅲ Ⅳ的二面投影 $3'4'$和 34。

（5）交线ⅠⅡ和Ⅲ Ⅳ均属于 R 平面，其相交的交点即是平面 ABC 与平面 $DEFG$ 相交交线上的共有点 k。

（6）同理，可以作辅助平面 S 及属于平面 ABC 与平面 $DEFG$ 相交交线上的另一共有点 L 的投影。

（7）连接 kl、$k'l'$所确定的空间直线 KL 即为所求。

2.3.5　直线与平面、平面与平面垂直

1．直线与平面垂直

由几何学可知：一直线如果垂直于一平面上任意两相交直线，则该直线垂直于该平面，并且垂直于该平面上的所有直线，如图 2.61 所示。为了作图方便，两任意相交直线一般选择属于平面且与投影面平行的直线，如水平线、正平线、侧平线等。根据直角定理，直线与平面垂直，则该直线与该平面内的投影面平行线垂直，该直线和该平行线在对应投影面上的投影保持垂直关系。

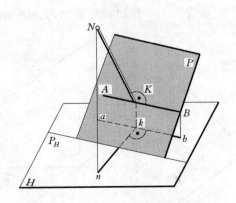

图 2.61　直线与平面垂直的投影特性

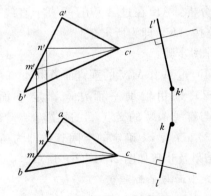

图 2.62　作平面 ABC 的垂直线

【例 2.21】　如图 2.62 所示，过点 K 作一直线 KL 与平面 ABC 垂直。

分析：在平面 ABC 上选择任一水平线 CN 和正平线 CM，则所求的平面 ABC 的垂直

线 KL 一定垂直 CN、CM；根据垂直定理，垂直线 KL 和水平线 CN 在 H 面的投影保持垂直关系，即 $kl \perp cn$；同理，垂直线 KL 和水平线 CM 在 V 面的投影保持垂直关系，即 $k'l' \perp c'm'$；过点 k' 作 $c'm'$ 的垂直线，过点 k 作 cn 的垂直线，这两投影线确定空间唯一直线，因此其所确的空间直线即为所求。

作图步骤：

（1）过 c 作 OX 平行线交 ab 于点 m，确定属于直线 AB 的点 M 的 V 面投影 m'，则 $c'm'$ 和 cm 即是属于平面 ABC 的正平线。

（2）同理，确定属于平面 ABC 的水平线 CN 的投影。

（3）过点 k' 作 $c'm'$ 垂直线 $k'l'$，过点 k 作 cn 的垂直线 kl。

（4）$k'l'$、kl 所确定的空间直线即为所求。

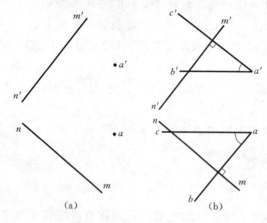

(a)　　　　(b)

图 2.63　作平面与已知直线垂直

通过例题进行相关方法说明。

【例 2.23】 如图 2.64（a）所示，过 A 点作与直线 MN 垂直相交的直线 AK（K 为交点）。

分析：AK 在过 A 点且垂直于直线 MN 的垂直面上，作出该垂直面与 MN 的交点 K，连接 AK，即为所求。

作图步骤：

（1）过 A 作 MN 的垂直面 ABC。

（2）采用辅助平面法，确定平面 ABC 与直线 MN 的交点 K 的投影。

（3）$a'k'$、ak 确定的空间直线即为所求，结果及步骤如图 2.64（b）所示。

3. 平面与平面垂直

由几何学可知：如果两平面互相垂直，则自第一个平面上的任意一点向第二个平面所作的垂线，一定在第一个平面上。这是投影图上两平面垂直问题的判定

【例 2.22】 如图 2.63（a）所示，过 A 点作平面与直线 MN 垂直。

分析：过 A 点作垂直于直线 MN 的平面，只需过 A 点，作出与直线 MN 垂直的任意两条直线，则该两条相交直线唯一确定的平面即为所求。为作图方便，选择过 A 点的两直线分别为水平线 AB、正平线 AC。应用直角投影定理，可以很快确定符合要求的两直线 AB、AC 的投影。

2. 直线与直线垂直

直线与直线垂直问题在投影难以直接确定时，可借助辅助方法进行确定。下面

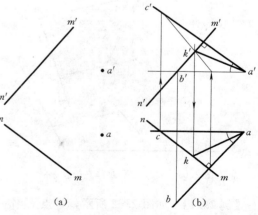

(a)　　　　(b)

图 2.64　直线与直线相互垂直

84

依据。

【例 2.24】 如图 2.65 所示，过点 K 作一铅垂面 P（用迹线表示），使之平行于直线 AB。

分析：由于铅垂面的 H 投影为一直线，故若作铅垂面平行于直线 AB，则 P_H 必平行于 ab。因此，过 k 作 $P_H /\!/ ab$；过 P_X 作 $P_V \perp X$ 轴；P_H、P_X 所确定的 P 平面即为所求。

作图过程：略。

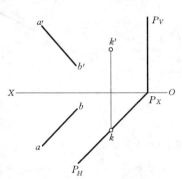

图 2.65　过点作铅垂面　　　　图 2.66　过直线作已知平面的垂直面

【例 2.25】　如图 2.66 所示，过直线 MN 作一平面，使它与 ABC 平面垂直。

分析：由于所作平面垂直于平面 ABC，且通过 MN，因此只要在 MN 上任找一点 M，过点 M 作已知平面 ABC 的垂直线 MK，则直线 MN、MK 所确定平面即为所求。

作图步骤：

（1）作出平面 ABC 的水平线 $A\,I$、正平线 $A\,II$ 的二面投影 $a1$、$a'1'$、$a2$、$a'2'$。

（2）过 M 点投影点 m'、m 作直线 $A\,I$、$A\,II$ 同面投影的垂直线 $m'k'$、mk。

（3）$m'k'$、mk 所确定的空间直线即为所求。

☆☆2.4　综　合　应　用

2.4.1　复杂几何元素应用

空间几何元素之间的关系是复杂的，特别是多个几何要素交织在一起时，直接解决是困难的，需要综合理解它们之间的约束条件，通过弱化其中某些约束条件来寻找包涵成果的大集合，然后增加弱化的约束条件，从大集合中确定最终所求成果。下面结合图例来介绍相关方法。

【例 2.26】　如图 2.67（a）所示，作相交直线 AB 与 CD 的公垂线 MN（M、N 为垂足）。

分析：如图依题意并参照图 2.67（b）可以知道，直线 MN 与直线 AB、CD 垂直相交；在直线 AB 上任选一点 E，过点 E 作另一直线 CD 的平行线 L，则直线 L 与 AB 组成的平面 Q 的垂直线 EF 与公垂线 MN 平行；由于直线 MN 与 AB 相交，所以直线 MN 一

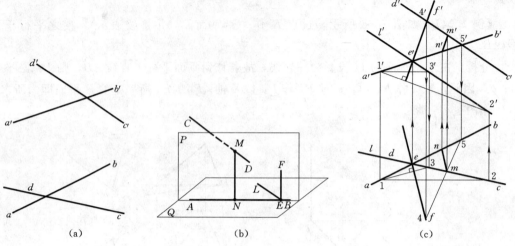

图 2.67 综合应用（一）

(a) 相交直线；(b) 作图思路；(c) 作图过程

定在直线 EF、AB 所确定的平面 P 内；直线 CD 与公垂线 MN 相交，而直线 CD 与平面 P 有且只有一个交点，所以该交点即是所求的公垂线 MN 的垂足 M；过垂足 M 作 EF 的平行线，所得直线即是直线 AB、CD 的公垂线。

作图步骤：

(1) 在直线 AB 上任取一点 E。

(2) 过点 E 作直线 CD 的平行线 L，如图 2.67（c）所示 l'、l。

(3) 作直线 L、AB 确定的 Q 平面的水平线 Ⅰ Ⅲ、正平线 Ⅰ Ⅱ。

(4) 根据直角投影定理，过点 E 作平面 Q 的垂直线 EF。

(5) 根据辅助平面法，作出直线 CD 与直线 EF、AB 确定的平面 P 交点即是公垂线垂足 M。

(6) 过点 M 作直线 EF 的平行线，该直线与 AB 相交点即是另一垂足 N。

过程如图 2.67（c）所示。

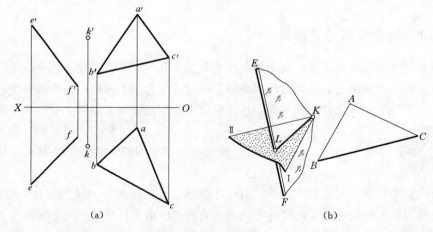

图 2.68　综合应用（二）

【例 2.27】 如图 2.68 (a) 所示，过点 K 作直线 KL 与 ABC 平面平行，并与直线 EF 相交。

分析：显然直接作出满足题意的结果是十分困难的，如图 2.68 (b) 所示可以知道：过 K 点且与平面 ABC 平行的平面 $KⅠⅡ$ 中一定包含直线 KL，所以只要作出直线 EF 与平面 $KⅠⅡ$ 的交点 L，则 KL 直线即为所求的直线。

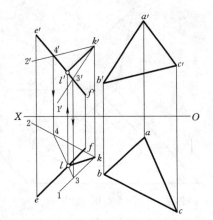

作图步骤：

(1) 过点 K 的二面投影 k'、k 作直线 BC、AB 的同面投影的平行线。

(2) 则 $k'1'$、$k1$ 和 $k'2'$、$k2$ 所确定的平面 $KⅠⅡ$ 是过 K 点的平面 ABC 的平行平面。

(3) 根据辅助平面法，可以确定 EF 与平面 ABC 相交交点 L 的二面投影。

图 2.69 综合应用（二）作图过程及步骤

(4) 连线 $k'l'$、kl，则所确定空间直线即为所求。

作图过程如图 2.69 所示。

【例 2.28】 如图 2.70 (a) 所示，过点 A 作直线 AB 与直线 CD 交叉垂直，且与 H 面倾角为 $45°$，并且点 B 在 H 面上。

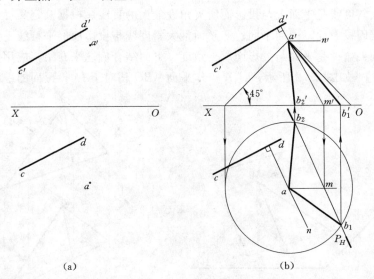

(a)   (b)

图 2.70 综合应用（三）

分析：直接作出满足题意的结果是十分困难的，如图 2.71 所示。对题中要求的三个约束条件，可以知道第一个约束条件中所作直线 AB 一定与直线 CD 垂直，所以直线 AB 属于过 A 点且垂直于直线 CD 的平面 P 上；而由第二个约束条件可以知道，过点 A 且与 H 面倾角为 $45°$ 直线的集合，为锥顶角等于 $90°$ 的圆锥面；因此满足第一、第二约束条件的共集为平面 P 与圆锥面相交的交线。根据第三个约束条件可以知道点 B 在 H 面上，所

以点 B 在平面 P 的 H 面迹线上，且在圆锥面的 H 面底圆上，两者交点即为所求 B 点（B_1、B_2，下同）；连接 A、B，所得直线 AB 即为所求。

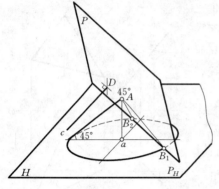

图 2.71　综合应用（三）作图方法

作图步骤：

（1）过点 A 的投影 a'、a，作直线 CD 的垂直面 P，即作属于平面 P 的水平线 AN、正平线 AM，在同面投影上 $c'd' \perp a'm'$、$cd \perp an$。

（2）确定平面 AMN 的 H 面迹线 P_H，$P_H \parallel an$（均为水平线）。

（3）由于满足第二个约束条件的集合为锥顶角等于 $90°$ 的圆锥面，其 V 面投影为以 a' 为顶点的等腰三角形，H 面投影为以 a 为圆心、等腰三角形底连长为直径的圆。

（4）H 面投影上，圆与迹线 P_H 交点即为所求的点 B 的 H 面投影。

（5）根据 B 点在 H 面的约束条件，点 B 的 V 面投影在 OX 轴上。

（6）连接 AB，则 $a'b'$、ab 所确定的空间直线即为所求。

作图过程如图 2.70（b）所示。

2.4.2　平面上最大斜度线（面与投影面所夹的角度）

平面最大斜度线是平面上与投影面所夹角度最大的直线。根据其定义可以知道：①平面最大斜度线因投影面不同而不同；②平面最大斜度线与投影面的平行线垂直；③最大斜度线与投影面夹角即是平面与投影面所夹角度。下面结合例题来介绍其应用。

【例 2.29】　如图 2.72 所示，过 A 点作平面 ABC 相对于 H 投影面的最大斜度线。

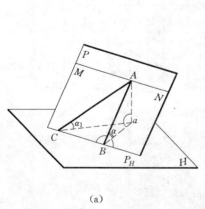

（a）　　　　　　　　　　（b）

图 2.72　作最大斜度线

分析：依题意作所需的最大斜度线，必然属于平面 ABC，且与该平面上的水平线垂直；所以在平面 ABC 上确定水平线 AM，根据直角投影定理，直线 AM 和最大斜度线在 H 面投影保持垂直，从而确定最大斜度线的 H 面投影；由于最大斜度线属于平面 ABC 的约束条件，可以确定最大斜度线的 V 面投影。

作图步骤：

（1）任选点 B，过点 B 作属于平面 ABC 的水平线 BM 的二面投影 $b'm'$、bm。

（2）过点 A 作水平线 BM 的 H 面投影 bm 的垂直线 ak，交 bc 于点 k。

（3）根据 $K \in BC$ 的约束条件，可以确定点 K 的 V 面投影 k'。

（4）连接 $a'k'$，则 $a'k'$、ak 所确定的空间直线 AK 即为所求。

作图过程如图 2.72（b）所示。

第 3 章 立体及其表面交线的投影

机件形体及其结构呈现各种各样的特征，但它们都可以由一些基本几何形体叠加或裁割而成。图 3.1（a）所示顶尖是由圆锥和圆柱组成，图 3.1（b）所示开槽块体是将四棱柱开槽后得到，图 3.1（c）所示的螺栓坯可看成是由圆柱和正六棱柱组合而成。

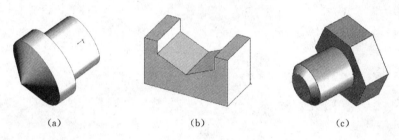

（a）   （b）   （c）

图 3.1　机件示例

(a) 顶尖；(b) 开槽块体；(c) 螺栓坯

（1）平面立体。由若干个平面所围成的几何体，如棱柱、棱锥等。

（2）曲面立体。由曲面或曲面与平面所围成的几何体，最常见的是回转体，如圆柱、圆锥、圆球、圆环等。

任何立体一般都是由其表面所围成的，所以我们将重点讨论这些表面的性质。本章主要研究基本立体的表示法及其表面上确定点、线投影等问题。

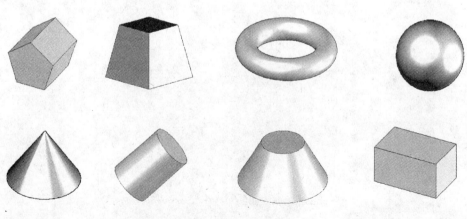

图 3.2　常见基本几何体

3.1　平面立体的投影特性

表面都是由平面所构成的形体，称为平面立体。

常见的平面立体有棱柱与棱锥，它们是由棱面与底面所围成的立体。棱面与底面都是平面多边形。相邻棱面的交线称为侧棱线，棱面与底面的交线就是底面的边。因此，平面体的投影就是组成平面体各线、面投影的集合。

3.1.1　棱柱的投影特性

棱柱是棱线相互平行的平面体，可以由底面的平面图形沿棱线平动形成。侧棱线与底面垂直的棱柱称为直棱柱；侧棱线与底面倾斜的棱柱称为斜棱柱；底面为正多边形的直棱柱，称为正棱柱。

1. 投影分析

如图 3.3 (a) 所示的一正六棱柱，其上、下底面均为水平面，棱柱在三个投影面投影，将投影绕坐标轴展开到同一平面，即得正六棱柱的三个投影。

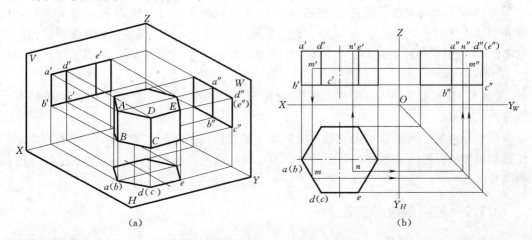

图 3.3　正六棱柱的投影及表面取点
(a) 实形；(b) 六棱柱的三视图

其投影表明：正六棱柱上、下底面在 H 投影面上的投影均反映实形，在 V 投影面及 W 投影面上的投影积聚为一直线。棱柱有六个侧棱面，前后的棱面为正平面，它们在 V 投影面上的投影反映实形，在 H 投影面上的投影及 W 投影面上的投影积聚为一直线。棱柱的其他四个侧棱面均为铅垂面，H 投影面上的投影积聚为直线，V 投影面上的投影和 W 投影面上的投影均为类似多边形。

棱线 AB 为铅垂线，H 投影面上的投影积聚为一点 a（b），V 投影面上的投影和 W 投影面上的投影均反映实长，即 $a'b'=a''b''=AB$；顶面的边 DE 为侧垂线，W 投影面上的投影积聚为一点 d''（e''），H 投影面上的投影和 V 投影面上的投影均反映实长，即 $de=d'e'=DE$；底面的边 BC 为水平线，H 投影面上的投影反映实长，即 $bc=BC$，在 V 投影

面上的投影 $b'c'$ 和 W 投影面上的投影 $b''c''$ 均小于实长。采用相同分析方法可以得到其余棱线和底面边的投影情况。

棱柱投影的作图方法如下。

（1）确定反映棱柱特性的底面几何平面图形。

（2）画出该几何平面图形能够反映实形的投影（如图 3.3 所示的正六边形的水平投影），再根据点的投影关系作出其余投影。

（3）以底面几何平面图形的三个投影为参照系，画柱体棱线的三个投影，并区分线面的可见性。

2. 表面取点

在棱柱立体表面上取点，其原理和方法与平面上取点相同，关键是对点所在的平面进行投影分析，应用点及点所在平面投影的双重限定关系，确定表面上点的三个投影。

这一过程有两项工作：①确定表面所取点的三个投影；②判定点的投影相对于棱柱的可见性。

【例 3.1】 已知图 3.3 棱柱表面上 M 点在 V 投影面上的投影 m'，求 H 投影面、W 投影面上的投影 m、m''。

由于 m' 点是可见的，因此 M 点必定在 $ABCD$ 棱面上，而 $ABCD$ 棱面为铅垂面，在 H 投影面上的投影积聚成 $abcd$ 重影直线，因此 m 必在 $abcd$ 上；再由点的投影特性，可以确定 M 点的水平投影点 m；根据 m' 和 m 可求出第三个投影点 m''。由可见性，可以判定 m'' 是可见的。

【例 3.2】 已知图 3.3 棱柱表面 N 点在 H 面的投影 n，求 H 投影面、W 投影面上的投影 n'、n''。

由于 n 可见，因此 N 点是在棱柱上底面上的点；根据底面 V 投影面和 W 投影面上的投影都积聚成投影线，再由点的投影特性和点所在面的投影积聚性，可以确定 N 点的其他两投影 n'、n''。

3.1.2 棱锥的投影特性

棱锥是由底面、锥顶和三角形侧面围成，各条棱线汇于锥顶点，底面为多边形；正棱锥的底面是正多边形，侧面为等腰三角形，如图 3.4（a）所示。而棱锥台可以看作棱锥的一部分，由平行于棱锥底面的平面截去锥体顶部而形成的，其投影与棱锥有一定相似性。

1. 投影分析

棱锥向三个投影面投影，并按投影展开即为棱锥的三面投影。图 3.4（a）所示的正三棱锥 $S-ABC$，其底面为一正三角形 ABC，将其放在三投影面体系中，使其底面为水平面，侧面 SAC 为侧垂面，则其投影如图 3.4（b）所示。

其投影表明：底面△ABC，在 H 投影面上的投影△abc 反映实形，在其他两投影面的投影积聚成投影直线；棱面△SAB、△SBC 是一般位置平面，它们的各个投影均为类似三角形，棱面△SAC 为侧垂面，其 W 投影面上的投影 $s''a''（c''）$ 积聚为一直线；底边 AB、BC 为水平线，AC 为侧垂线，棱线 SB 为侧平线，SA、SC 为一般位置直线，其投影特性请读者自行分析。

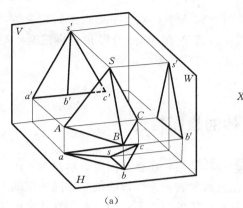 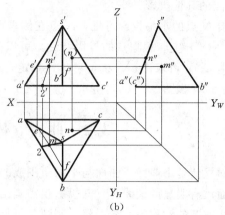

图 3.4　正三棱锥的投影及表面上取点

(a) 原形;(b) 棱锥三视图投影

作图步骤:

(1) 画反映实形的底面的投影(如图 3.4 所示作出棱锥底面的正三角形的水平投影),再根据点的投影关系作出其余投影。

(2) 画锥顶点 S 的三面投影。

(3) 画各条棱线(如图 3.4 所示的棱线 SA、SB、SC)的三面投影,并区分线面的可见性。

2. 棱锥表面上取点

棱锥的各组成表面既有特殊位置平面,也有一般位置平面。因此在棱锥表面取点过程中,所取点在特殊位置平面上的,其投影可利用平面投影的积聚性作图;所取点在一般位置平面上点的投影可选取该平面内的特殊位置直线来辅助作图,如应用水平线、正平线、侧平线等辅助作图。

【例 3.3】　已知图 3.4 (b) 所示棱锥外表面上 M 点的 V 面投影 m'(可见),试作 M 点的其他投影。

【方法一】　［分析］可利用辅助线作图。过 M 点作属于 $\triangle SAB$ 上的水平直线 EF 作为辅助线,即在视图上作 $e'f' /\!/ a'b'$,由于点 $E \in$ 棱线 SA,根据点的投影特性,可以确定点 E 的水平投影 e,过 e 作 ab 平行线即是直线 EF 的水平投影 ef;显然 $m \in ef$,并根据点的投影特性可以确定 M 点的水平投影 m;再根据点的投影特性,由 m、m' 确定 m''。显然 m、m'' 均为可见投影点。

图解过程如图 3.4 (b) 所示。

【方法二】　过锥顶点 S 和 M 点作一辅助线 SⅡ,即在视图上作 $s'm'$ 延长交 $a'b'$ 于点 $2'$,因为Ⅱ $\in$ 直线 AB,根据点的投影特性,确定点Ⅱ的水平投影 2,连线 $s2$,可以知道 $m \in s2$,再根据点的投影特性可以确定点 M 的水平投影 m,然后求出 M 点第三个投影点。

图解过程如图 3.4 (b) 所示。

【例 3.4】　已知图 3.4 (b) 所示棱锥外表面上 N 点的 H 投影面上的投影 n(可见),

试作 N 点的其他投影。

由于 N 点的水平投影可见，N 点在侧垂面△SCA 上，根据平面投影的积聚性，n'' 必定在 $s''a''$（c''）上，根据点的投影特性，可以确定点 N 的 W 面投影 n''；再根据点的投影特性，由 n、n'' 可求出 n'；根据可见性判定，n' 不可见，以（n'）注出。

图解过程如图 3.4（b）所示。

3.2 曲面立体的投影特性

曲面立体是由曲面或曲面与平面所围成的形体结构。在投影图上表示曲面立体，当它们的表面没有明显的棱线时，其投影仅需画出曲面的转向轮廓线的投影，同时用细点划线画出轴线或圆的对称中心线，然后判断其可见性。机器零件上常用的曲面立体为回转体如圆柱、圆锥、圆球、圆环等形体。

3.2.1 圆柱

圆柱由圆柱面和上、下底圆三部分围成，圆柱面可以看成由一条直线 AA_1，与其平行的直线 OO_1 为轴线，旋转一周形成的几何形体。

直线 OO_1 称为回转轴，直线 AA_1 称为母线，AA_1 回转到任何一个位置的直线称为素线，如图 3.5（a）所示。

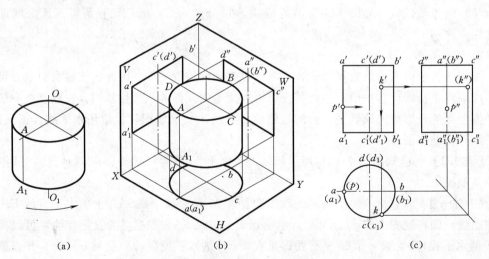

图 3.5 圆柱的投影及表面取点

(a) 圆柱的形成；(b) 圆柱投影；(c) 圆柱的三视图

1. 投影分析

把圆柱放置在坐标系下进行投影，然后将投影绕坐标轴展开到同一平面，即得到圆柱的三面投影，图 3.5（b）和图 3.5（c）表示铅直放置圆柱的三面投影。

其投影表明：圆柱的顶上、下底面是水平面，在 H 投影面上的投影为圆内区域，在 V 投影面和 W 投影面上的投影积聚为一直线；由于圆柱的轴线是铅垂线，所以圆柱面的

所有素线都垂直于 H 投影面，圆柱面在 H 投影面上的投影积聚为圆；在 V 投影面上，圆柱前、后两半柱面的投影重合为矩形区域，矩形的两条竖线分别是圆柱面的最左、最右素线的投影，是圆柱面前后分界转向轮廓线的投影；在 W 投影面上，圆柱左、右两半柱面的投影重合为矩形区域，矩形的两条竖线分别是圆柱的最前、最后素线的投影，是圆柱面左右分界转向轮廓线的投影。

可见性问题：转向轮廓线是圆柱面上可见部分与不可见部分的分界线对正面投影来说，以正视转向轮廓线 AA_1、BB_1 为界，前半部分圆柱面可见，后半部分圆柱面则不可见；对于侧面投影来说，以侧视转向轮廓线 CC_1、DD_1 为界，左半部分圆柱面可见，右半部分圆柱面则不可见。

2. 圆柱表面上取点与线

对轴线处于特殊位置的圆柱（如图 3.5 所示的铅垂位置），其圆柱面在轴线所垂直的投影面上的投影具有积聚性，其上、下底面在另两投影面上的投影具有积聚性。借助圆柱表面投影这一积聚特性，可以在作图过程中辅助确定圆柱表面上的点和线的投影。其中圆柱表面特殊位置（如转向轮廓线）上的点，可以直接作出。点与线的可见性问题可以根据其相对于转向轮廓线的位置进行判定。

【例 3.5】 在图 3.5（c）中，已知圆柱面上两点 P 和 K 的 V 面投影 p' 和 k'，且可见，求另外两投影。

由于点 P 位于圆柱面的最左边转向轮廓线上，根据圆柱体的投影关系和点的投影特性，另外两投影 p、p'' 可方便确定，图解过程如图 3.5（c）所示。

点 K 不在圆柱面的转向轮廓线上，应用圆柱面在 H 投影面的投影积聚性，点 K 的 H 投影面投影在圆上，根据点的投影特性，确定点 K 的水平投影 k，再由 k 和 k' 确定 k''；并且由点 k' 可见，点 K 在圆柱面的右半、前半部分，故其 W 投影面上的投影 k'' 为不可见投影点，用 (k'') 注出。

【例 3.6】 图 3.6，已知圆柱表面曲线 AE 在 V 投影面上的投影线 $a'e'$，求曲线 AE 的另外两投影。

分析：曲线 AE 是由属于圆柱面上的无数点组成，求作曲线 AE 的投影，若要作出曲线上每个点的投影是不现实的，通常采取描点作图法实现作图：①选取曲线上若干特殊位置点，作出其投影；②选取曲线上若干一般位置点，作出其投影；③以这些点为关键点，顺序连接这些点的同面投影，连成光滑的曲线，并注意线段的可见性判定，从而获得曲线投影的近似投影。

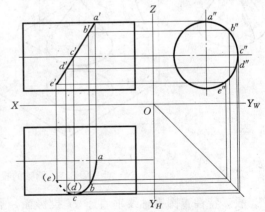

图 3.6 圆柱表面曲线的投影

图解过程如图 3.6 所示。

作图步骤：

（1）确定曲线 AE 的特殊位置点 A、C、E。点 A、C 为曲线在圆柱面轮廓线上的点，

点 E 为曲线的端点。作出点 A、C、E 在 V 投影面上的投影 a'、c'、e'。

（2）点 A、C 在 V 投影面和 W 投影面上的投影 a''、c''，可利用转向轮廓线的形位关系和直线上点的投影特性直接作出；点 E 在 W 投影面上的投影 e''，可用圆锥面投影积聚性获得，再根据点的投影特性作出水平投影 e。

（3）选取两个一般位置点 B、D，用与点 E 同样的方法作出其在 V 面投影和 W 面上的投影 b'、d'、b''、d''。

（4）由圆柱视图位置关系可以知道，AC 在圆柱表面的上半部，而 CE 在下半部，从 $c \rightarrow e$ 不可见，其中 C 点是转向轮廓点。

（5）把各点的同面投影依次连接成光滑曲线；其中 $a \rightarrow b \rightarrow c$ 为可见，画粗实线，$c \rightarrow d \rightarrow e$ 为不可见，画虚线。

3.2.2 圆锥

圆锥表面由圆锥面和底面所围成，其中圆锥面可看成一直线 SA 绕与它相交的固定轴 OO_1 回转一周而形成的曲面，如图 3.7（a）所示。SA 称为母线，在圆锥面上任意位置的母线称为圆锥面的素线，所有素线均交于锥顶点。圆锥面上任一点与顶点 S 的连线均为属于圆锥表面的直线。

1. 投影分析

圆锥在三个投影面所获得的投影即为圆锥的投影。图 3.7（b）、（c）表示铅直放置圆锥的三面投影。

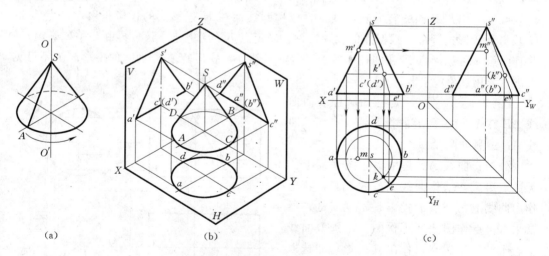

图 3.7　圆锥的投影及表面取点

投影特性：圆锥轴线垂直于 H 投影面，底面圆为水平面，它的水平投影反映实形，为圆内区域，其正面、侧面投影均积聚成一条与投影轴平行的直线；圆锥面在 H 投影面上的投影为圆内区域，与底面的 H 投影面投影重影，另两个投影为等腰三角形，三角形两腰为圆锥的转向轮廓线投影；最左和最右转向轮廓线 SA、SB 为正平线，其 H 面投影与底圆的水平对称中心线重合；最前和最后转向轮廓线 SC、SD 为侧平线，其 H 面投影与底圆的垂直对称中心线重合。

可见性问题：对正面投影来说，以正视转向轮廓线 SA、SB 为界，前半部分圆锥面可见，后半部分圆锥面则不可见；对于侧面投影来说，以侧视转向轮廓线 SC、SD 为界，左半部分圆锥面可见，右半部分圆锥面则不可见。

圆锥投影的作图步骤：

（1）画出对称中心线和轴线的投影。

（2）画出轴线所垂直的投影面上的投影。

（3）画出锥顶 S 的三面投影。

（4）作出其转向轮廓线的投影，即得圆锥的投影，如图 3.7 所示。

2. 在圆锥表面上取点与线

对轴线处于特殊位置的圆锥（如图 3.7 所示的铅垂位置），由于圆锥面的投影没有积聚性，所以要确定圆锥面上的点投影，必须先在圆锥面上作包含这个点的辅助线直线或圆，然后再利用所作辅助线的投影，并根据点的投影关系确定点的投影；其中圆锥表面特殊位置（如转向轮廓线）上的点，可以根据形位判定直接作出；点与线的可见性问题可以根据其相对于转向轮廓线的位置进行判定。

【例 3.7】 图 3.7（c）所示铅垂放置的圆锥，已知其外表面点 M、K 的 V 面投影如图所示，试作出 M 和 K 点的其他投影。

点 M 为转向轮廓线上的点，由于位置特殊，它的作图较为简单，关键在于判定所在的转向轮廓线的投影。然后根据点的投影特性和点 $M \in SA$ 转向轮廓线的限定条件，可以作出点 M 的其他两个投影（m、m''）。图解过程如图 3.7（c）所示。

圆锥面上点 K，可以通过辅助作图的方法确定其投影，通常有两种途径来确定，一种是素线法，另一种为纬圆法。

【素线法】 因为点 $K \in$ 圆锥表面，其与顶点 S 的连线是属于圆锥面的直线，因此过点 K 与锥顶 S 所作连线 SE，必与圆锥底圆有交点 E。连接 $s'k'$ 并延长，其与底圆 V 面投影线交点就是 E 点的 V 面投影点 e'，并作出 E 的其他投影 e、e''，从而获得 SE 的投影 se 和 $s''e''$；根据 $K \in SE$ 和点的投影特性，可以作出点 K 的其他投影 k 和 k''。

图解过程如图 3.7（c）所示。

【纬圆法】 由于圆锥可以看作绕中心轴回转的空间形体，因此过点 K 总存在一个属于锥面的水平圆，该圆与圆锥的轴线垂直，称为纬圆。点 K 的投影必在纬圆的同面投影上，而纬圆在 H 面的投影保持原形，再根据点的投影特性，从而确定点 K 的投影。

图解过程如图 3.7（c）所示。

图解步骤：

（1）过 k' 作平行于 x 轴的直线，其为 K 点所在纬圆的 V 投影面上的投影。

（2）作纬圆的 H 投影面上的投影（即 k' 所在等腰三角形的底边对应的圆）。

（3）根据点的投影特性，过 k' 向下作垂线，得到垂线与纬圆的交点；根据可见性确定点 K 的水平投影点 k。

（4）根据点的投影特性，确定点 K 在 W 投影面投影点 k''。

（5）由于点 K 在锥面的右半部，所以 k'' 为不可见，以（k''）注出。

【例 3.8】 如图 3.8（a）、（b）所示，已知圆锥表面曲线 AD 的水平投影 ad，试求另两个投影。

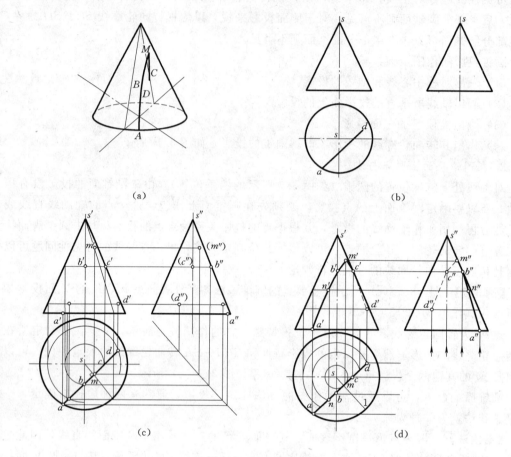

图 3.8　圆锥表面取线

（a）立体图；（b）已知圆锥表面曲线 AD 的投影 ad；（c）求出 AD 关键点的投影；（d）判别可见性

分析：圆锥表面曲线 AD 是二次平面曲线，通过描点作图法可以作出曲线 AD 的投影。①选取曲线上特殊位置点 A、B、C、D、M，作出其投影；②选取曲线上若干一般位置点，作出其投影；③以这些点为关键点，用光滑曲线顺序连接这些点的同面投影，并注意线段的可见性判定，从而获得曲线投影的近似投影。

图解过程如图 3.8 所示。

作图步骤：

（1）确定曲线 AD 的特殊点，即点 A、B、C、D、M。点 A 是曲线在圆锥底面上的点，点 B 是曲线在圆锥左、右转向轮廓线上的点，点 C 是曲线在圆锥前后转向轮廓线上点，点 D 是 AD 曲线在圆锥表面上的端点，M 是 AD 曲线最高处的顶点。

（2）注出曲线 AD 特殊位置点 A、B、C、D、M 的水平投影，依次如图 3.8（c）所示，根据圆锥面取点辅助作图方法（素线法或纬圆法，图 3.8 中采用纬圆法），可以作出各特殊点的其他投影。

（3）选取几个一般点，如选点 N，根据圆锥面取点辅助作图方法（素线法或纬圆法，

图 3.8 中采用纬圆法），确定 N 点的其他投影。

（4）以这些点为关键点连成光滑的曲线，并注意线段的可见性判定，从而获得曲线的投影的近似投影。

可见性判定：

（1）对于曲线 AD 在 V 面的投影线，因为 C 点是圆锥表面前后转向轮廓线上的点，是曲线 AD 在 V 面投影可见性的临界点，所以曲线 AD 在 V 面投影由到 $a' \rightarrow b' \rightarrow m' \rightarrow c'$ 为可见，画粗实线；$c' \rightarrow n' \rightarrow d'$ 为不可见，画虚线。

（2）对于曲线 AD 在 W 面投影线，因为 B 点是圆锥表面左右可见转向轮廓线上的点，是曲线 AD 在 W 面投影可见性的临界点，所以曲线 AD 在 W 面投影由到 $a'' \rightarrow b''$ 为可见，画粗实线；$m'' \rightarrow c'' \rightarrow n'' \rightarrow d''$ 为不可见，画虚线。

3.2.3 圆球

圆球由球面围成，可以看作以半圆作为母线，以它的直径为回转轴旋转一周后形成，如图 3.9（a）所示。

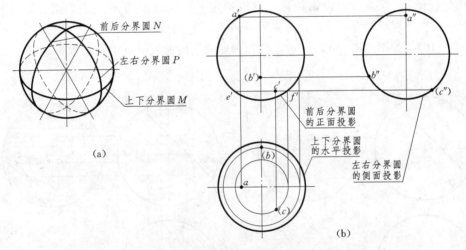

图 3.9 圆球的投影及表面取点

1. 圆球的投影特性

如图 3.9（b）所示，圆球的三个投影都是圆，圆大小相同，圆的直径和球的直径相同，圆球投影是圆球表面、平行于投影面的最大轮廓圆的投影，即 V 投影面上投影的轮廓圆是圆球的前、后两半球面的可见与不可见的回转轮廓分界线，H 投影面上投影的轮廓圆是上、下两半球面的可见与不可见的回转轮廓分界线，W 投影面上投影的轮廓圆是左、右两半球面的可见与不可见的回转轮廓分界线。

注意：球的 V 面投影圆在 H 面的投影对应于 H 面投影圆的前后对称中心线，H 面投影圆在 V 面的投影对应于 V 面投影圆的上下对称中心线；其他投影圆相互之间的对应关系也是类似的情况，读者可根据图 3.9 自行分析。

2. 圆球表面上取点和线

由于圆球面的投影没有积聚性，要确定圆球面上的点的投影，必须过球面上的点作特殊位置辅助圆（经圆或纬圆辅助法），然后利用这些特殊位置辅助圆的积聚性，达到确定点的投影目标。点与线的可见性问题可以根据其相对于转向轮廓圆的相对位置进行判定。

【例 3.9】 已知圆球面上点 A、B、C 在 V 投影面上的投影 a'、b'、c'，如图 3.9（b）所示，试求各点的其他投影。

A、B 两点均为球面上的特殊位置点，可通过圆球投影分析，直接作图求出其另外两投影。a' 为可见标注，且在球面的 V 面投影转向轮廓圆上，故其 H 面竖投影 a 在球面 H 面投影圆的水平对称中心线上，W 面上的投影 a'' 在球面 W 面投影圆的竖直对称中心线上；b' 为不可见标注，且在球面 V 面投影转向轮廓圆的竖直对称中心线上，故点 B 在平行于 V 面的最大转向轮廓圆的后半部，可由 b' 先求出 b''，最后求出 b。

点 c 为球面上的一般位置点，采用纬圆辅助求解。过 c' 作平行于 X 轴的直线，与球的前后转向轮廓线的 V 面投影交于点 e'、f'，$e'f'$ 是包含 C 点的球面辅助纬圆在 V 面的投影；以 $e'f'$ 的长度为直径在 H 面上作水平圆，是包含 C 点的球面辅助纬圆在 H 面的投影，则点 C 的 H 面投影 c 在这水平圆上，根据点的投影特性和 c' 可见性，可以确定点 C 的 H 面的投影 c；根据点的投影特性，可以确定 c''；因点 C 在球的右、下方，故其 H、W 面上的投影 c 与 c'' 均为不可见，分别以（c）、（c''）注出。

【例 3.10】 如图 3.10（a）所示，已知圆球面上的曲线 AD 的正面投影 $a'd'$，试求其余两个投影。

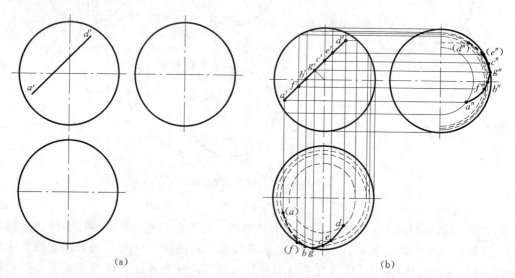

(a)　　　　　　　　　　(b)

图 3.10　圆球表面取线

分析：圆球表面曲线 AD 是二次平面曲线，通过描点作图法可以作出曲线 AD 的投影。①选取曲线上特殊位置点 A、B、C、D、G，作出其投影；②任选曲线上若干一般位置点 E、F，作出其投影；③以这些点为关键点，用光滑曲线顺序连接这些点的同面投影，并注意线段的可见性判定，从而获得曲线 AD 投影的近似投影。图解过程如图 3.10（b）所示。

作图步骤：

（1）确定曲线 AD 上的特殊点，如点 A、B、C、D、G。点 A、D 是曲线 AD 的端点，点 B 是曲线 AD 在圆球上、下转向轮廓线上的点，点 C 是曲线 AD 在圆球左、右转向轮廓线上点，点 G 是曲线 AD 最前面的顶点。

（2）注出曲线 AD 特殊位置点 A、B、C、D、G 的 V 面投影，依次如图 3.10（b）所示，（g' 为由圆心向 $a'd'$ 作垂线所得到的垂足）。根据圆球面取点辅助作图方法（H 面投影采用纬圆法，W 面投影采用经圆法），可以作出各特殊点的其他投影。

（3）选取几个一般点，如选点 E、F，根据圆球面取点辅助作图方法，确定点 E、F 的其他投影。

（4）以这些点为关键点连成光滑的曲线，并注意线段可见性判定，从而得到曲线 AD 的投影。

（5）线段的可见性判定：

1）对于曲线 AD 在 H 面投影线，因为点 B 是圆球表面上下可见转向轮廓线上的点，是曲线 AD 在 H 面投影可见性的临界点，所以曲线 AD 在 H 面的投影由 $b{\to}g{\to}c{\to}e{\to}d$ 为可见，画粗实线；$a{\to}f{\to}b$ 为不可见，画虚线。

2）对于曲线 AD 在 W 面投影线，因为点 C 是圆球表面左右可见转向轮廓线上的点，是曲线 AD 在 W 面投影可见性的临界点，所以曲线 AD 在 W 面投影 $a''{\to}f''{\to}g''{\to}c''$ 为可见，画粗实线；$c''{\to}e''{\to}d''$ 为不可见，画虚线。

3.2.4 圆环

圆环面可以看成由圆为母线，绕与它共面但不相交的轴线旋转一周形成的空间形体，如图 3.11 所示。以母线圆弧 BAD 形成的圆环表面，称为外环面；以母线圆弧 BCD 形成的圆环表面，称为内环面。

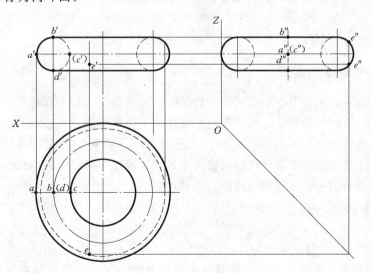

图 3.11　圆环的投影及表面取点

101

1. 圆环的投影特性

圆环的 V 面投影表明，外环面的转向轮廓线的投影为实线，内环面的转向轮廓线的投影为虚线；上、下两条水平线是内、外环面分界线的投影，也是圆母线上最高点 B 和最低点 D 回转纬线的投影；图中的细点画线表示轴线。圆环的 W 面投影与 V 面投影完全类似。

2. 圆环表面上取点

由于圆环面的投影没有积聚性，要确定圆环面上点的投影，必须过圆环面上的点作特殊位置辅助圆（如纬圆），然后利用特殊位置辅助圆的积聚性，达到确定点的投影的目标。

点的可见性问题可以根据其相对于转向轮廓圆的相对位置进行判定。

【例 3.11】 已知图 3.11 所示圆环表面的点 A、B、C、D、E 的 V 面投影，求作这些点的其他投影。

点 A、B、C、D 是圆环表面上的特殊位置点，结合圆环投影特性和点的投影特性，可以直接作出。图解过程如图 3.11 所示。

由于点 E 的 V 面投影可见，点 E 是圆环前外环面上的一般位置点，过点 E 作一水平纬圆辅助作图，即过点 E 的 V 面投影 e' 作 $o'x'$ 轴的平行线，该水平线是辅助纬圆的 V 面投影，以其长度为直径可以作出该辅助纬圆的 H 面投影，根据点的投影特性，并结合 $E \in$ 辅助纬圆，可以确定 E 点的 H 面投影 e；根据点的投影特性，可以确定点 E 的 W 面投影点 e''，图解过程如图 3.11 所示。

点 E 的 V 面投影表明该点在圆环的左上部，所以投影点 e、e'' 均为可见。

3.3　立体表面与平面的交线——截交线

机件常有平面与立体相交或立体与立体相交而形成的交线，这些交线是机件的重要特征轮廓。作图时，为了清楚地表达零件的形状，必须正确地画出其交线的投影。平面与立体表面的交线称为截交线，立体与立体表面的交线称为相贯线。

3.3.1　平面体的截交线

平面体的表面是由若干个平面所组成的，所以它的截交线是由直线所组成的封闭的平面多边形。多边形的各条边就是截平面与平面体各表面的交线，多边形的各顶点就是截平面与平面体各棱线的交点（图 3.12）。因此，作平面与平面体的截交线，就是作出截平面与平面体各棱线的交点的投影，然后依次连接各同面投影即可以得到截交线的投影。

下面举例说明求平面立体截交线的方法和步骤。

【例 3.12】 试求如图 3.12 所示正垂面 P 与四棱锥的截交线，并作出四棱锥被截切后的三面投影图。

分析：由图 3.12（a）可以知道，因截平面 P 与四棱锥的四个侧面相交，所以截交线为属于截平面 P 的平面四边形。求该平面四边形的四个顶点的投影是解题的关键，四个顶点即是截平面 P 与四条棱线的交点。由于截平面 P 是正垂面，截平面 P 在 V 面投影的交点即是截交线四个顶点的 V 面投影 $1'$、$2'$、$3'$、$4'$，根据顶点属于棱线的约束，并结合

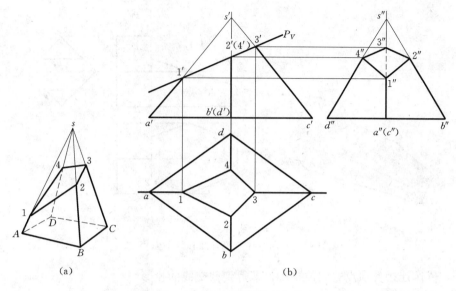

图 3.12　四棱锥与平面相交

点的投影特性，可求各顶点在 H、W 面的投影。对顶点的同面投影逐点连线，结合可见性判定，可以获得机件被截切后的投影。

作图步骤：

（1）画出四棱锥的投影图 ［图 3.12 （b）］。

（2）确定截交面 P 与四棱锥四条棱线的交点在 V 面上的投影 $1'$、$2'$、$3'$、$4'$。

（3）根据直线上点的投影特性，作出相应点的其他投影 1、2、3、4 和 $1''$、$2''$、$3''$、$4''$。

（4）将各点的同面投影依次连接起来，即得到截交线的投影。

（5）在图上去掉被截平面切去的部分，即完成截头四棱锥的三面投影图。

注意：SC 在 W 面上的投影有一段虚线不要漏画。

【例 3.13】　试画出图 3.13 所示四棱柱被 P、Q 两平面复合截切后的三面投影图。

分析：四棱柱被正垂面 Q 和侧平面 P 同时截切，截交线由截平面 P、Q 与立体相交的交线及截平面间相交的交线组成。截平面 Q 与四棱柱的四个侧面和一个端面共五个面相交；截平面 P 与四棱柱的两个侧面相交；截平面 P 与 Q 的交线为正垂线。这些交线的投影主要取决于截交线段的顶点的投影。

作图步骤：

（1）画出四棱柱的三面投影图。

（2）根据 P、Q 两截平面的位置，画出其 V 面上的投影。

（3）标出截交线各顶点的 V 面投影 $1'$、$2'$、$3'$、$4'$、$5'$、$6'$、$7'$。

（4）参考线上点的投影特性，并根据点的投影特性可以确定截交线上各顶点的 W 面上的投影 $1''$、$2''$、$3''$、$4''$、$5''$、$6''$、$7''$。

（5）根据点的投影特性，由截交线上各顶点的 V、W 面投影，可作出 H 面上的投影 1、2、3、4、5、6、7。

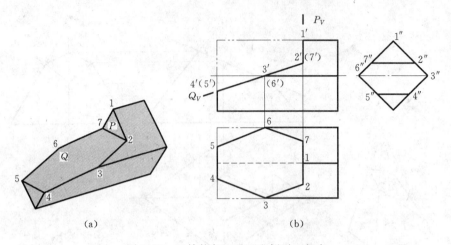

图 3.13　四棱柱与正垂面和侧平面相交

（6）依次连接各顶点的同面投影，即得到截交线的投影。

（7）截交线的 H、W 面上的投影均可见，画粗实线。

注意：棱柱被截切后，其最下面的棱在 H 面上投影时，为不可见轮廓线，投影应画成虚线。

☆【例3.14】　试画出图3.14（a）所示四棱柱被 P、Q_1、Q_2 三平面复合截切后的三面投影图。

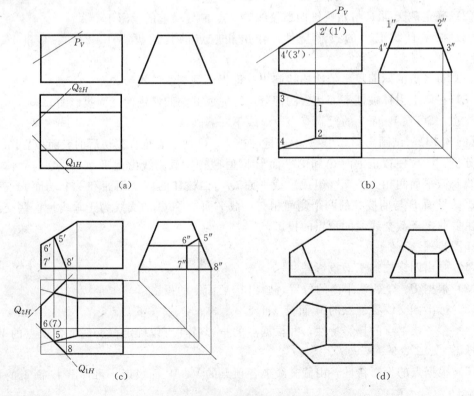

图 3.14　四棱柱被截切后的投影视图

104

分析：四棱柱被截平面 P、Q_1、Q_2 截切，若同时考虑三平面截切会使问题复杂，可按截切难易顺序进行截切。首先考虑四棱柱被截平面 P 所截的情况，截交线顶点由截平面 P 与四棱柱的两条棱线和两条底边交点确定，由于截平面 P 为正垂面，可以确定截交线顶点的 V 面投影；并根据直线上点的投影特性，作出顶点的其他投影；逐点连接同面投影顶点，即可以获得 P 平面截切四棱柱后的残体投影。其次考虑残体被截平面 Q_1、Q_2 所截切的情况，由于残体仍是平面体，同样方法可以确定截交线顶点的 H 面投影，并根据残体轮廓线上点的投影特性，作出顶点的其他投影；逐点连接同面投影顶点，即可以获得 Q_1、Q_2 截平面截切残体的投影。在考虑残体轮廓可见性后，四棱柱被截平面 P、Q_1、Q_2 同时截切后的残体视图投影全部完成。图解过程如图 3.14 所示。

作图步骤：

（1）作出四棱柱的投影。

（2）标出截平面 P 与四棱柱截交线各顶点 V 面投影 $1'$、$2'$、$3'$、$4'$。

（3）参考直线上点的投影特性，并根据点的投影特性可以确定截交线上各顶点 Ⅰ、Ⅱ、Ⅲ、Ⅳ的其他投影 1、2、3、4 和 $1''$、$2''$、$3''$、$4''$。

（4）依次连接各顶点的同面投影，即得到截平面 P 被四棱柱截切后的残体投影，如图 3.14（b）所示。

（5）标出截平面 Q_1 与四棱柱残体截交线各顶点 H 面投影 5、6、7、8。

（6）参考直线上点的投影特性，并根据点的投影特性可以确定截交线上各顶点Ⅴ、Ⅵ、Ⅶ、Ⅷ的其他视图投影 $5'$、$6'$、$7'$、$8'$和 $5''$、$6''$、$7''$、$8''$，如图 3.14（c）所示。

（7）依次连接各顶点的同面投影，即得到四棱柱被截平面 Q_1 截切后的残体投影。

（8）用同样方法作出四棱柱被截平面 Q_2 切后的残体投影。

（9）截交线的 H、W 面上的投影均可见，画粗实线。

所得作图结果如图 3.14（d）所示。

3.3.2　回转体的截交线

1. 回转体截交线基本作图方法和步骤

回转体的截交线，取决于回转体表面形状和截平面相对于回转体轴线位置关系。由于回转体的形体特性，当截平面与回转体的轴线垂直时，回转体被截切的截交线都是圆，这一特征经常用于辅助纬圆法作图。

回转体截交线作图的一般步骤是：首先根据回转体的形状及截平面相对回转体位置关系，确定截交线特殊点（如最高、最低、最左、最右、最前、最后点以及可见性分界点等）的投影，然后求截交线上一般点的投影，最后逐点光滑地连接同面投影，并判断可见性，以获得截交线的投影。

作图方法：求截交线的基本方法是素线辅助法和纬圆辅助法，如图 3.15 所示。

素线辅助法作图：在回转体表面取若干条素线，并求出这些素线与截平面的交点，如图 3.15（a）中素线 SM 与截平面 P 的交点就是截交线上的点，然后再将其依次圆滑连接即得所求的截交线。

纬圆辅助法作图：应用三面共点原理，如图 3.15（b）所示为平面 P 与圆锥截交，若

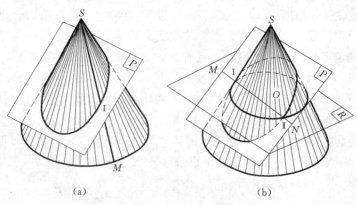

图 3.15　曲面立体截交线的辅助作图方法

（a）素线辅助法；（b）纬圆辅助作图法

用水平面 R 作辅助面，它与圆锥的截交线为圆锥面上的纬圆，与平面 R 的交线为直线 MN，纬圆与直线 MN 的交点Ⅰ、Ⅱ是平面 P、圆锥面、平面 R 的三面共有点，必然是截交线上的点，作适当数量的辅助纬圆平面，即可求出截交线上的点，再将这些点依次圆滑连接即得所求的截交线。

2. 平面与圆柱面的交线

平面与圆柱面的交线有以下三种情况：截平面与圆柱面的轴线平行、垂直、倾斜。所产生的截交线分别是矩形、圆、椭圆，见表 3.1。

表 3.1　　　　　　　　　　　　　平面与圆柱的三种截交线

截平面的位置	平行于轴线	垂直于轴线	倾斜于轴线
截交线的形状	矩形	圆	椭圆
立 体 图			
投 影 图			

下面举例说明平面与圆柱面的交线投影的作图方法和步骤。

【例 3.15】　求正垂面 P 截切圆柱的截交线（图 3.16）。

分析：

（1）由图 3.16 可知，截平面 P 倾斜于圆柱轴线，截交线的空间形状为椭圆。

（2）由于截平面 P 为正垂面，因此截交线的 V 面上的投影具有积聚性，重影在直线

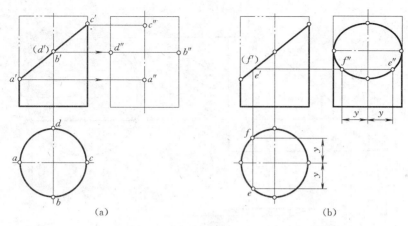

图 3.16　平面与圆柱面轴线斜交时截交线的求解

(a) 求特殊点；(b) 求一般点

$a'c'$ 上，H 面上的投影重合在圆柱的 H 面投影圆上，W 面上的投影则为椭圆，因此作出截交线的 W 面投影是问题的关键。

(3) 采用圆柱体表面取线的方法，即应用描点作图方法确定截交线的投影，同时兼顾到可见性判定，最终确定残体的投影。

作图步骤：

(1) 求特殊点。A 点和 C 点分别是截交线的最低、最高点，B 点和 D 点分别是截交线的最前、最后点，也是椭圆长短轴的端点。利用这些特殊点在 V 面、H 面上的投影积聚性直接确定，然后根据点的投影关系，可以确定这些特殊点的 W 面投影 a''、c'' 和 b''、d''。由于 $b''d''$ 和 $a''c''$ 互相垂直，且 $b''d'' > a''c''$，所以截交线的 W 面上的投影中以 $b''d''$ 为长轴，$a''c''$ 为短轴。

(2) 求一般位置点。为作图准确，作出若干一般位置点。如图 3.16 (b) 所示，先在圆柱表面 H 面的投影上取 e、f 点，根据点的投影特性，确定其在 V 面的投影 e'、f'，再根据点的投影关系确定点 E、F 在 W 面的投影 e''、f''。

(3) 连线。依次光滑连接 a''、e''、b''、…，即得截交线 W 面上投影的近似解。当然也可以根据椭圆长轴、短轴的情况，采用椭圆简化画法或准确画法直接作出椭圆。

(4) 整理图线。把圆柱体被截切部分去除，其中截交线的 W 面投影与圆柱残体的转向轮廓线保持相切关系，而且没有不可见的轮廓，均以粗实线绘制。

【例 3.16】　求图 3.17 所示圆柱被截平面 P、Q 截切后的投影。

分析：

(1) 圆柱体被水平面 P 截切，其截交线为矩形，其位置特殊，其投影可以较容易得到确定。

(2) 圆柱体被正垂面 Q 截切，其截交线为椭圆；根据截平面 Q 的 V 面积聚性投影，再根据圆柱面取线的投影特性，描点作图确定截交线的其他投影，从而确定截交线的投影。

作图方法：

(1) 确定截平面 P 截切的截交线的四个顶点投影，并逐点连线确定截交线投影。

107

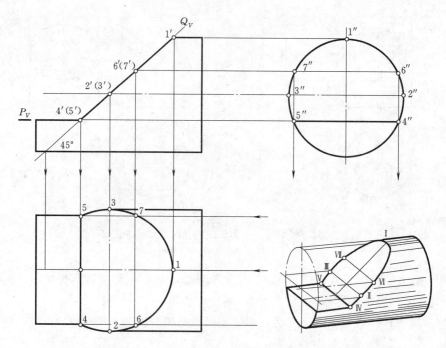

图 3.17 接头的三视图

（2）确定截平面 Q 与圆柱截交线的 V 面特殊位置点投影 1、2、3、4、5，并根据圆柱表面取点特性，作出这些特殊位置点的其他投影。

（3）确定截平面 Q 与圆柱截交线的 V 面一般位置点投影 6、7，并根据圆柱表面取点特性，作出这些特殊位置点的其他投影。

（4）用光滑曲线连接 Ⅰ→Ⅶ点的同面投影，即确定截平面 Q 与圆柱截交线投影。

（5）连接Ⅳ、Ⅴ点作用面投影即确定两截平面交线的投影。

（6）把圆柱体被截切部分去除，其中截交线的 H 面投影与圆柱残体的转向轮廓线保持相切关系，而且没有不可见的轮廓，均以粗实线绘制。

注意：截平面 P、Q 的交线，Ⅳ、Ⅴ是正垂线，其投影符合正垂线投影特性，不要遗漏。

☆【例 3.17】 画出图 3.18（a）所示立体的三面投影图。

分析：该立体是在圆筒的上部开出一个方槽后形成的，形体的前后、左右对称。构成方槽的平面为垂直于轴线的水平面 P 和两个平行于轴线的侧平面 Q_1、Q_2。它们与圆筒的内、外表面都有交线：平面 P 与圆筒的交线为圆弧，平面 Q_1、Q_2 与圆筒的交线为直线，平面 P 和 Q_1、Q_2 彼此相交于直线段。

作图步骤：

（1）画出完整基本形体圆柱的投影。

（2）作出切口的投影：

1）作出开有方槽的实心圆柱的投影。

2）根据分析，在画出完整圆柱体的三面投影图后，先画反映方槽形状特征的 V 面上

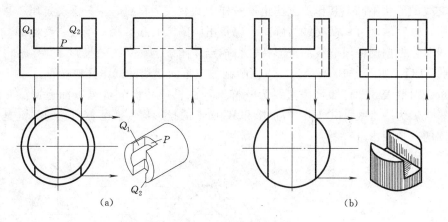

图 3.18 圆管上方开矩形槽

的投影，再作方槽的 H 面上的投影，然后由 V 面上的投影和 H 面上的投影作出 W 面上的投影。要注意的是，圆柱面在 W 面的转向轮廓线，在方槽截切范围内的一段已被切去，在 V 上的投影中可以很清楚地看到对称轴处存在的缺口；另外，截平面 P 在 W 面投影存在不可见轮廓，其在 W 面的投影按虚线作出，如图 3.18（b）所示。

3）加上同心孔后完成方槽的投影。在上一步的基础上，进一步作出圆柱孔表面与截平面 P、Q 交线的三面投影，注意 W 面投影中，截平面 P 被圆孔挖切后，导致上一步截平面 P 在 W 面投影虚线中间部分被截除；上部虚线是方槽与同心孔截交线，下部虚线是同心孔的回转轮廓线，立体的三面投影如图 3.18（a）所示。

3. 平面与圆锥的交线

平面与圆锥相交的截交线形状，取决于平面相对于圆锥轴线的位置。表 3.2 列出了平面相对于圆锥轴线处于不同位置下所产生的五种截交线。

表 3.2　　　　平面与圆锥轴线处于不同相对位置下所产生的五种截交线

截平面的位置	过锥顶	与轴线垂直	与所有素线相交	平行于一条素线	与轴线平行
截交线的形状	相交两直线	圆	椭圆	抛物线	双曲线
立体图					
投影图					

截交线的形状不同，其作图方法也不一样。截交线为直线时，只需确定属于直线上的两点投影，连直线即可；截交线为圆时，应找出圆的圆心和半径；当截交线椭圆、抛物线和双曲线时，根据圆锥面取线的投影特性，描点作图确定截交线的投影。

【例 3.18】 如图 3.19 所示为一直立圆锥被正垂面截切，试作其他投影。

分析：对照表 3.2 可知，截交线为一椭圆，由投影特性分析可以知道：截交线的 V 面的投影重影为一直线，其 H 面的投影和 W 面上的投影均为椭圆，问题的关键是作出截交线椭圆的其他投影。

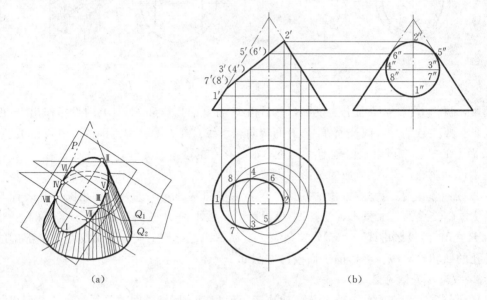

图 3.19　圆锥与平面相截交

（a）立体图；（b）圆锥与平面相截交图解

作图步骤：

（1）确定特殊点。最低点 I、最高点 II（是椭圆长轴的端点，也是截平面与圆锥最左、最右素线的交点）；最前面点 III、最后面点 IV（是椭圆短轴的端点）；圆锥的最前、最后素线与截平面的交点 V、VI。

（2）作特殊点的投影。先确定各特殊点的 V 面投影，点 I、II 可由截平面在 V 面投影积聚成直线，其与圆锥的 V 面投影三角形交点即是点 I、II 的 V 面投影 1′、2′；点 III、IV 是椭圆短轴的端点，所以其在 V 面投影 3′（4′）应在 1′、2′的中点；点 V、VI 为圆锥的最前、最后素线与截平面的交点，可直接确定 5′（6′）。再根据圆锥表面取点的投影特性，可以确定点 I～VI 这些特殊点的其他投影。

（3）求一般点。在特殊点之间选取若干一般位置点。如 VII、VIII 两点采用辅助纬圆法，根据圆锥表面取点的投影特性，作出其各投影。

（4）用光滑曲线依次连接各点的同面投影，即得截交线 H 面和 W 面的投影；并把圆锥体被截切部分去除，其中截交线的 W 面投影与圆锥残体的转向轮廓线保持相切关系；没有不可见的轮廓，均以粗实线绘制。

【例 3.19】 铅直放置的圆锥被两正垂面截切后的正视图如图 3.20 所示，试作其投影。

分析：由图 3.20 所示，锥体切口由一水平截平面和一正垂截平面截切而成；因水平截面与锥轴线垂直，截交线是大于半圆的一段圆弧，边界点为Ⅰ和Ⅱ，可应用辅助纬圆法或素线法直接作出该段截交线的投影。正垂截面与圆锥最右侧素线平行，截交线应为抛物线，根据圆锥表面取线投影特性，采取描点作图方法，取转向轮廓线上的 3、4、5 特殊点和一般位置点 A 点，并作出这些点的投影，用光滑曲线依次连接各同面投影，即得截交线的投影。把圆锥体被截切部分去除，没有不可见的轮廓，均以粗实线绘制。

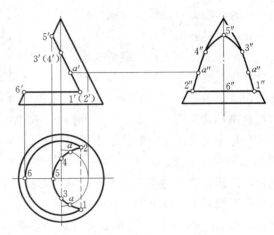

图 3.20 铅直圆锥被正垂面截切

注意：两截平面间的交线为正垂线在 H 面的投影为圆锥残体不可见轮廓，不可遗漏，见 H 面投影中注出的虚线。

请读者自行结合以上分析，试具体作图。

☆4. 平面与球的截交线

球被截平面截切后所得的截交线都是圆。

截平面与投影面位置关系不同，将引起截交线的投影成圆或椭圆。若截平面是投影面的平行面，在该投影面上的投影为圆的实形，其他两投影积聚成直线，长度等于截交圆的直径。若截平面与一个投影面垂直但不与其他投影面平行，则截交线在该投影面上的投影为一直线，其他两投影均为椭圆。

【例 3.20】 如图 3.21 所示，球被正垂面截切，试作球的残体投影。

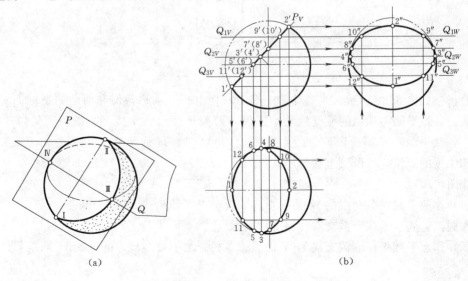

(a)　　　　　　　　　　(b)

图 3.21 球面与平面相交

分析：截交线在V面的投影重影为一直线段，长度等于截交圆的直径，H面、W面的投影为椭圆，根据球面取线的投影特性，采用描点法作图。

作图步骤：

（1）作截交线上特殊点的投影。确定椭圆长短轴的端点Ⅰ、Ⅱ、Ⅲ、Ⅳ，球面上下转向轮廓线上的点Ⅴ、Ⅵ，以及球面左右转向轮廓线上的点Ⅶ、Ⅷ。在截交线V面的投影上注出点Ⅰ～Ⅷ的V面投影$1'$～$8'$，根据球面取点的投影特性，应用纬圆辅助作图法或直接注出，确定这些特殊点的其他投影，如图3.21（b）所示。

（2）作截交线上一般位置点的投影。确定截交线一般位置点Ⅸ、Ⅹ、Ⅺ、Ⅻ。在截交线V面的投影上注出点Ⅸ、Ⅻ的V面投影$9'$～$12'$，根据球面取点的投影特性，应用纬圆辅助作图法，确定这些一般位置点的其他投影，如图3.21（b）所示。

（3）用光滑曲线依次连接各点的同面投影，即得截交线的投影；把圆球体被截切部分去除；截交线的H面、W面投影分别与圆球残体的转向轮廓线保持相切关系；没有不可见的轮廓，均以粗实线绘制。

注意：

球残体的V面投影表明，其最高和最左轮廓被截切，所以残体的H面、W面投影中对应部分已截。

【例3.21】 如图3.22所示开槽的半圆球，试作球的残体投影。

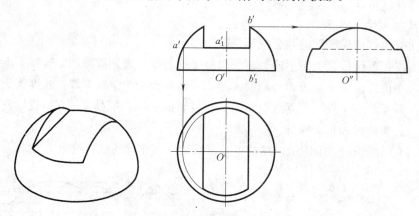

图3.22　开槽的半圆球及视图

分析：如图3.22所示，半圆球的上部切口是由一个水平截面和两个侧平截面对称截切而成。各截平面与球面的截交线均为圆弧，而截平面间的交线为直线段。切口的V面投影与各截平面的V面投影重合，关键在于作出切口的H面及W面投影。由于截交线均为特殊位置的圆弧，所以可直接作出其投影。

作图步骤：

（1）作侧平截面截交线的W面投影。取投影点b'和b_1'，以O''为圆心，$b'b_1'$长度为半径，作圆弧，到水平截面截交线的W面投影处止。

（2）作水平截平面的截交线的W面投影。投影为一直线段，与球的W面投影轮廓线交线。

（3）作水平截面截交线的 H 面投影，取投影点 a' 和 a_1'，以 O 为圆心，$a'a_1'$ 长度为半径，作圆弧，到侧平截面截交线的 H 面投影处止。

（4）作侧平截面截交线的 H 面投影。投影为一直线段，与水平截面截交线的 H 面投影相交处止。

（5）判别可见性，整理残体轮廓线。两截平面交线的 W 面投影不可见，应画成虚线，作图过程如图 3.22 所示。

5. 平面与组合回转面相截交

☆【例 3.22】 试作图 3.23 所示连杆头表面截交线的 V 面投影。

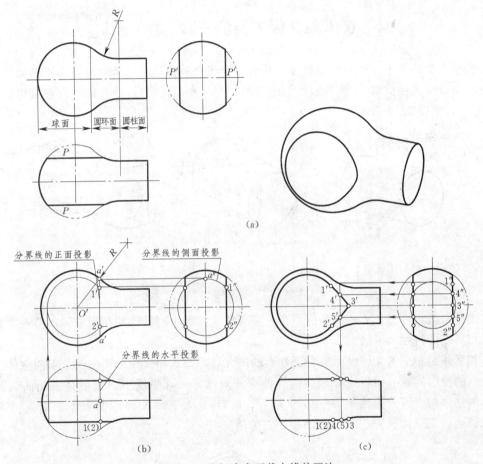

图 3.23　连杆头表面截交线的画法

分析：连杆头是由共轴的球面、内环面和圆柱面围合而成，三段形体以过回转母线相切点的纬圆互为分界。组合体被与回转轴线对称的前、后两正平面截切，由 H 面上的投影可以看出，平面与圆柱面不相交，只与圆球面和内环面相交，分别产生一段截交线，两段截交线以两圆弧外切点 A 分界光滑连成一条封闭的组合曲线［图 3.23（b）］，因此作出残体投影的关键在于分别作出两段截交线的投影。

作图步骤：

（1）作球面的截交线，球面被截切的截交线是圆，圆的半径可以从 H 面的投影上量取，圆心为 O' 点，圆的 V 面投影反映实形，该圆与分界纬圆的 V 面上的投影相交于点 Ⅰ、Ⅱ，投影点 1′、2′ 就是球面与环面的截交线在 V 面上的投影的分界点。

（2）作环面的截交线。正平面与圆环面的截交线是一段非圆曲线，采用描点作图法。选取特殊点和一般点，并作出其投影，从而确定截交线的近似投影。在该段截交线的 W 面投影上选Ⅲ点作为特殊点，任选点Ⅳ、Ⅴ为一般点，根据圆环表面取点的投影特性，确定点Ⅲ、Ⅳ、Ⅴ其在 V 面、H 面的投影点 3′、4′、5′ 和 3、4、5，用光滑曲线依次连接各点的投影，即得截交线的投影。

（3）截交线没有不可见的轮廓，均以粗实线绘制。

3.4　立体和立体表面的交线 —— 相贯线

发生相交的两个立体称为相贯体，其表面交线称为相贯线。通常有立体外表面与外表面的相交（实实相贯）；立体外表面与内表面相交（实虚相贯）；内表面与内表面相交（虚虚相贯），如图 3.24 所示。

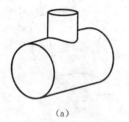 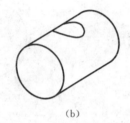 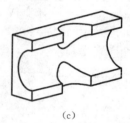

　　　　　（a）　　　　　　　　　　　（b）　　　　　　　　　　　（c）

图 3.24　机件上常见的相贯线

（a）实实相贯；（b）实虚相贯；（c）虚虚相贯

由于常规机件加工方式的特点，常见相贯线大多是由回转体相交而成，本节主要介绍这类相贯线的特性及画法。

相贯线是相交两立体表面所有公共点的集合，因此求相贯线的实质就是求两立体表面公共点的投影问题。相贯线一般为闭合的空间曲线，特殊情况下也可能是平面曲线或直线。两立体相交可分为两平面立体相交［图 3.25（a）］、平面体与曲面体相交［图 3.25（b）］、两曲面立体相交［图 3.25（c）］三种情况。

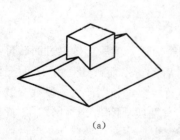 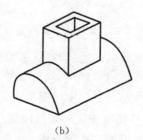 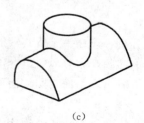

　　　　　（a）　　　　　　　　　　　（b）　　　　　　　　　　　（c）

图 3.25　立体与立体相交

114

3.4.1 平面立体与曲面立体相贯线

两平面立体相交，可归结为求两平面的交线或求直线与平面的交点问题；平面体与曲面体相交可归结为求平面与曲面体的截交线问题；这两类问题在前面章节已得到解决，这里不作重点讨论。

【例 3.23】 三棱柱与圆柱体相交，已知水平投影和侧面投影，求作正面投影〔图 3.26 (a)〕。

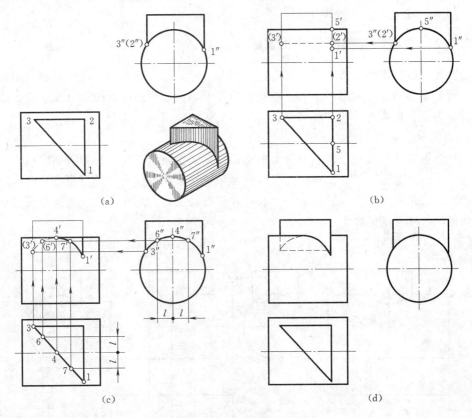

图 3.26 三棱柱立体与圆柱立体相贯

分析：

(1) 相贯线由三棱柱的三个侧棱面与圆柱面的交线组成，其中后侧棱面与圆柱面的交线为直线，左侧棱面与圆柱面的交线为部分椭圆，右侧棱面与圆柱面的交线为一段圆弧；作出三段相贯线的投影成为问题的关键。

(2) 相贯线的 W 面投影积聚在圆柱体 W 面的投影圆弧上，H 面投影积聚为三棱柱的 H 面投影三角形 1－2－3 上。

作图步骤：

(1) 首先求出棱柱的后侧棱面和右侧棱面与圆柱面的交线。作分界点Ⅰ、Ⅱ、Ⅲ、Ⅴ的投影，如图 3.26 (b) 所示。

(2) 作左侧棱面与圆柱面的交线。根据圆柱表面取线的投影特性，采用描点作图法，确定特殊点Ⅳ和一般点Ⅵ、Ⅶ，并作其投影，如图3.26（c）所示。其中点Ⅳ为椭圆弧的最高点，也是该段相贯线的V面投影椭圆弧的可见与不可见部分的分界点；同时又是圆柱面最高处转向轮廓线在V面投影左边的截止点。

（3）用光滑曲线依次连接各点的同面投影，其中V面投影中$4' \to 6' \to 3'$椭圆线段为不可见部分，以虚线注出。结果如图3.26（d）所示。

注意：作此类题时，必须检查棱线和曲面轮廓线的投影连接，即棱线的投影必须和其余曲面的交点的投影（如$1'$、$2'$、$3'$）连上，曲面的视图转向轮廓线必须和相贯线上的特殊点（如$4'$）连上，并判别其可见性。

3.4.2　曲面体与曲面体的相贯线

两曲面体的相贯情况是本节的重点讨论环节。两曲面立体的相贯线，通常采用表面取点法、辅助面法和辅助球画法求解。在特殊情况下，例如当圆柱面投影有积聚性，或者相贯线投影为圆、直线时，相贯线可直接求出。下面结合例题来说明。

1. 表面取点法

通过选取立体代表性公共点的投影来获得相贯线投影的方法，称为表面取点法。这一类方法主要应用曲面立体在某投影面上的投影积聚性来获得代表点的投影，从而确定相贯线的投影。应用该方法在回转体表面上取点并作出其投影，用光滑曲线把这些关键点连起来，从而作出相贯线的投影。

【例3.24】　如图3.27（a）所示，已知垂直相交的两圆柱三面投影，求作相贯线。

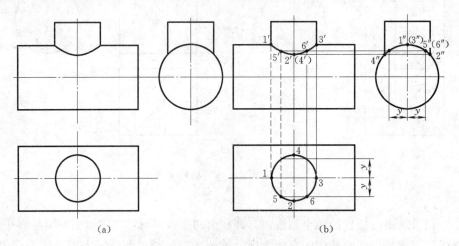

图3.27　轴线互相垂直的两圆柱相贯线的求法

分析：

（1）分析投影图可知，两圆柱直径不同、轴线垂直相交，相贯线为前后左右对称的空间曲线。

（2）由于大圆柱轴线垂直于W面，小圆柱轴线垂直于H面，所以相贯线的W面的投影为一段圆弧，H面的投影为小圆柱在H面的投影圆；相贯线的投影关键在于作出相贯线在V面上的投影；根据圆柱表面取点的投影特性，采取描点作图法，作出其投影。

作图步骤：

（1）求特殊点。在相贯线的 H 面的投影小圆上定出最左、最前、最右、最后的Ⅰ、Ⅱ、Ⅲ、Ⅳ点的投影 1、2、3、4，再在相贯线的 W 面上作出相应的投影点 $1''$、$2''$、$3''$、$4''$，根据 H 面的投影和 W 面的投影确定 V 面的投影 $1'$、$2'$、$3'$、$4'$，如图 3.27（b）所示。

（2）求一般点。在相贯线的 W 面投影上任取一重影点 $5''$（$6''$），将其看作小圆柱面上的点，应用圆柱面上取点的方法确定 H 面的投影 5、6，然后作出 V 面投影 $5'$、$6'$，如图 3.27（b）所示。

（3）光滑连接相贯线。相贯线的 V 面上的投影左右、前后对称，后面的相贯线与前面的相贯线重影，只需按顺序光滑连接前面可见部分的各点的投影，即完成相贯线的投影。

注意：两圆柱体相贯线发生区间，圆柱体的转向轮廓线应截除，并转化为相贯线。

圆柱面相贯线除上面例题中外表面与外表面相贯以外，还有外表面与内表面相贯和内表面与内表面相贯的情况；形体及其投影如图 3.28 和图 3.29 所示。可以知道，三种圆柱体相贯线的形状和作图方法完全相同，外表面与内表面相贯和内表面与内表面相贯可比照上面例题方法和步骤进行，只是虚实体（假想存在实体）在视图中以虚线方式勾勒轮廓进行表达。

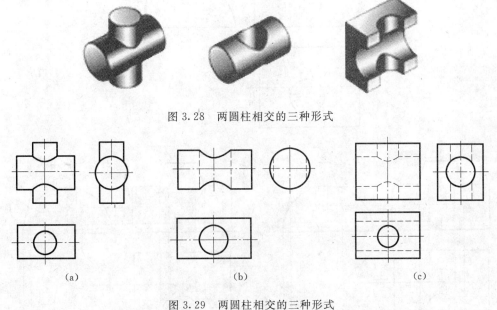

图 3.28 两圆柱相交的三种形式

（a）　　　　　　　　　　　　（b）　　　　　　　　　　　　（c）

图 3.29 两圆柱相交的三种形式
（a）两外表面相交；（b）外表面与内表面相交；（c）两内表面相交

【例 3.25】 求图 3.30 所示圆柱体双向垂直穿孔的投影。

分析：该题双向穿孔圆柱的表面分为内、外圆柱面，相贯线分别由外圆柱面与内圆柱面相交及两内圆柱面相交而形成；按两正交圆柱相贯作相贯线。

作图步骤：

求相贯线的方法与上例完全相同，只是与内圆柱面的两相贯线不可见，应画成虚线。本题直接给出结果，请读者参照上例自行分析求解。

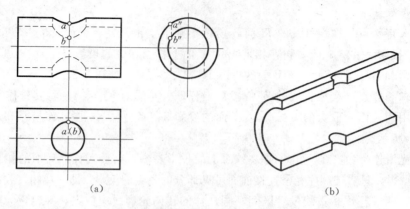

図 3.30　圆柱体双向垂直穿孔投影

【例 3.26】　求图 3.31（a）所示的圆柱与圆台相贯线的投影。

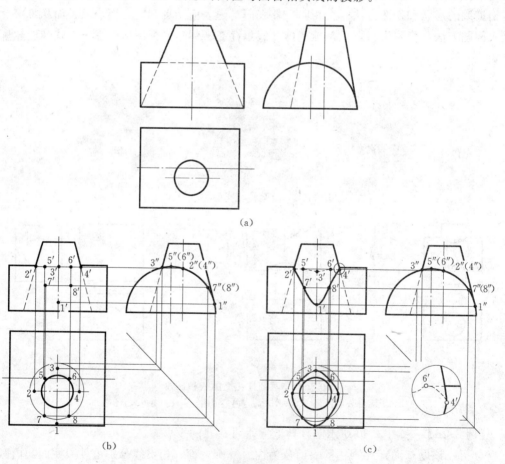

图 3.31　圆柱与圆台表面相贯线的画法

分析：由投影图可知，圆柱与圆台的轴线垂直交叉，相贯线是一条左右对称的封闭的空间曲线。由于相贯线是相贯立体表面的公共点集合，圆柱轴线垂直于 W 面，圆柱表面的 W 面投影积聚成圆，所以相贯线的 W 面的投影是一段Ⅰ～Ⅲ圆弧［图 3.31（b）］。结合圆锥（台）表面取点的纬圆辅助作图法，描点作图确定相贯线的投影。

作图步骤：

（1）作特殊点投影。根据相贯线的 W 面投影，选取属于相贯线，且在圆台的四条转向轮廓线上的点Ⅰ、Ⅱ、Ⅲ、Ⅳ四点，其中点Ⅰ、Ⅲ是相贯线上最前、最后的节点，Ⅱ、Ⅳ两点是最左、最右的节点，但不是最高的点。选取属于相贯线，且在圆柱转向轮廓线上的点Ⅴ、Ⅵ作为相贯线的特殊点，它们是相贯线的最高处的点。在相贯线 W 面投影上注出特殊点的 W 面投影 $1''{\sim}6''$，并根据圆锥（台）表面取点纬圆辅助作图法，确定特殊点的其他投影 $1{\sim}6$ 和 $1'{\sim}6'$，如图 3.31（b）所示。

（2）作一般点投影。在相贯线的 W 面投影上，选择Ⅶ、Ⅷ作为一般点，并注出其 W 面的投影 $7''$、$(8'')$ 两点，通过辅助线纬圆法，确定其他投影面的投影 7、8 和 $7'$、$8'$，如图 3.31（b）所示。

（3）依次光滑连接同面投影各点。两回转体表面都可见时，该部分的相贯线才可见。相贯线的 H 面投影全部可见；V 面上的投影以Ⅱ、Ⅳ两点为分界点，前半段相贯线段 $2'{\to}7'{\to}1'{\to}8'{\to}4'$ 可见，用粗实线依次光滑连接，后半段相贯线段 $2'{\to}5'{\to}3'{\to}6'{\to}4'$ 受圆台转向轮廓线遮掩不可见，用虚线依次光滑连接，如图 3.31（c）所示，至此完成相贯线的视图投影。

注意：从局部放大图中可以看出，圆柱立体的 V 面投影中转向轮廓线应画到相贯线为止，该段转向轮廓线一部分因圆台遮掩不可见，以虚线绘出，如图 3.31（c）所示。

2. 用辅助平面法求相贯线

辅助平面法是根据三面共点的原理，通过作一辅助平面，分别作出辅助平面与两回转体的截交线的投影，则该两截交线的交点一定属于两回转体相贯线上的点。

通常所选择的辅助平面为投影面平行面，并且两相交立体表面被截切产生的截交线投影应是简单易画的圆或直线。如图 3.32 中的水平辅助面与圆台和球的交线都为圆；正平辅助面与圆台和球的交线分别为双曲线和圆，考虑作图困难，因此该立体相贯线不适合于采用正平辅助平面。

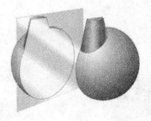

图 3.32　两相交立体表面相贯线的辅助平面法

【例 3.27】　求圆柱与圆锥相贯线的投影，如图 3.33（a）所示。

分析：由投影图可知，由于圆柱的 W 面投影积聚为圆，所以相贯线的 W 面投影就是该圆。圆柱与圆锥轴线垂直相交，相贯线为一条前后对称的封闭空间曲线。应用水平辅助面平面法，采用若干与圆锥轴线垂直的水平面截切两立体，则圆锥被截切的截交线是水平圆，圆柱被截切的截交线是水平矩形，因此可以很快确定相贯线在 H 面的关键点投影，如图 3.34 所示。

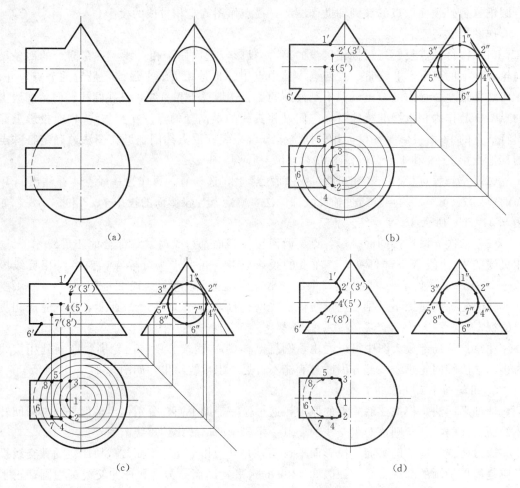

图 3.33 求圆柱与圆锥的相贯线
(a) 已知条件；(b) 作特殊点；(c) 作一般点；(d) 完成三面投影

图 3.34 利用辅助平面法求相贯线

作图步骤：

（1）求特殊点投影。结合投影图可以知道，相贯线的 W 面投影即为水平圆柱体的 W 面投影。选取属于相贯线，并在圆柱的转向轮廓线上的 I、IV、V、VI 四点，它们是相贯线的最上、最前、最后、最下的节点；选取属于相贯线，且在圆柱转向轮廓线上的点 II、III，是相贯线上右边的转向分界点，该点在 W 面的投影特性：其与圆锥顶点投影的连线是圆柱 W 面投影圆的切线。在相贯线的 W 面投影上注出这些特殊点的 W 面投影，其中圆柱和圆锥的 V 面转向轮廓线相交于点 I、VI，V 面投影为 1′、6′；根据点的投影特性，可确定其 H 投影面上的投影 1、6。点 IV、V 分别在圆柱的最前、最后转向轮廓线上，过 4″、5″ 作水平辅助平面 Q，作出圆锥被截切的截交线的 H 面投影，该投影与圆柱 H 面转向轮廓线投影的交点即是点Ⅳ、Ⅴ在 H 面的投影 4、5，由点的投影特性可以确定点Ⅳ、Ⅴ的 V 面投影 4′、5′。同理可以确定点Ⅱ、Ⅲ在 H 面的投影 2、3 和 V 面的投影 2′、3′。图解过程如图 3.33（b）所示。

（2）求一般点投影。在特殊点之间选任意点Ⅶ、Ⅷ，作水平辅助平面 P，同理可求出Ⅶ、Ⅷ两点的其他投影。图解过程如图 3.33（c）所示。

（3）依次光滑连接同面投影各点。当两回转体表面都可见时，该部分的相贯线才可见。相贯线的 V 面投影前后对称，后面的相贯线与前面的相贯线重合，只需用粗实线按顺序光滑连接前面可见部分的各点的投影即可；相贯线的 H 面的投影以Ⅳ、Ⅴ两点为可见分界点，分界点的上面线段 4-2-1-3-5 可见，用粗实线依次光滑连接；分界点的下面线段 5-8-6-7-4 不可见，用虚线依次光滑连接。至此完成相贯线的投影。

注意：圆柱的转向轮廓线在 H 面的投影应画到相贯线在 H 面的投影止。

☆【例 3.28】 求圆台与半球相贯线的投影，如图 3.35（a）所示。

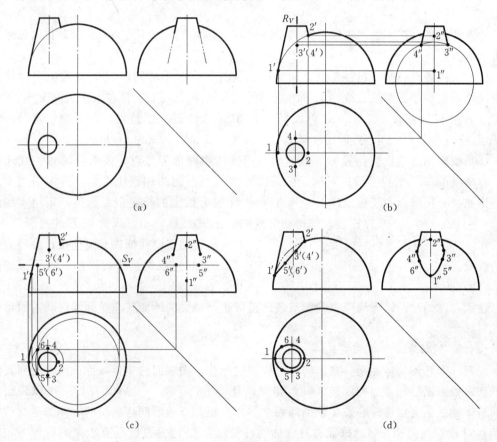

图 3.35 圆台与球相贯
(a) 题目；(b) 求特殊点；(c) 求一般位置点；(d) 完成的三面投影

分析：

（1）结合投影图可以知道，相贯线的三面投影均不明确，必须通过多个约束条件找到属于相贯线点的投影。

（2）因圆台铅垂布置，且轴线不过球心，圆台和球有公共的前后对称面，所以相贯线是一条前后对称的闭合空间曲线。通过水平辅助平面法，用若干与圆台轴线垂直的水平面截切两立体，由于圆台和球被截切的截交线都是水平圆，因此两截交线在 H 面投影的交点即是属于截平面且在相贯线上的点的 H 面投影；再根据所在截平面投影特性和点的投影特性，可以确定该点的 V 面及 W 面投影，这样很快可以确定相贯线上各关键点的投影。

作图步骤：

（1）求特殊点投影。从投影图可以知道，由于相贯线前后对称，所以圆台和球的 V 面转向轮廓线相交点 $1'$、$2'$ 是相贯线上的最低和最高点 Ⅰ、Ⅱ 的投影，根据回转面上取点的方法可求得点 Ⅰ、Ⅱ 的 W 面、H 面投影。相贯线上属于圆台左右转向轮廓线上的点 Ⅲ、Ⅳ，在 V 面投影上过圆台对称轴线作侧平辅助面 R_V，其与圆台、球的截交线在 W 面的投影分别为直线和圆，两截交线的交点即是点 Ⅲ、Ⅳ 的 W 面投影点 $3''$、$4''$；再根据直线上点的投影特性，可以确定点的 V 面 $3'$、$4'$ 及 H 面投影 3、4。其图解如图 3.35（b）所示。

注意：点 Ⅲ、Ⅳ 不是相贯线最前部和最后部的空间点，为什么呢，请读者自己思考后作出回答。

（2）求一般点投影。在特殊点之间的适当位置任作水平辅助面 S_V，其与圆台和球的截交线均为水平圆；两截交线在 H 面的投影交点，是相贯线上、且在水平辅助面 S_V 上的点 Ⅴ、Ⅵ 在 H 面的投影点 5、6；再根据截平面 S_V 和点的投影特性，可以确定点 Ⅴ、Ⅵ 在 H 面的投影点 5、6 和 W 面的投影 $5''$、$6''$。其图解如图 3.35（c）所示。

（3）依次光滑连接同面投影各点。当两回转体表面都可见时，该部分的相贯线才可见。相贯线的 V 面的投影前后对称，后面的相贯线与前面的相贯线重合，只需用粗实线按顺序光滑连接前面各投影点即可。相贯线的 H 投影面上的投影全部可见，用粗实线按 $1-5-3-2-4-6-1$ 顺序连接，即得相贯线的 H 面的投影；相贯线的 W 面的投影以 $3''$、$4''$ 为分界点，分界点下面的线段 $3''-5''-1''-6''-4''$ 可见，用粗实线依次光滑连接；分界点上面的线段 $3''-2''-4''$ 不可见，用虚线依次光滑连接。至此完成相贯线的投影，其结果如图 3.35（d）所示。

注意：球的转向轮廓线应画到相贯线的投影止，消失的球面转向轮廓线已转为两形体的相贯线。

☆☆3. 辅助球面法作相贯线

原理：回转体与球相交，且回转体轴线通过球心，则它们的相贯线为一垂直于回转轴线的圆。根据该原理，当两回转面轴线相交，且均平行于某一投影面 Q 时，可以采用以两回转体轴线的交点为球心，作辅助球面求解相贯线。显然辅助球面与两立体的截交线均为垂直 Q 投影面的圆，辅助球面与两立体的截交线在 Q 面的投影具有积聚的特性，相交点即是相贯线上的点在 Q 面上的投影点，依此再确定其他投影。通过这种辅助球面法获得相贯线上的若干关键点，并用光滑曲线把这些关键点连起来，从而作出相贯线的投影。

【例 3.29】求图 3.36 所示圆锥、圆柱相贯线投影。

分析：

（1）圆柱和圆锥的轴线斜交，采用前面所述的特殊位置辅助平面法作图显然不适合，

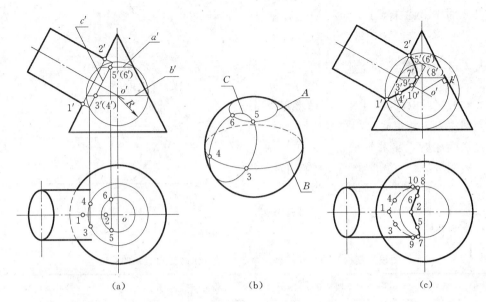

图 3.36　辅助球面法求圆柱和圆锥相贯线

由于两回转体的轴线相交，且均平行于 V 面，下面采用辅助球面法作图求解。

（2）辅助球面法中辅助球半径的选取：辅助球的最大半径为 $o'2'$，最小半径为 $o'k'$ [如图 3.36（c）所示，此时辅助球与圆锥相切]；若取大于 $o'2'$ 或小于 $o'k'$ 的半径作球面，都不能作出相贯线上的点，所以辅助球的半径应在上述最大半径与最小半径之间选取。

作图步骤：

（1）求特殊点投影。圆锥与圆柱的 V 面转向轮廓线的交点 $1'$、$2'$ 是相贯线最低和最高点的 V 面投影；根据圆锥表面取点投影特性，可以确定点 Ⅰ、Ⅱ 的水平投影 1、2，如图 3.36（a）所示。

（2）求一般点投影。介于 $o'2'$ 和 $o'k'$ 之间任选一长度为半径作辅助球面，其截切圆锥的截交线为两个圆，其 V 面投影为直线 a'、b'；辅助球截切圆柱面的截交线为一个圆，其 V 面投影为直线 c'，则直线 c' 与直线 a'、b' 相交的交点是属于相贯线上且在辅助球面上的点的 V 面投影，记为 $3'$、$(4')$、$5'$、$(6')$，如图 3.36（a）所示。

（3）作最小辅助球（辅助球与圆锥相切），同理可以确定属于相贯线且在辅助球面上的点 Ⅶ、Ⅷ 在 V 面的投影点 $7'$、$(8')$，并可以作得点 Ⅶ、Ⅷ 的 H 面投影 7、8，如图 3.36（c）所示。

（4）用光滑曲线连接各同面投影点。相贯线前后对称，V 面投影前后重合，以粗实线连接各投影点；相贯线的 H 面投影可见性的分界点为 9、10，所以相贯线段 10-8-6-2-5-7-9 以粗实线连接，其余各点以虚线连接。

注意：立体转向轮廓线画到相贯线处止；H 面投影 9、10 是根据相贯线 V 面投影作出后获得的转向分界点 $9'$、$10'$，然后再根据圆柱面取点投影特性求得 H 面投影 9、10。请读者自行分析为什么不能直接求得？

辅助球面法有时可以在一个投影时求解相贯线投影，如图 3.37 所示，具体作图如图

所示。分别作出特殊点Ⅰ、Ⅲ、Ⅴ、Ⅵ和一般
点Ⅱ、Ⅳ，再用光滑的曲线连接即为所求。

3.4.3 相贯线的变化趋势

3.4.3.1 圆柱与圆柱相贯线投影变化趋势

两圆柱垂直相贯时，相贯线的形状和位置
由其直径的相对大小和轴线的相对位置决定，
表3.3表明轴线垂直相交的两圆柱直径大小发
生相对变化时，相贯线的变化趋势；表3.4表
明轴线垂直的圆柱面相对位置变化时，相贯线
的变化趋势。

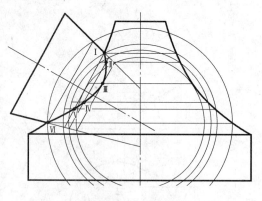

图3.37 辅助球面法求回转体相贯线

表3.3　　　　　　轴线垂直相交的两圆柱直径大小相对变化时对相贯线的影响

圆柱直径关系	水平圆柱直径较大	圆柱直径相等	水平圆柱直径较小
相贯线的特点	上下两条空间曲线	两个互相垂直的椭圆	左右两条空间曲线
投影图			

表3.4　　　　　　　轴线垂直圆柱体相贯的相对位置变化时对相贯线的影响

两圆柱直径的关系	两轴线垂直相交	全贯	互贯
相贯线的特点	上下两条前后对称的空间曲线	上下两条前后不对称的空间曲线	一条空间曲线
投影图			

3.4.3.2 圆柱与圆锥相贯线投影变化趋势

当圆柱与圆锥轴线垂直相交，圆柱直径发生变化时，相贯线的形状也会发生改变。表

124

表 3.5 列举了圆柱与圆锥轴线垂直相交时，圆柱直径变化对相贯线的影响。

表 3.5　　　　　圆柱与圆锥轴线垂直相交时，圆柱直径变化对相贯线的影响

圆柱直径变化情况	圆柱贯穿圆锥的投影图	圆柱与圆锥公切于球的投影图	圆锥贯穿圆柱的投影图
投影图			

3.4.3.3　特殊情况的相贯线

两曲面体相交时，相贯线一般是空间封闭曲线，但在特殊情况下，相贯线也可能是平面曲线或直线。

蒙日定理：若两个二次曲面（二次方程式）共切于第三个二次曲面，则它们的相贯线为两条平面曲线。下面结合蒙日定理，介绍一些相贯线为平面曲线或直线的情况。

1. 外切于同一球面的两个二次曲面立体的相贯线

（1）图 3.38 表示外切于同一球面的两个二次曲面（圆柱与圆柱、圆柱与圆锥）相交，它们的相贯线是平面曲线——椭圆，椭圆在其与两回转体轴线所平行的投影面上的投影为两相交直线。

（2）图 3.38（a）表示两个等径圆柱正交，两圆柱面外切于同一球面，它们的相贯线是两个大小相同、相互垂直的椭圆，椭圆所在的平面垂直于两圆柱体轴线所确定的平面，即相贯线 V 面投影积聚为两条成 90° 的相交直线；相贯线的 H 面投影是两椭圆，与竖直轴线圆柱的 H 面投影重影。

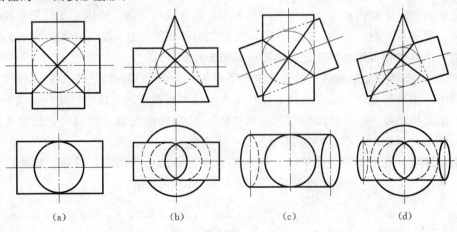

| (a) | (b) | (c) | (d) |

图 3.38　外切于同一球面的二次回转体相贯线

（3）图3.38（b）表示两个外切于同一球面的圆柱和圆锥正交相贯，其相贯线是两个相同的椭圆，相贯线 V 面投影为两圆柱、圆锥转向轮廓线交点的连线。

（4）图3.38（c）表示等径两圆柱斜交，两圆柱外切于同一球面，其相贯线是大小不等的椭圆，相贯线 V 面投影为两圆柱转向轮廓线交点的连线，相贯线的 H 面投影与竖直轴线圆柱的 H 面投影重影。

（5）图3.38（d）表示两个外切于同一球面的圆柱和圆锥斜交，其相贯线是两个大小不等椭圆，相贯线 V 面投影为圆柱、圆锥转向轮廓线交点的连线。

2. 共回转轴的回转体相贯线

同回转轴线的回转体发生相贯，其相贯线为和轴线垂直的圆，其投影通常保持原形或积聚成直线，如图3.39所示。

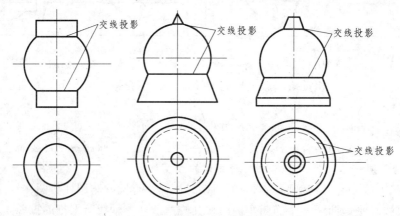

图3.39　共回转轴的回转体相贯线

3. 相贯线为直线的二次回转体相贯

两轴线平行的圆柱体相贯、共顶点的圆锥相贯，相贯线为直线，如图3.40所示。

3.4.4　相贯线的简化画法[1]

大多数情况下的相贯线是零件加工过程中自然形成的交线，所以在零件图上绘制相贯线实质上只起到示意的作用，因此在不影响加工的前提下，还可以采用简化画法表示相贯线。通常立体的相贯线可以简化成圆弧或直线。

如图3.41所示的两圆柱体轴线正交且平行于 V 面，两圆柱相贯线在 V 面的投影可以采取以下方法进行简化：用大圆柱半径长度为半径画圆弧来代替该相贯线，圆弧的圆心在小圆柱的对称轴线上，且该圆弧通过两圆柱体的 V 面转向轮廓线交点，并凸向大圆柱的轴线。其简化图作图过程如图3.41所示。

对于轴线垂直不相交，且平行于 V 面的两圆柱体的相贯情况，其相贯线可以简化为直线。如图3.42（a）的视图投影可以由图3.42（b）简化表达。

---

❶　GB/T 1667.5—1996《相贯线的简化画法与模糊画法》。

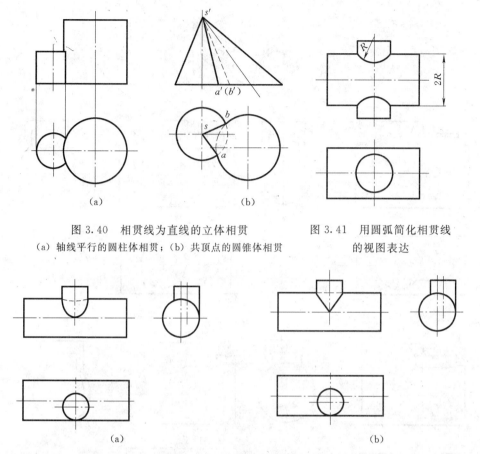

图 3.40　相贯线为直线的立体相贯
(a) 轴线平行的圆柱体相贯；(b) 共顶点的圆锥体相贯

图 3.41　用圆弧简化相贯线
的视图表达

图 3.42　用直线代替非圆相贯线
(a) 简化前；(b) 简化后

☆☆3.4.5　多立体相贯线

在机件上常常会出现多个立体相贯的情况，通常其相贯线相对复杂一些，但是可以把相贯线分成若干段由立体两两相交的相贯线段组成。因此，在确定多立体相贯线投影时，应首先分析多立体由哪些立体构成、彼此间的相对位置关系、哪些基本体存在两两相贯、相贯线的投影如何等内容，然后分段确定这些相贯线。

在画图过程中，应充分注意相贯线之间的连接点（即三面共点）投影，这些点是相贯线分段的关键点。下面结合举例来说明多立体相贯的情况。

【例 3.30】　请作图 3.43 (b) 所示的多立体相贯线投影。

分析：由图 3.43 (a) 可以看出，该立体由 I、II、III 三部分组合而成。其中 I、II、III 三个立体分别两两相交。圆柱体 I、II 的轴线垂直于 H 面，其外表面的 H 面投影具有积聚性，因此所有相贯线的 H 面投影都积聚在 I、II 在 H 面的投影上；另外圆柱体 III 的轴线垂直于 W 面，其外表面所有点的 W 面投影积聚成圆，因此立体 I 与 III 和 II 与 III 的相贯线，在 W 面的投影皆积聚为圆的一部分；由于立体 I、II 均铅垂布置，所以立体 I、II 相贯线的 H 面视图投影反映实形或积聚成点。

127

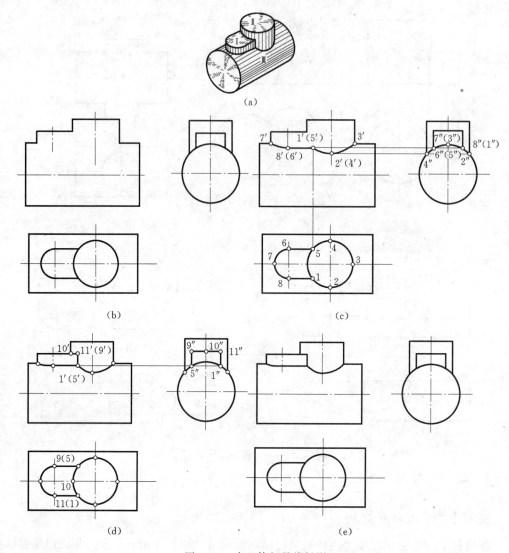

图 3.43 多立体相贯线投影

作图步骤：

（1）分别作立体Ⅰ与Ⅲ和立体Ⅱ与Ⅲ相贯线的投影，其图解过程如图 3.43（c）所示，关键是作 1→8 点的投影，然后把同面投影点连接起来。

（2）作立体Ⅰ、Ⅱ相贯线的投影，图解过程如图 3.43（d）所示，相贯线分为三段，分别是立体Ⅰ前后侧面与立体Ⅱ的交线，是两段直线段；另一段是立体Ⅰ的顶面与立体Ⅱ的交线，是一段圆弧。

（3）Ⅰ、Ⅴ两点同时位于立体Ⅰ、Ⅱ、Ⅲ的表面上，相贯线交汇于此点。

（4）多立体相贯线的最终结果如图 3.43（e）所示。

☆ 第 4 章 轴 测 图

轴测图是用平行投影法绘制的单面投影图样。它能同时反映物体三个方向的形状，因而具有较强的立体感，但其作图复杂，不能表示物体的真实形状，度量性也较差，因此在机械图样中只能作为辅助图样。轴测图通常多用于表达较复杂的空间结构、传动原理、空间管路的布置和机器设备的外形图或成品效果图等方面。

4.1 轴测图的基本知识和特性

4.1.1 轴测图的基本概念

轴测图是将物体连同其参考直角坐标系，沿不平行于任何坐标面的方向，用平行投影法将其投射在单一投影面上所得到的图形，如图 4.1 所示。该单一投影面即轴测投影面。

轴测轴（轴测投影轴）是立体上空间直角坐标轴 OX、OY、OZ 向轴测投影面投影所得到的轴测投影 O_1X_1、O_1Y_1、O_1Z_1。

轴间角是轴测轴间的夹角 $\angle X_1O_1Y_1$、$\angle Y_1O_1Z_1$、$\angle Z_1O_1X_1$。

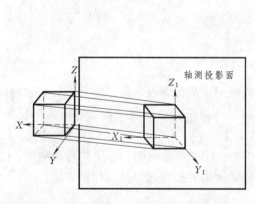

图 4.1　轴测图

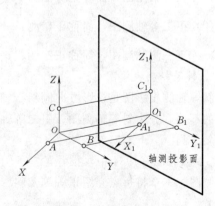

图 4.2　轴向伸缩系数

轴向伸缩系数是指轴测轴的单位长度与相应坐标轴上的单位长度的比值。由于空间直角坐标轴投影到轴测投影面时，其投影长度往往发生变化，说明空间直角坐标系中的空间坐标可因轴测视图投影发生变形，因此用轴向伸缩系数来衡量它们长度的变化情况。由图 4.2 可以知道，O_1X_1、O_1Y_1、O_1Z_1 三个轴测轴方向的轴向伸缩系数分别为：$p=O_1A_1/OA$，$q=O_1B_1/OB$、$r=O_1C_1/OC$。

因此，绘制轴测图时，先要确定轴间角和轴向伸缩系数，确定坐标系的轴测投影，再根据物体在坐标系中坐标位置，沿平行于相应轴的方向测量物体上各边、各点、各轮廓的确定位置。

4.1.2 轴测图的特性

由于轴测图是用平行投影法获得的，因此，它具有平行投影的投影特性。

（1）物体上互相平行的线段，在轴测图上仍互相平行。

（2）物体上两平行线段或同一直线上两线段，其长度比在轴测图上保持不变。

（3）物体上平行于轴测投影面的直线和平面，在轴测图上反映实长和实形。

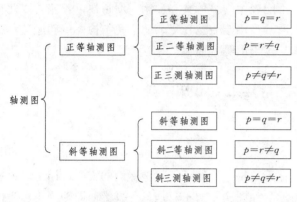

图 4.3　轴测图的分类

4.1.3 轴测图的分类

按投射方向与轴测投影平影法，轴测图可分为正等轴测图和斜等轴测图，其分类如图 4.3 所示。

1. 正等轴测投影图

正等轴测投影图是投影方向上垂直于轴测投影面的轴测投影图。正轴测图按其轴间角和轴向伸缩系数的不同分为正等轴测图、正二等轴测图和正三测轴测图等轴测图。一般来说，正等轴测图、正二等轴测图较为常见，简称正等测、正二测。

（1）正等轴测图，简称正等测：$p=q=r$。

（2）正二等轴测图，简称正二测：一般采用 $p=r$，$q=\dfrac{1}{2}p$。

（3）正三测轴测图，简称正三测：$p\neq q\neq r$。

2. 斜等轴测投影图

斜等轴测投影图是投影方向倾斜于轴测投影面的轴测投影图。按其轴间角和轴向伸缩系数的不同，分为斜等轴测图、斜二等轴测图和斜三测轴测图。斜二等轴测图较为常见，简称斜二测。

GB 4458.3—1984 中，推荐了三种轴测图：①正等轴测图；②正二等轴测图；③斜二等轴测图。本章将重点介绍正等测及斜二等轴测图的投影知识及其作图方法。

4.2 正 等 轴 测 图

4.2.1 正等轴测图的形成及其轴间角和轴向伸缩系数

当物体上的三根直角坐标轴与轴测投影面的倾角相等时，根据正投影法所得到的图形，称为正等轴测图。

（1）正等轴测图的投射（影）方向垂直于轴测投影面。

(2) 空间三个坐标轴均与轴测投影面倾斜 $35°16'$。

(3) 三轴间角相等：即 $\angle X_1 O_1 Y_1 = \angle Y_1 O_1 Z_1 = \angle Z_1 O_1 X_1 = 120°$，如图 4.4 所示。

(4) 沿三个轴测轴，轴向伸缩系数也相等，即 $p = q = r = 0.82$。

作图方法：

(1) 通常将 $O_1 Z_1$ 轴画成铅垂线。

(2) $O_1 Y_1$ 轴与水平线成 $30°$ 角。

(3) 为作图方便，GB 4458.3—1984 规定可以简化变形系数为 "1"，代替理论变形系数 0.82，也就是说，凡是平行于坐标轴的尺寸，均按原尺寸画出。这样画出的轴测图，比按理论变形系数画出的轴测图放大 $1/0.82 = 1.22$ 倍，但对物体形状的表达没有影响，所以今后在画正等轴测图时，如不特别指明，均按简化的变形系数作图。

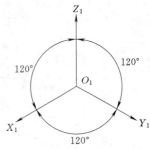

图 4.4　正等轴测图的轴间角

4.2.2　平面立体正等轴测图画法

绘制平面立体正等轴测图的方法，有坐标法和方箱法两种。

1. 坐标法

根据物体的特点，选定合适的坐标轴，然后按照物体各顶点的坐标关系画出其轴测投影，连接形成物体的轴测图。坐标法是绘制轴测图的基本方法。

2. 方箱法

适用于带切口的平面立体，它以坐标法为基础，先用坐标法画出完整平面立体的轴测图，然后用切割方法逐步画出各个切口部分。

这两种方法不但适用于平面立体，而且适用于曲面立体；不但适用于正等轴测图，而且适用于其他轴测图。

【例 4.1】　如图 4.5（a）所示，根据正六棱柱的投影图，画出正六棱柱的正等轴测图。

作图方法：

(1) 在投影图上选定坐标原点和直角坐标轴，并画出轴测轴，如图 4.5（a）所示。

(2) 根据顶面各点坐标，在 $X_1 O_1 Y_1$ 坐标面上定出顶面 1_1、2_1、3_1、4_1、5_1、6_1 点的位置，如图 4.5（b）所示。

(3) 连接上述各点得出顶面投影，由各顶点向下作 Z_1 轴的平行线，并根据六棱柱高度，在平行线上截得棱线长度，同时也定出了底面各可见点的位置（轴测图一般不画不可见部分轮廓），如图 4.5（c）所示。

(4) 连接底面各点，得出底面投影，整理加深，完成作图。如图 4.5（d）所示。

【例 4.2】　作出图 4.6（a）所示立体的正等轴测图。

分析：从所示投影图分析可知，该立体是由切去左上方的四棱柱、右前方的三棱柱和左下端方槽后形成的。绘图时先用坐标法画出长方形箱体，然后逐步切去各个部分。

作图方法：

(1) 建立空间坐标系，如图 4.6（b）所示。

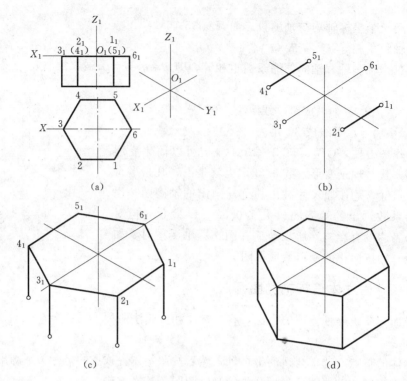

图 4.5　坐标法画平面立体正等轴测图

(a) 选坐标，画轴测图；(b) 定顶面各点位置；(c) 画顶面，画棱线，
定底面各点位置；(d) 画底面，描绘全图

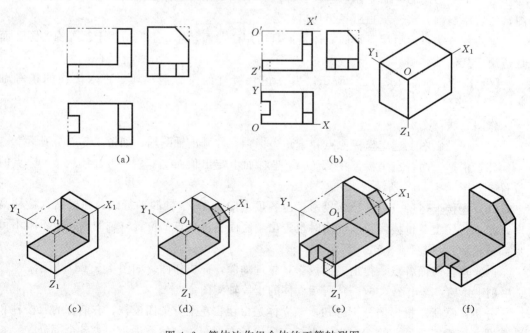

图 4.6　箱体法作组合体的正等轴测图

(a) 已知条件；(b) 建立投影坐标系并作外框箱体投影；(c) 切除上部Ⅰ；
(d) 切除右前部Ⅱ；(e) 切除左端部Ⅲ；(f) 完成成果

（2）作外框箱体的轴测投影图，如图4.6（b）所示。

（3）切除上部四棱柱Ⅰ，如图4.6（c）所示。

（4）切除右前部三棱柱Ⅱ，如图4.6（d）所示。

（5）切除左端部四棱柱Ⅲ，如图4.6（e）所示。

（6）整理并判定轴测图轮廓的可见性，完成成果即为所求，如图4.6（f）所示。

4.2.3　曲面立体正等轴测图画法

1. 平行于坐标面的圆的正等轴测图

在正等轴测图中，由于空间各坐标面对轴测投影面的位置均倾斜，且倾角均相等，所以在各坐标面上的直径相同的圆，其轴测投影均为长、短轴大小相等的椭圆。图4.7所示图样是与XOY、XOZ和YOZ三个坐标面平行的平面上的圆的正等轴测投影。这三个圆可视为处于立方体的三个正交方位的表面上，对该图分析后，得出如下结论。

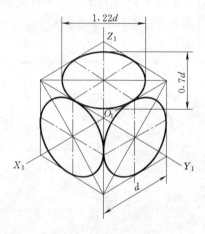

（1）直径相同、平行坐标面的圆的正等轴测椭圆的形状和大小完全相同。

（2）椭圆的方位因不同的坐标面而不同，其中椭圆的长轴垂直于与圆平面相垂直的坐标轴的轴测投影（轴测轴），而短轴则平行于这条轴测轴。如平行于XOY坐标面的圆的正等测椭圆的长轴垂直于Z_1轴，短轴则与Z_1轴平行。

（3）椭圆长轴是圆内平行于轴测投影面的直径在同名投影面上的轴测投影。因此在采用变形系数0.82作图时，椭圆长轴大小为d，短轴大小为$0.58d$。采用简化作图时，因整个轴测图放大了约1.22倍，所以椭圆长短轴也相应放大1.22倍，即长轴为$1.22d$，短轴为$0.71d$。

图4.7　平行于坐标面的圆的正等轴测图

（4）正等轴测图中，椭圆长、短轴端点的连线与长轴约为30°角。因此已知长轴的大小，即可求出短轴的近似大小；反之亦然，椭圆轮廓近似内切于正四菱形。

绘图时，为简化作图，通常采用四段圆弧连接，近似替代椭圆的作图方法，如图4.8所示。

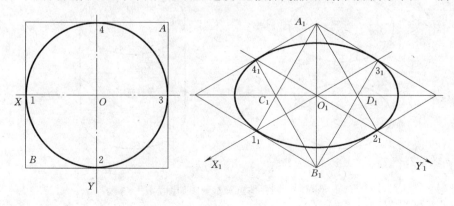

图4.8　平行于坐标面的圆的正等轴测图——近似椭圆的画法

作图步骤：

（1）定坐标系，做圆的外切正方形 1234 正等测，近似为正四菱形，该菱形外切于椭圆。

（2）作正方形上点 1、2、3、4 轴测投影 1_1、2_1、3_1、4_1。

（3）连线 $A_1 1_1$、$A_1 2_1$、$B_1 3_1$、$B_1 4_1$，对应直线交点为 C_1、D_1。

（4）以点 A_1、B_1 为圆心，$A_1 1_1$ 长为半径作圆弧，以点 C_1、D_1 为圆心，$C_1 1_1$ 长为半径作圆弧。

（5）四段圆弧相切相衔接，近似椭圆画法。

2. 基本回转体正等轴测图画法

基本回转体的正等测关键在于其截面轮廓圆的正等轴测图。如图 4.9 所示圆柱体，其轴线为铅垂线，关键作出顶圆、底圆处水平圆的正等轴测图。首先选定坐标系，可取顶圆的圆心为原点，并确定坐标轴的投影，如图 4.9（a）所示；用近似法作出顶圆的轴测投影，如图 4.9（b）所示；并将该椭圆各段圆弧段沿 Z_1 轴向下平移一个柱高的距离，就可得到该圆柱底圆的正等测椭圆，如图 4.9（c）所示；最后判别可见性后，加粗可见轮廓得到最后成果，如图 4.9（d）所示。

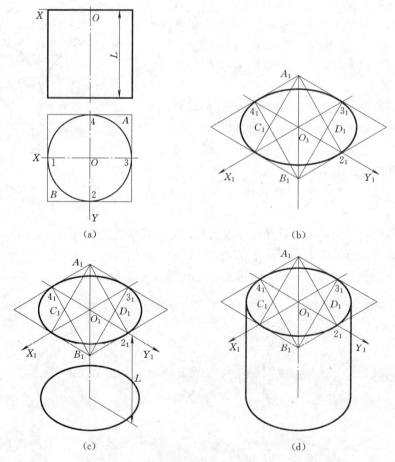

（a）　　　　　　　　　　　　　　　　（b）

（c）　　　　　　　　　　　　　　　　（d）

图 4.9　圆柱体正等轴测图作图方法

其他曲面立体的曲线轮廓，可在曲线上定出各点的坐标，逐点作出其轴测投影，然后光滑连接，得到其近似的轴测投影图。

【例 4.3】 作出如图 4.10（a）所示带圆角柱体的正等轴测图。

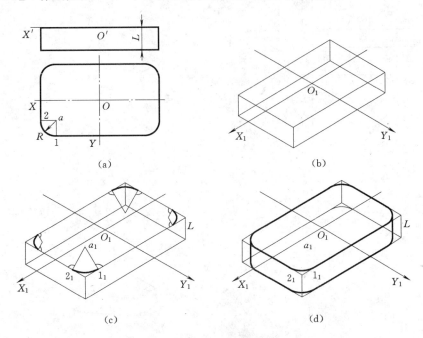

图 4.10　圆角的轴测投影图

分析：由于柱体上项面四个角处存在 1/4 圆角，先以方角代替圆角，作出长方体的正等测；参照图 4.8 的作图方法，即对于上顶面的四段圆弧采用简化作图法按圆弧分段作出；最后判别可见性后，加粗可见轮廓得到最后成果。

作图方法：

（1）确定以上顶面中心为原点，建立直角坐标系，如图 4.10（a）所示。

（2）暂时忽略圆角，作出长方体正等测，如图 4.10（b）所示。

（3）作上顶面圆角的正等测椭圆弧：即分别在上顶面的正等测上找到距直角为 R 的圆角切点 1_1、2_1，过点 1_1、2_1 作垂直线，得到两垂直线的交点即为圆角圆心 A 的正等测 A_1，再以点 A_1 为圆心、$A_1 1_1$ 长度为半径作圆弧，如图 4.10（c）所示。

（4）把上顶面铅直向下平移 L 单位，得到下底面的正等测，如图 4.10（c）所示。

（5）最后判别可见性后，加粗可见轮廓得到轴测图，如图 4.10（d）所示。

4.2.4　组合体正等轴测图画法

作组合体正等轴测图时，应运用形体分析的方法将物体分成几个简单的形体，然后按照各部分的位置关系分别画出它们的轴测图，并根据彼此表面的过渡关系形成轴测图轮廓。难点：作图过程中各组成部分的结合关系。

【例 4.4】 作出如图 4.11（a）所示组合体的正等轴测图。

分析：按照形体分析法，所示的物体可以分解成上、下两部分。按照它们的相对位置

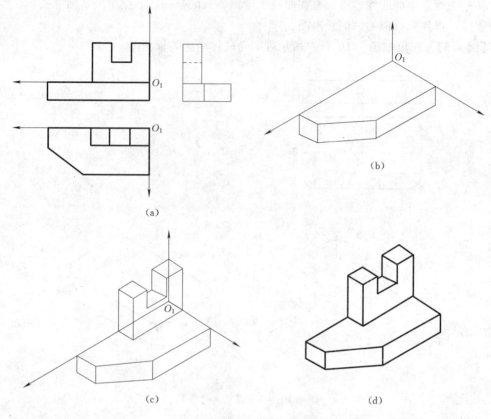

图 4.11　支架的正等测图

分别画出它们的轴测图，并擦去多余的线，即可得到物体的轴测图。

注意：作图过程中，在画出一形体后，应采用坐标法定出其与前一个形体的相对位置，如在画上面的槽形板时，应该使该板后端右下方的角点与下板上方的角点重合。

作图方法：

（1）确定坐标系，如图 4.11（a）所示。

（2）采用箱体作图法，作出组合体下部形体的正等测，如图 4.11（b）所示。

（3）以 O_1 为参考位置，作出组合体上部形体的正等测，如图 4.11（c）所示。

（4）判定上、下两部分表面的过渡关系，形成轴测图轮廓，如图 4.11（d）所示。

4.3　斜二等轴测图（斜二测）

将物体的直角坐标系，用倾斜投影的方法，投射到与 XOZ 坐标面平行的轴测投影面上，所得到的轴测投影图称为斜二测轴测图。由于 XOZ 坐标面平行于轴测投影面，所以轴测轴 O_1X_1 和 O_1Z_1 仍分别为水平方向和铅垂方向，其伸缩系数不变形仍为 $p=r=1$；由于是倾斜投影，所以轴测轴 O_1Y_1 与水平线成 $45°$ 方向，其伸缩系数为 $q=0.5$。

斜二测中的轴测轴位置如图 4.12 所示，由于斜二测中 XOZ 坐标面平行于轴测投影面，所以物体上平行于该坐标面的图形均反映实形，不变形。因此应尽量使图形上的圆或圆弧或曲线较多的形面与投影面平行，作图时就很方便。当物体仅在某一方向上有圆或圆弧时，常采用斜二测绘制轴测图。下面结合题例进行斜二测作图方法的介绍。

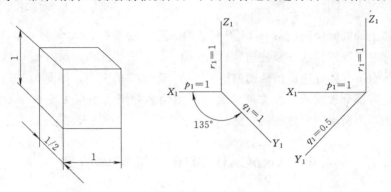

图 4.12　斜二测的轴测轴

【例 4.5】　作出如图 4.13（a）所示的组合体的斜二测。

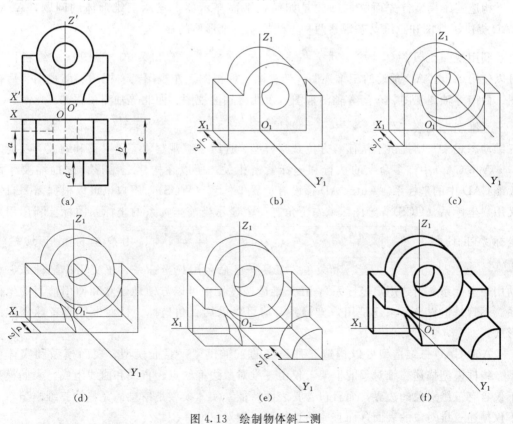

图 4.13　绘制物体斜二测

分析：由于图示组合体基本形状为柱体，尽管与 XOZ 平面平行的截面形状以圆为主，但由于其斜二测保持原形，所以绘制过程没有太多困难，其作图方法和步骤与绘制物体正等测基本相同。

作图方法：

（1）以 O 为坐标原点，建立坐标系，如图 4.13（a）所示。

（2）绘制 XOZ 面、形体最后面轮廓的斜二测，并向前沿 O_1Y_1 平移 $c/2$，如图 4.13（b）所示。

（3）形体上部圆筒面向后沿 O_1Y_1 有 $b/2$ 的沉陷，如图 4.13（c）所示。

（4）形体左下部四分这一圆柱面向后沿 O_1Y_1 有 $a/2$ 的沉陷，如图 4.13（d）所示。

（5）形体右下部四分这一圆柱面向前沿 O_1Y_1 有 $d/2$ 的突出，如图 4.13（e）所示。

（6）判定各部分表面的过渡关系形成轴测图轮廓并掩去不可见轮廓，如图 4.13（f）所示，该视图即为所求的形体的斜二测。

4.4 AutoCAD 2010 三维实体造型

4.4.1 三维造型概述

构造三维模型首先面临的问题是如何在平面显示器上显示三维形体的问题，Auto-CAD 提供了视图和三维动态观察两种方法控制三维形体的显示。

利用视图工具栏 和菜单"视图→三维视图"，可以使用 AutoCAD 预设的三维视图：俯视图、仰视图、左视图、右视图、前视图、后视图、西南等轴测视图、东南等轴测视图、东北等轴测视图、西北等轴测视图等。

三维动态观察工具栏 和菜单"视图→三维动态观察"则提供了从任意方位观察模型、连续三维观察、三维平移和缩放等功能。

AutoCAD 中许多命令的执行和坐标紧密相关，所以在构建三维形体之前需要了解 AutoCAD 中的坐标系。AutoCAD 预设有世界坐标系（WCS），用户也可以根据需要自定义用户坐标系（UCS）。绘图区域左下角有一个显示当前坐标系的坐标系图标。利用用户坐标系工具栏 、用户坐标系工具栏 II 和菜单"工具→已命名用户坐标系、正交用户坐标系、移动用户坐标系、新建用户坐标系"，在三维造型过程中可以方便地建立和使用恰当的坐标系。不管是世界坐标系还是用户坐标系，均可以采用直角坐标、柱面坐标或者球坐标的形式。

AutoCAD 三维造型可以构造三种类型的三维模型：线框模型、表面模型和实体模型。线框模型描述三维对象的框架，仅由三维对象边框的点、直线和曲线组成。表面模型不仅含有三维对象的边界，而且包含其表面特征。实体模型是信息最完整的三维模型，它不仅描述三维对象的表面，而且完整地描述三维对象的体积特征。

线框模型可以使用二维绘图命令来建立，运行命令时输入空间点的三维坐标即可，也可以使用三维多段线命令 3Dpoly（菜单"绘制→三维多段线"）。

表面模型可以利用表面工具栏 或

者菜单"绘制→表面"来建立。

实体模型可以利用实体工具栏 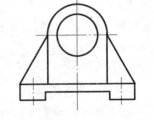 或者菜单"绘制→实体"来建立。

利用实体编辑工具栏 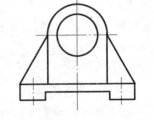 和菜单"修改→三维操作、实体编辑",可以实现对三维形体的修改以及构造复杂的三维形体。

不管是线框模型、表面模型还是实体模型,AutoCAD 总是默认采用线框表现。为了使三维模型的显示更加具有立体感,可以利用着色工具栏 、渲染工具栏 或者菜单"视图→消隐、着色、渲染"实现提供消隐、着色、渲染等功能。

4.4.2 三维造型实例

下面以绘制图 4.14 所示轴承座的三维模型为例说明构建三维模型的方法和步骤。

首先打开视图工具栏,选择西北等轴测视图 。

Command：_ box（构造长方体）

Specify corner of box or ［CEnter］＜0，0，0＞：（输入长方体的一个顶点的坐标）

Specify corner or ［Cube/Length］：1（指定长方体的尺寸）

Specify length：180

Specify width：120

Specify height：25

Command：_ cylinder（构造圆柱体）

Current wire frame density：ISOLINES ＝4

图 4.14 轴承座视图

Specify center point for base of cylinder or ［Elliptical］＜0，0，0＞：20，20，0（输入端面圆心坐标）

Specify radius for base of cylinder or ［Diameter］：15（输入圆柱半径）

Specify height of cylinder or ［Center of other end］：25（输入圆柱高度）

Command：_ 3darray（菜单"修改→三维操作→三维阵列"）

Select objects：1 found（选择圆柱体）

Enter the type of array ［Rectangular/Polar］＜R＞：（矩形阵列）

Enter the number of rows（– – –）＜1＞：2（输入行数）

Enter the number of columns（｜｜｜）＜1＞：2（输入列数）

Enter the number of levels（...）＜1＞：（输入层数）

Specify the distance between rows（– – –）：80（输入行距）

Specify the distance between columns（｜｜｜）：140（输入列距）

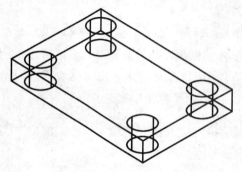 Command：_ subtract Select solids and regions to subtract from ..（差集）

Select objects：1 found（选择长方体）

Select objects：（回车结束选择被减形体）

Select solids and regions to subtract ..

Select objects：1 found

Select objects：1 found，2 total

Select objects：1 found，3 total

Select objects：1 found，4 total（分别选择4 个圆柱体）

Select objects：（回车结束选择减去形体并结束命令）

图 4.15　轴承座底板三维视图

此时可以得到如图 4.15 所示的结果，为得到较好的显示效果，可以采用消隐命令 ⬠ 并进行三维动态观察 ✎。

使用构造长方体和差集命令，可以类似地完成底板上开槽的任务。而构造长方体、圆柱体之后使用并集命令 ⬤，可以完成轴承座主体的构造。轴承孔的构造则由构造圆柱体和差集命令完成。

🗒 Command：_ wedge（构造楔体）

Specify first corner of wedge or ［CEnter］＜0，0，0＞：135，52，25（输入楔体一个顶点的坐标）

Specify corner or ［Cube/Length］：1（输入楔体尺寸）

Specify length：45

Specify width：16

Specify height：75

Command：_ mirror3d（菜单"修改→三维操作→三维镜像"）

Select objects：1 found（选择刚才构造的楔体）

Select objects：（回车结束选择形体）

Specify first point of mirror plane（3 points）or

［Object/Last/Zaxis/View/XY/YZ/ZX/3points］ ＜ 3points ＞： Specify second point on

mirror plane：Specify third point on mirror plane：（选择轴承座对称平面上的三个点作为镜像平面）

Delete source objects? ［Yes/No］＜N＞：（回车接受默认选项不删除原图形并结束命令）

用并集命令将这两个楔体和之前构造的形体合并后，可以得到如图 4.16 所示的结果。

🗒 Command：_ slice（剖切命令）

Select objects：1 found（选择刚才构造的形体）

140

Select objects：（回车结束选择）

Specify first point on slicing plane by ［Object/Zaxis/View/XY/YZ/ZX/3points］＜
3points＞：45，0，25

Specify second point on plane：135，0，25

Specify third point on plane：90，30，145（输入剖切面的三个点的坐标以确定剖
切面）

Specify a point on desired side of the plane or ［keep Both sides］：（用鼠标选择需要切
除的部分）

在另一侧重复剖切命令，就可以得到图 4.17 所示的结果。

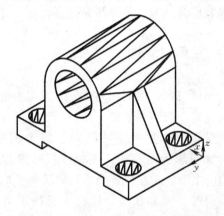 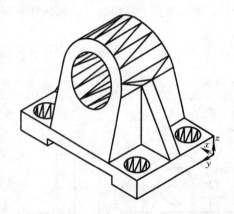

图 4.16　轴承座三维立体（一）　　　　　图 4.17　轴承座三维立体（二）

第5章 组合体视图

绘制形体投影图时，采取正投影法获得的形体投影图形称为三视图。任何复杂的机器零件，从几何形体的角度看，都可以由一些简单的基本几何体按一定的关系组成的，称为组合体。本章主要介绍组合体的画图和看图，以及组合体的尺寸标注等内容。

5.1 组合体的基本特性

通常视图主要用来表达形体的形状、结构。形体与视图间的距离远近对视图表达的内容没有影响，所以绘制视图时投影轴和投影间的连线一般不再绘制。以图5.1为例，其 V 面投影称为主视图，H 面投影为俯视图，W 面投影为左视图。主视图反映形体和结构的上下、左右位置关系，即反映了形体和结构的高度和长度；俯视图反映了形体左右、前后的位置关系，即反映了形体和结构的长度和宽度；左视图反映了形体上下、前后的位置关系，即反映了形体和结构的高度和宽度。其中各视图之间存在以下对应特征：主、俯视图——长对正；主、左视图——高平齐；俯、左视图——宽相等。

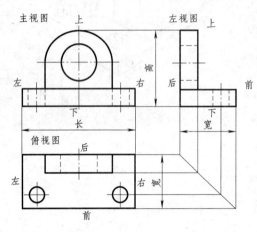

图 5.1 组合体视图

"长对正、高平齐、宽相等"是组合体视图绘制和阅读必须遵循的最基本投影规律。应用这个规律，可以分析形体的上、下、左、右、前、后六个方位与视图投影的相互关系。如俯视图的上部和左视图的左部轮廓都反映形体的后部空间轮廓，俯视图的下部和左视图右部轮廓都反映形体的前部轮廓。

5.2 组合体的形成方式和其表面间的过渡关系

5.2.1 组合方式

组合体一般由若干基本体（柱、锥、球、环等）按一定的相对位置经过叠加或截割或既叠加又截割等复合方式组成的。

（1）叠加体是由两个或两个以上基本体叠加而成的组合体，如图5.2（a）所示，该形体由长方体 1、圆柱体 2、圆台体 3 叠加而成。

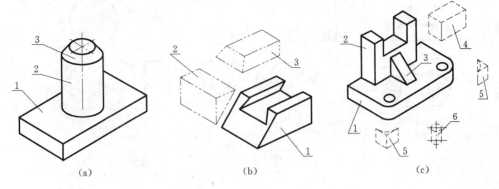

图 5.2　组合体的组合方式

（2）截切体是由一个或多个截平面形成基本体截割，使之变为较复杂的形体，如图 5.2（b）所示，该形体由长方体 1 通过截割三棱柱 2 和四棱柱 3 后形成。

（3）综合叠加、截切方法复合形成组合体。工程中往往是同一物体既有叠加又有截割复合而成，如图 5.2（c）所示，该形体先由柱体 1、2、3 叠加后，截切实体 4、5、6 后形成。

当然，在组合体叠加和截割过程中应符合工程实际，如图 5.3 所示，组合而成的立体构成悬线、悬面等情况则是无效的立体。

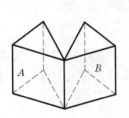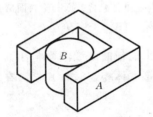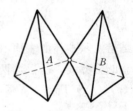

图 5.3　组合体的无效构形

5.2.2　组合体表面间过渡关系

组合体各基本体之间存在一定的相对位置关系并按一定的方式过渡连接。过渡连接形式可归纳为相交、共面和相切三种情况。

1. 相交

相交是指基本体表面彼此相交，表面相交处的交线是它们的表面分界线。视图相应位置处应画出交线的投影。图 5.4 是平面立体与曲面立体相交；图 5.5 是曲面立体与曲面立体相交。

2. 共面

两基本体的两个平面互相平齐地连接成一个平面，则它们在连接处是共面关系，而不再存在分界线（如图 5.6 所示，共面与不共面的对比），因此在画出它的视图时，该处应不存在分界线。

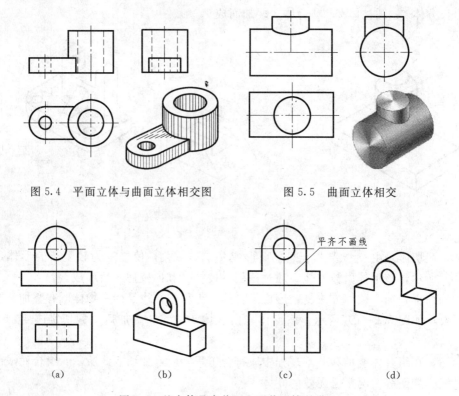

图 5.4 平面立体与曲面立体相交图 图 5.5 曲面立体相交

平齐不画线

(a) (b) (c) (d)

图 5.6 基本体叠合共面和不共面情况对比

3. 相切

相切是指两基本体的表面（平面与曲面或曲面与曲面）在某处的连接是光滑过渡的，不存在明显的分界线。所以当两基本体相切时，其投影在相切处规定不画分界线的投影。如图 5.7（a）、（b）所示。

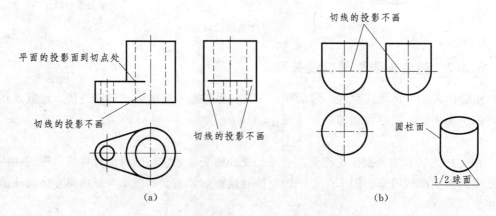

图 5.7 相切处切线的投影不画

注：当与曲面相切的平面，或两曲面的公切面垂直于投影面时，在该投影面上的投影要画出相切处的转向投影轮廓线，如图 5.8 所示。

144

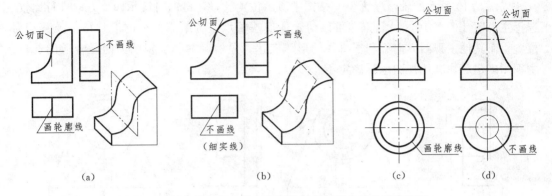

图 5.8　基本体相切的转向轮廓线投影仍需作出的特殊情况

5.3　组合体视图的绘制

下面结合具体实例，简述如何根据组合体实物或立体视图进行绘图的方法和步骤。

5.3.1　以叠加为主的组合体绘图方法和步骤

绘制此类组合体的视图通常采取形体分析法进行形体和结构分析。形体分析法是指将组合体分解为若干个基本体，并分析其相对位置及表面连接关系等，从而获得整个形体完整形状和结构的一种方法。

现以图 5.9 所示的轴承座为例说明绘图过程。

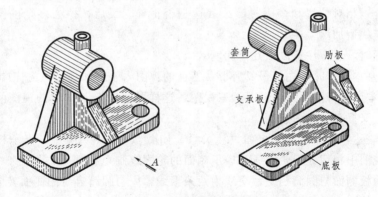

图 5.9　轴承座的形体分析

（1）形体分析。应用形体分析法可将轴承座分解为四部分：套筒、底板、支承板和肋板。其中，底板、支承板和肋板三部分左、右对称叠加在一起；支承板与底板后面共面；支承板与套筒表面光滑相切；肋板与套筒相贯，表面应有相贯线。

（2）选择主视图。主视图主要由组合体的安放状态和投影方向两个因素确定。其中安放状态由制图方便与否和形体放置稳定等来确定；投影方向应选择较多地表达组合体的形体、结构特征及各组成部件间的相对位置关系的方向，并使视图中不可见形体及结构特征尽量较少。

以图 5.10 所示的轴承座为例,按图中所示位置放置,可以对所示四个方向进行比较。选择主视图［图 5.10 (b)］方向可以清楚地反映轴承座各组成部分的形状特征及其相对位置,而其他主视图方向不利于机件的形体表达,显然,选择主视图方向是合适的选择。主视图确定后,其他视图也就确定了。

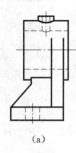 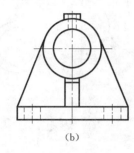 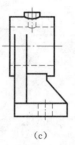 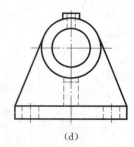

(a)　　　　　　　(b)　　　　　　　(c)　　　　　　　(d)

图 5.10　选择主视图

(3) 视图布局。视图布局就是根据各视图的最大轮廓尺寸,标注需要和必要的视图间隔等因素,选择适当的比例和图纸幅面,在图纸上均匀地布置这些视图。一般选择中心线、对称轴线以及形体的底面或端面作为进一步绘图的基准线。

(4) 绘图。结合形体分析,从主要形体着手,并参照各组成形体之间的相互位置,逐个绘制各基本体的视图和相互组成结构。绘图的一般顺序是:先主后次,先大后小,先整体后细节,先画主要轮廓再画细小结构的顺序进行。具体绘图过程参见图 5.11。

(5) 检查、加深。在完成底稿后,按照形体、画图顺序和投影规律仔细检查,修改错误或不妥之处(不能多线、漏线)。检查过程中,仍应使用形体分析法逐一分析各形体的投影是否齐全、相对位置和表面过渡线表达是否正确。最后,擦去多余的图线,标注尺寸,并按规定线型加深。

制图过程时,还应注意以下几个问题。

1) 画各基本形体时,先从最具有形状特征的视图入手,如柱体应先作端面视图。

2) 画基本形体视图时,可同时画三视图,这样既能确定基本体的视图间的相互位置和投影关系,又提高了绘图速度。

3) 正确表达各形体之间的表面过渡关系。如图 5.11 (d) 所示,支承板侧面与圆筒相切,其左视图中相切处无轮廓线,表示侧面的轮廓线画至相切处;如图 5.11 (e) 所示左视图中,肋板侧面与圆筒相交,交线为两条素线;应与圆筒自身的侧面转向轮廓线区分开来,并且实体已交融,圆筒的该部位转向轮廓线不存在。

5.3.2　以截割为主的组合体绘图方法和步骤

根据前面章节中介绍的平面投影特性,一个平面在各个投影面的投影,除了有积聚性的投影外,其他投影都表现为与原形形状相类似的一个封闭平面图形。作图时,利用这一规律,重点研究不易表达清楚的局部形状和结构,分析和检查视图投影间的图线、形面、形状、表面过渡关系及其空间相对位置等内在投影关系,以获得整个形体的完整形状和结构,这种方法叫做线面分析法。

146

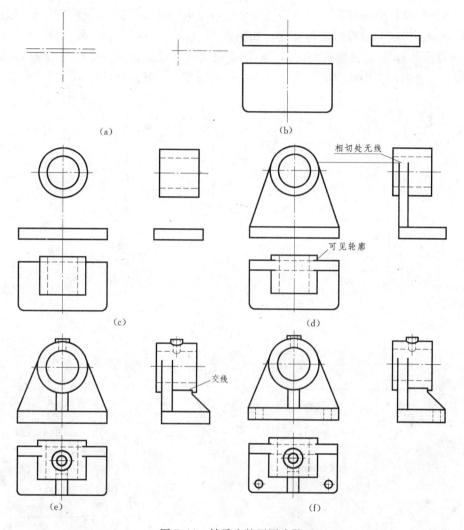

图 5.11 轴承座的画图步骤

(a) 画底板的基准线；(b) 画底板的三视图；(c) 画圆筒的三视图；(d) 画支撑板的三视图；
(e) 画凸台和肋板的三视图；(f) 画底板上的圆角和圆柱孔校核并加深

图 5.12 所示为楔块，可以看作是该形体由四棱柱 I 截切形体 II、III、III、IV、V 后形成。该形体的特点是截切斜面比较多，显然这部分难以直接按形体结构进行制图，通常采用线面分析法进行制图。

图 5.13 (a) ~ (d) 示出了该楔块的制图步骤。作图时应注意以下问题。

(1) 制图时应先绘出反映其形状特征的视图。例如，图 5.13 (b) 中，被切去形体 II 后的形体视图，应先从 V 面视图开始。

(2) 切割为主的组合体斜面比较多，作图时，除

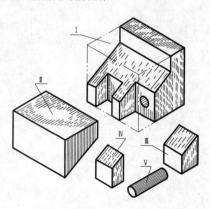

图 5.12 切割式组合体的形体分析

147

了对物体进行形体分析外，还应对一些主要的斜面进行线面分析，以便视图交互印证，实现对复杂局部形状和结构的正确表达。如图 5.13（c）、（d）所示，截去Ⅲ、Ⅳ后，面 Q 的 H 面投影 q 与 W 面投影 q'' 为类似形，V 面投影积聚成直线。要先作面 Q 的 H 面和 W 面投影，三者间内在线面视图关系有助于我们制图准确、便捷地进行。

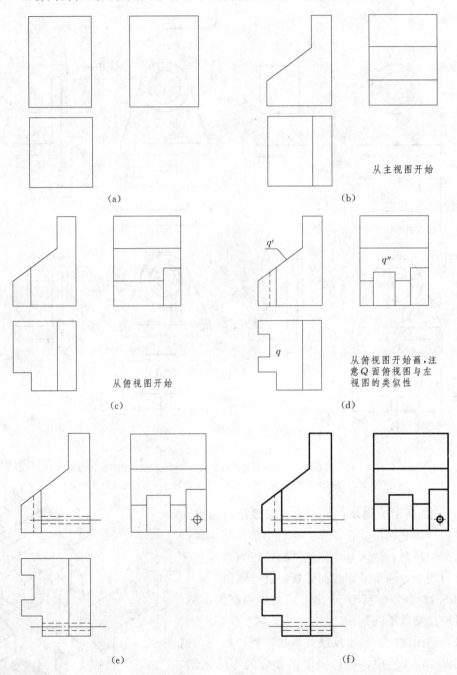

图 5.13　楔块的画图步骤

（a）画长方体Ⅰ；（b）切去形体Ⅱ；（c）切去形体Ⅲ；（d）切去形体Ⅳ；（e）钻孔Ⅴ；（f）检查后加深

148

5.4 读组合体视图

根据组合体的视图，想象出形体的空间形状和内部结构的过程称为读图。组合体视图的阅读，常用的方法是形体分析法，对于复杂局部形状和结构应结合线面分析法进行印证、辨判，两者结合，相辅相成。

下面结合不同类型组合体的读图实例介绍两种读图分析方法，逐步培养丰富的空间想象能力。本小节除介绍阅读组合体视图的基本方法外，还介绍由组合体两视图作第三视图的方法。

5.4.1 以叠加为主的组合体视图阅读

此类组合体的画图和读图常采用形体分析法。读图是在视图上进行形体图形分析。首先将一个视图按照轮廓线分界区分割成几个封闭线框图形，并初步确定它们是哪些简单形体表面的投影；然后按照视图规律找出与它们相对应的其他视图，分别构想出各简单形体的形状和形体构造；同时，根据图形特点及轮廓分界线等特征，分析出各简单形体间的相对位置及叠合、切割等组合方式，最后综合想象出整体形状。

具体读图步骤如下。

（1）看大体，分形体。先大体看一下各个视图，确定其中一个视图，在该视图上划分若干简单的线框。通常情况总是从主视图入手，从较大的线框开始。

（2）对视图，想形状。根据视图关系（借助三角板、圆规等制图工具），逐个找到划分的简单线框形面对应的其他视图，并根据找到的三视图构想其形状。这一过程应按以下原则进行："先看主要部分，后看次要部分；先看容易确定的部分，后看难确定的部分；先看组成部分的整体，后看细节部分的形状。"

（3）合起来，想整体。在看清每个组成机件的基础上，再根据整体的三视图，找出它们之间的相对应的位置关系和轮廓分界线的特征，逐渐想出整体的形状和形体构造。

如图 5.14 所示支架，由其主视图入手，大体可以把主视图分成三个部分：上部圆线框、下部长方形线框、中部竖线连接框。为了确定它们可能的形体，必须确定这三部分对应的视图。利用"高平齐、长对正"的视图特性，其中上部圆线框对应的 W 面投影是方线框，根据基本体的视图特性可以确定该部分大体形体是圆柱体，结合其内部虚线的视图特征，则上部是一中间存在沉孔的圆筒；由于主视图中下部呈长方形线框轮廓，左视图的下部也呈现长方线框轮廓，因此该部分形体可以确定是一柱体，即以 H 面投影为端面的柱体，并且下部形体上存在两只左右对称的通

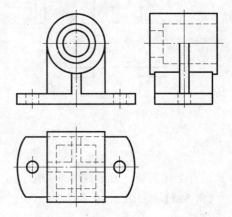

图 5.14 支架

孔；支架的中间部分，利用"高平齐、长对正"的方法，可以确定其对应的视图，据此可

以分析出它是十字肋板，是上部、下部两形体的连接支撑部件，其与上部、下部连接关系是相贯叠加。这样，支架主体的形状和构造也就清楚了。

【例 5.1】 看懂所给视图，构思轴承座形状 ［图 5.15 （a）］。

分析：

（1）从主视图入手，将其分为Ⅰ、Ⅱ、Ⅲ、Ⅳ四部分，其中Ⅱ、Ⅳ为两对称形体，择其一分析。

（2）形体Ⅰ：对照俯视图、左视图，确定其对应的三视图，由此可知道其 V 面视图反映形体的特征轮廓，是一柱体，结合其上矩形小方框的三视图，可想象出上部是挖去了一个半圆槽的长方体，如图 5.15 （b）所示。

（3）形体Ⅱ、Ⅳ：其对应的 V 面视图是三角形，H 面与 W 面视图均为矩形，结合基本体视图特征可想象其为三棱柱，且左、右对称分布，如图 5.15 （c）所示。

（4）形体Ⅲ：对照俯视图、左视图，确定其对应三视图，由此可知道其 W 面视图反映形体的特征轮廓，是一柱体，结合 V 面视图虚线线框的三视图，可想象出形体下部是挖去了两个圆柱通孔的柱体，如图 5.15 （d）所示。

（5）综合所有视图，形体Ⅰ在底板的上面；形体Ⅱ、Ⅳ在形体Ⅰ左右两侧对称分布；所有组成形体的后面平齐。

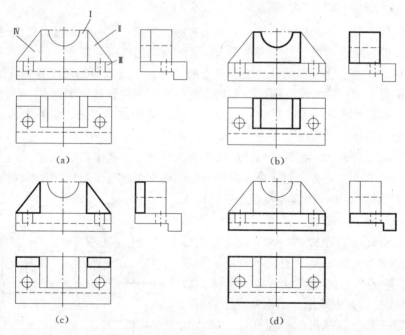

图 5.15 轴承座形体分析

结合上述分析，得到图 5.16 所示的形体。

【例 5.2】 如图 5.17 （a）所示，已知组合体的主视图、俯视图，试作其左视图。

分析：

（1）结合所给二视图，按形体分析法，从主视图可以分形体为Ⅰ、Ⅱ、Ⅲ、Ⅳ四部分。其中Ⅲ、Ⅳ两部分从已知视图可知为对称形体，故分析讨论中考虑一个。

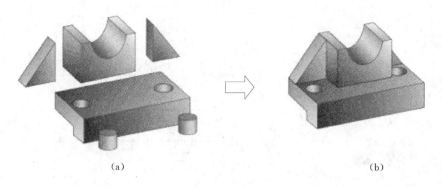

图 5.16 轴承座
(a) 组合体分解；(b) 组合体

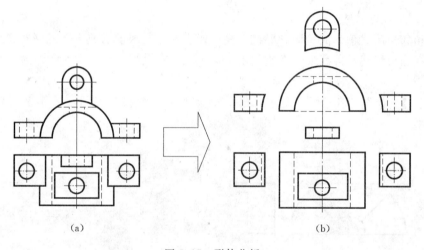

图 5.17 形体分析

（2）利用视图关系，把各部分形体对应的视图分离出来 ［图 5.17 （b）］，并构想各部分形体形状。此时从大体上可以初步想象出形体 I 的 V 面视图为端面的柱体，上面有一圆柱形通孔。形体 II 是一个半圆筒，顶部有凹槽和铅垂通孔。形体 III、IV 都是长方体，上面有圆孔，对称分布。

（3）由所给视图来看，形体 I 与形体 II 相贯；III、IV 分别位于两侧与形体 II 相贯；四部分后表面平齐。

（4）综合上述分析，所给二视图所确定的形体如图 5.18 （a）所示。结合形体分析的特点和结构位置分析，补画左视图如图 5.18 （b）所示。

5.4.2　以截切为主的组合体视图阅读

通常情况下，对于形体清晰的组合体视图，采用形体分析法进行阅读基本可以领会视图表达的机件形状和构造，但对于一些形状和结构比较复杂的形体，尤其是切割或各种穿孔后形成的形体，往往在形体分析的基础上，还需运用线面分析法来帮助想象和印证局部的形状和结构，促进形体局部、细节的立体构建。这一过程主要分析局部、细节的位置和

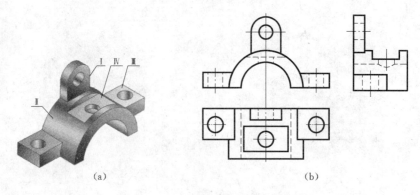

图 5.18　组合体立体图与三视图

形状。下面结合实例进行讨论。

1. 分析线面的位置

视图相邻封闭线框间的轮廓分界线，是形体表面相交或前后或上下或左右两个不同位置形面的视图分界线，即两形面在空间上一定不共面；其确切位置关系须结合其他视图来分析。

【例 5.3】　如图 5.19 （a）所示，已知组合体主视图和左视图，试作该组合体的俯视图。

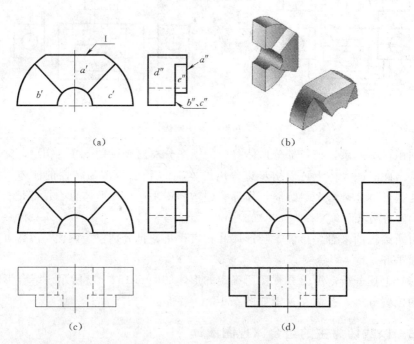

图 5.19　分析线面的位置

分析：

（1）组合体主视图的主要轮廓分界线为两个直线，划分封闭线框为 a'、b'、c' 三个线框。根据"高、平、齐"，这三线框对应的立体均为以正面视图为端面的柱体，其左视图上与之对应的是两条相互平行的直线，视图显示面 A 比面 B、面 C 向前突出，如图 5.19 (b) 所示。

(2) 结合形体为柱体特征，主视图可见线Ⅰ表明形体顶部被截切，根据其左视图投影为直线，可以知道该截切形面的 H 面视图必定为矩形。

(3) 左视图中有 d″、e″ 两个封闭线框。其中 d″ 线框在 "高、平、齐" 的视图范围内没有类似形与之对应，只能对应大圆弧，故 d″ 线框为圆柱面；e″ 线框在 "高、平、齐" 的视图范围内也没有类似形与之对应，只能与斜线对应。因此，可以确定它们空间形状为该线框的类似形，其在俯视图应有类似形。

(4) 左视图上的虚线对应主视图中的小圆弧顶点，为形体中心圆柱孔最高轮廓素线的投影。

(5) 从 b′、c′、e″ 三线框的空间位置可知，该形体可以看作圆柱筒的左右两边各切掉一扇形块，深度为左视图上 e″ 的宽度确定。

(6) 通过形体和线面分析后，综合想象出形体的整体形状，如图 5.19 (b) 所示。

(7) 补画俯视图，如图 5.19 (c) 所示。

(8) 最终得到的该组合体的俯视图，如图 5.19 (d) 所示。

2. 分析面的形状

平面图形与视图面平行时，它在投影面的视图反映实形；反之，则为类似形。应用该特征可以帮助分析局部或细节的形面形状。

5.4.3 读图时的几点注意事项

(1) 视图阅读过程中，应多构想形体或多方案试投影，如每一条实线（或虚线）可以是形体上两表面的交线，也可以是投影面的垂直面（或曲面）或曲面转向轮廓线的视图，应多视图分析判断确定。如图 5.20 (a)、(c) 所示 l、m 虽形面位置各异，但其 V 面皆为直线。

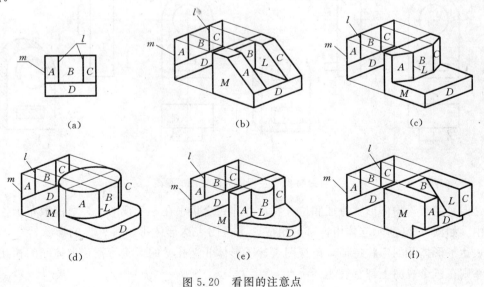

图 5.20　看图的注意点

（2）视图中的封闭线框可以是形体上不同位置平面、曲面或通孔的投影，仅由一个或两个视图往往不能唯一地表达某一机件的形状。如图 5.20 所示的线框 A、B、C、D，可以由不同形体投影得到相同的视图，但实际上表示了四种不同形状的形体。因此阅读过程中，必须将所给视图联系起来阅读分析，才能最终确定形体的形状和结构。

（3）要善于找到最能清晰地表达物体特征的视图，该视图称为形状特征视图或位置特征视图。抓住特征视图，就能比较快地想象出形体形状。

图 5.21 所示的俯视图清晰地表达了物体的形状特征，形体为俯视图为端面的柱体。

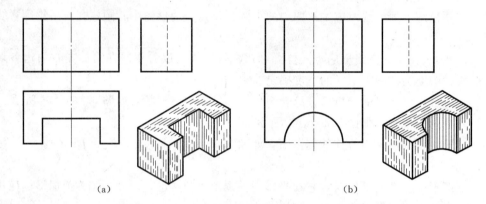

图 5.21　俯视图为形状特征视图

图 5.22 所示的左视图清晰地表达了物体构成部件间的位置关系特征，主视图中封闭线框Ⅰ内有两个封闭线框Ⅱ和Ⅲ，俯视图上无法确定形体Ⅱ和Ⅲ对应的凸台或孔洞，但左视图清晰地表达了形体间的位置特征，其清晰地反映了形体Ⅱ、Ⅲ与凸台、孔洞的一一对应位置关系。

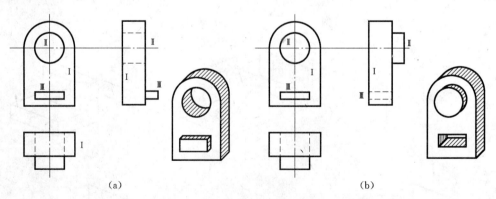

图 5.22　左视图为位置特征视图

但要注意，物体形状特征和位置特征并非完全集中在一个视图上，可能散布于各个视图中。如图 5.23 所示立体由四部分组成，主视图表达形体Ⅰ、Ⅲ、Ⅳ的形状特征，左视图表达了形体Ⅱ的形状特征，俯视图表达了形体Ⅱ上孔Ⅴ的形状特征；形体间的相互位置关系则在三个视图上都有表达。

154

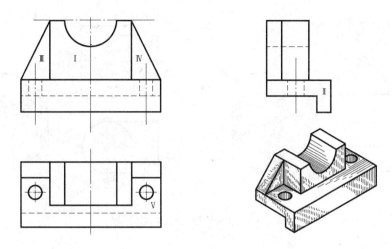

图 5.23　立体视图及立体图

因此看图时应抓住特征视图，并结合其他视图一起分析形体的形状和结构。

（4）充分关注形体投影中出现的过渡轮廓线。构成组合体的部件之间，其表面轮廓过渡变化会引起视图中图线的变化。关注这一过渡轮廓线的投影将有助于我们理解形体的形状和结构。

如图 5.24 中的三角形肋板与底板及侧板的连接关系，图 5.24（a）主视图是实线，说明形体前面不共面，因此三角形肋板与形体俯视图的中间矩形构成投影关系，肋板支撑在底板中间。图 5.24（b）主视图是虚线，说明形体前面共面，根据俯视图可以确定，三角形肋板与形体俯视图的前后两矩形构成投影关系，即在前后各有一块肋板支撑底板和侧板。

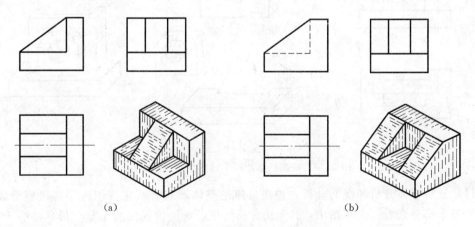

（a）　　　　　　　　　　　　　　　　　（b）

图 5.24　过渡轮廓线变化形体变化

图 5.25（a）主视图中过渡轮廓线为两相交直线，结合俯视图，可以确定其为两等径圆柱体相贯而成；图 5.25（b）主视图中没有过渡轮廓线，它只可能是由一个平面体（棱柱）的前后两个侧面与圆柱体表面相切形成的。

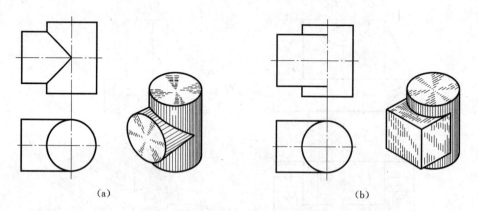

图 5.25　过渡轮廓线确定形体形状

5.4.4　读图举例

由已知的两个视图补画第三个视图，是检验读图能力和培养画图能力的有效方法。补画第三个视图的方法通常是：首先看懂已知视图，想象出组合体的空间立体形状，然后根据投影规律补画出第三视图，并按先实后虚，先外后内的顺序进行。对叠加型组合体，先画局部后画整体；对截切型组合体，先画整体后切割。

【例 5.4】　根据图 5.26（a）所示的主、俯两个视图，想出机座形状，并补画出左视图。

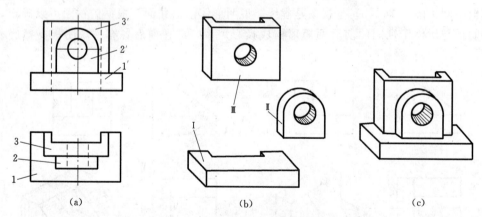

图 5.26　根据已知的两个视图想出机座形状

（1）进行形体分析和线面分析，想出机座的整体形状。从主视图入手将机座分成Ⅰ、Ⅱ、Ⅲ三个部分来看：主视图中，$1'$为长方形线框，对应俯视图的 1 是凹形，部分Ⅰ表示长方体开长方槽；$2'$的外框为半圆形与长方形的组合，中间为圆形，2 为长方形，部分Ⅱ的形状为半圆柱与长方体的组合，中间挖开通孔；$3'$为长方形，3 为凹形，也表示长方体开长方槽。主视图中虚线部分与俯视图中凹槽相对应，表示整体上下开通槽，俯视图中的虚线是通孔的投影。

通过上面读图过程，想出各部分形状后，再按图 5.26（a）所示连接关系组合起来；

Ⅰ在下面；Ⅱ在Ⅰ的前上方，Ⅲ在Ⅰ的后上方。Ⅲ的后面与Ⅰ的后面对齐，前面与Ⅱ紧贴。机座形状如图5.26（c）所示。

（2）补画左视图（图5.27）。

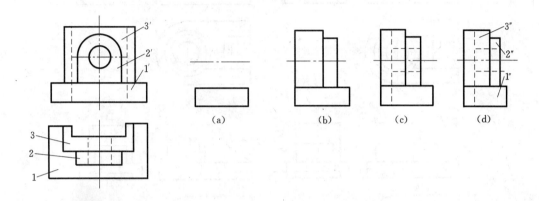

图 5.27　补画机座的左视图
（a）画轴线和Ⅰ的外形；（b）画Ⅱ和Ⅲ的外形，注意Ⅲ的后面应与Ⅰ的
后面对齐；（c）画通槽和圆孔的投影；（d）检查、整理、加深

【例5.5】　如图5.28所示机座的主、俯视图，想象该组合体的形状并补画左视图。

（1）分析：按主视图上的封闭线框，将机座分为底板1、圆柱体2、右端与圆柱面相交的厚肋板3三个部分，再分别找出三部分在俯视图上对应的投影，想象出它们各自的形状，如图5.28（a）、（b）所示。再进一步分析细节，如主视图右边的虚线表示阶梯圆柱孔，主、俯视图左边的虚线表示长方形凹槽和矩形通槽。综合起来想象出机座的整体形状，如图5.28（c）所示。

（2）补画左视图，其过程如图5.29所示。

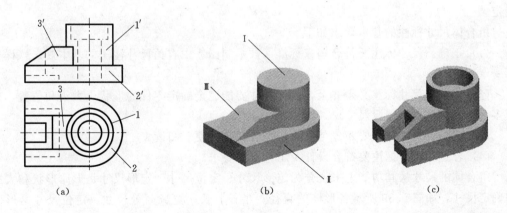

图 5.28　想象机座的形状
（a）将机座分解成三部分，找出对应的投影；（b）想象三部分形体的形状
（c）想象出机座左端的长方形凹槽、矩形通槽和阶梯圆柱孔位置和形状

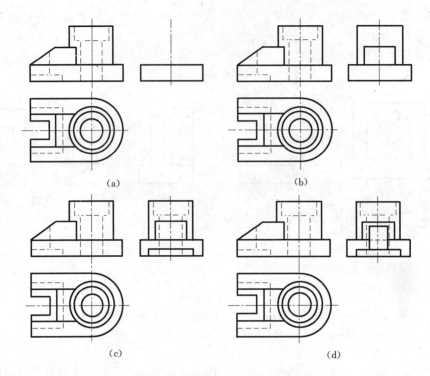

图 5.29　补画机座视图的步骤

（a）补画底板 2 的左视图；（b）补画圆柱体 1 和厚肋板 3 的左视图；（c）补画长方形
凹槽和阶梯圆柱孔的左视图；（d）最后补画矩形通槽的左视图

5.5　组合体的尺寸标注

　　视图只能表达形体的形状和结构，而形体的大小及确切位置必须由标注的尺寸来确定。

　　组合体尺寸标注的基本要求如下。

　　（1）正确。尺寸标注要符合国家标准《技术制图》中有关尺寸注法的基本规定（详见第一章）。

　　（2）完整。尺寸标注必须齐全，所注尺寸要能完全确定零件的形状、大小和位置，禁止多余、重复尺寸和遗漏尺寸。

　　（3）清晰。尺寸标注要布置匀称、清楚、整齐，便于阅读。

　　（4）合理。尺寸标注要符合设计及工艺上的要求。

　　组合体的尺寸从其功能上来说分为定形尺寸、定位尺寸。定形尺寸是形体形状和大小的确定尺寸，如图 5.30 所示各形体的直径、半径、长、宽、高等尺寸。定位尺寸是形体中各形状或结构相对位置的尺寸，如图 5.30 所示各形体标注为 "＊" 的尺寸。

5.5.1　基本体的尺寸标注

　　常用基本体标注一般只有定形尺寸，主要标注长、宽、高三个方向的尺寸，图 5.31

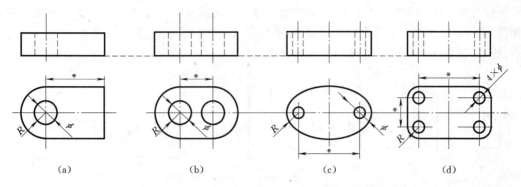

图 5.30　定形、定位尺寸标注举例

是一些基本体经简单截切后残体的尺寸标注。

（1）常见基本体的尺寸标注。通常，平面多边形不标注斜边长，如图 5.31（a）所示；正多棱柱标注采取标注端面多边形和棱高的定位尺寸，其中正多边形通常标注外接圆直径或对面距（或对角距），如图 5.31（b）、（c）所示；棱台标注采取标注上、下端面多边形和棱台高，如图 5.31（d）所示；标注圆柱、圆台、圆环等回转体的直径尺寸时，应在数字前加注"ϕ"，并常标注在其投影为非圆的视图上，这样可以采用一个视图就能表达形体的形状和大小，如图 5.31（e）、（f）所示；球也只需画一个视图，可在直径（或半径）尺寸前加注"$S\phi$"（或"SR"），如图 5.31（g）所示；圆环标注采取标注母线圆直径和母线回转直径，如图 5.31（h）所示。

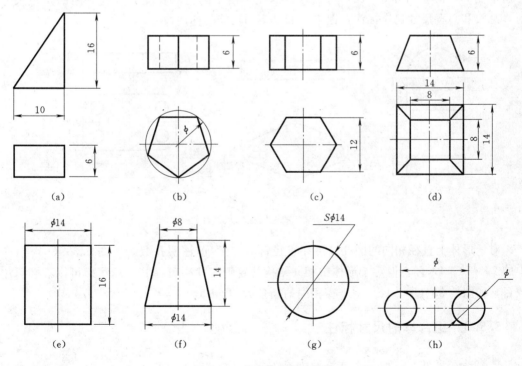

图 5.31　基本体的尺寸标注

（2）常见截切残体尺寸标注。这些残体除了注出基本体的尺寸外，还要注出截面形状和位置的尺寸，如图 5.32 所示。通常截平面位置确定后，截交线就可确定几何图线，其形状不需要标注，可以通过作图方法间接确定。

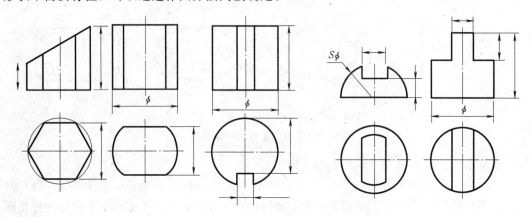

图 5.32　基本体被简单截切后残体尺寸标注

5.5.2　常见简单形体的尺寸标注

在标注常见简单形体尺寸时，应注意避免标注尺寸重复，出现封闭尺寸链。如图 5.33（a）、（b）所示，已经注出圆弧半径和圆孔的定位尺寸，再标注总高或总长尺寸，尺寸就重复了；而如图 5.33（c）所示，当标注了四个圆孔的长度、宽度方向的定位尺寸时，总长和总宽尺寸仍应标注，因为它们是不同功能的标注尺寸。

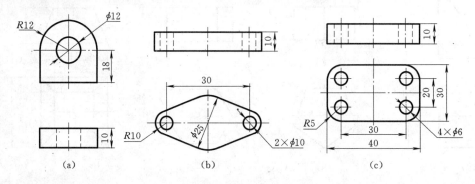

图 5.33　常见底板的尺寸注法

对于形体上直径相同的圆孔，可在直径符号"ϕ"前注明孔数，如图 5.33（b）、（c）中的 $2\times\phi10$、$4\times\phi5$。但对于形体中相同结构的定形尺寸则可择其一标注即可，不必标注数目，如图 5.33（b）、（c）中半径相同的圆角 $R10$、$R5$。

5.5.3　组合体的尺寸标注

1. 组合体尺寸标注的基本方法和步骤

下面结合图 5.34 所示实例说明组合体标注尺寸的方法和步骤。

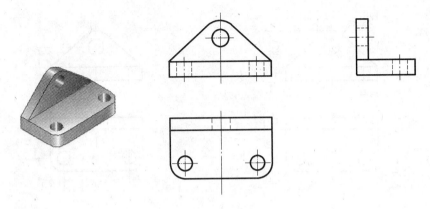

图 5.34　组合体的尺寸基准

（1）确定尺寸基准。标注尺寸时，首先要选定形体的对称面、端面、底面、轴线等作为尺寸度量的基准，这就是尺寸基准。如图 5.34 所示组合体的左右对称面为长度方向的尺寸基准，后端面为宽度方向的尺寸基准，底面为高度方向的尺寸标准。

（2）标注尺寸。标注尺寸应以能够完全确定组合体的形状和结构的大小及各组成部分的相对位置为原则，尺寸禁止遗漏、多余和重复。为满足齐全的要求，必须在形体分析的基础上按定形、定位逐项标注。

1）标注定形尺寸，如图 5.35（a）所示。确定底板的长、宽、高尺寸（70、40、10），圆孔尺寸（$2 \times \phi 10$），圆角尺寸（$R10$）；确定竖板尺寸，长度尺寸与底板长度尺寸重复，不需注出，宽度尺寸（8）、高度尺寸（27）、半圆头圆弧尺寸（$R12$）、圆孔尺寸（$\phi 12$）。

2）标注定位尺寸，如图 5.35（b）所示。底板圆孔位置长、宽的定位尺寸（50、30），竖板圆孔的定位尺寸（15）。

（3）总体均衡标注，分析调整标注不妥的尺寸。如图 5.35（b）中，竖板圆孔定位尺寸应从高度方向的尺寸基准注出，故改为如图 5.35（c）所示的 25；又如总高尺寸由于已经注出竖板圆孔的定位尺寸（25）和半圆头尺寸（$R12$），故总高尺寸可不再注出。

（4）校核。经检查、核对所有注出尺寸的完整和科学性，确定该组合体标注尺寸如图 5.35（d）所示。

2．尺寸标注布置的原则

（1）突出特征。定形尺寸尽量标注在反映所注形状的特征视图上。如图 5.35 所示底板的圆孔和圆角、竖板的圆孔和圆弧，分别标注在俯视图和主视图。虚线由于形状和结构等确定，一般尽量避免标注尺寸。

（2）相对集中。形体某个局部的所有定形和定位尺寸，应相对集中标注在一二个视图上，便于读图时查找和勘验。如图 5.35 所示底板的长、宽、高尺寸，圆孔的定形、定位尺寸集中标注在俯视图上。

（3）布局整齐。形体的尺寸标注尽量布置两视图，便于对照；同方向尺寸标注，小尺寸在内，大尺寸在外，层叠放置，避免尺寸线与尺寸界限交叉；同方向串联尺寸应排列在一直线上，便于制图。

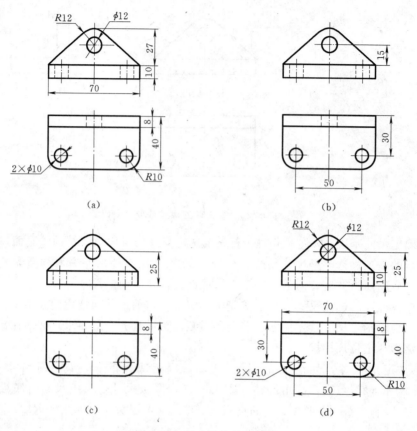

图 5.35　组合体的尺寸标注

3. 尺寸标注的若干注意

（1）如图 5.36（b）所示形体表面的相贯线，应标注两形体的定形、定位尺寸，而不允许直接标注相贯线尺寸［请读者分析图 5.36（a）中的错误标注］。

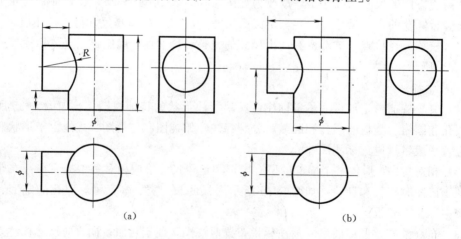

图 5.36　形体相贯的尺寸标注
(a) 错误；(b) 正确

162

（2）对称结构的尺寸标注，无论定形尺寸或定位尺寸，不能只注一半，如图 5.37（a）所示。

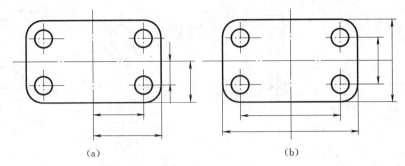

(a)　　　　　　　　　(b)

图 5.37　对称结构的尺寸标注

(a) 错误；(b) 正确

（3）对于同轴圆柱体的直径尺寸系列，不要集中标注在投影为圆的视图上，应如图 5.38（b）所示进行标注。

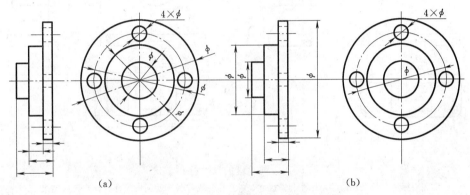

(a)　　　　　　　　　(b)

图 5.38　同轴圆柱体的直径尺寸系列标注

(a) 不好；(b) 清晰

【例 5.6】　标注如图 5.39 所示轴承座的尺寸。

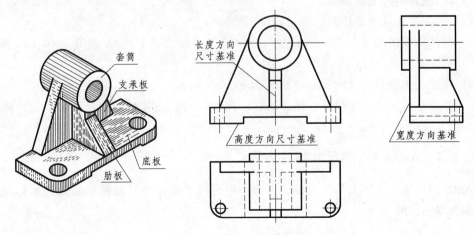

图 5.39　轴承座尺寸标注

形体分析法是标注组合体尺寸的基本方法。图 5.39 所示为轴承座的尺寸标注过程，步骤如图 5.40 所示。

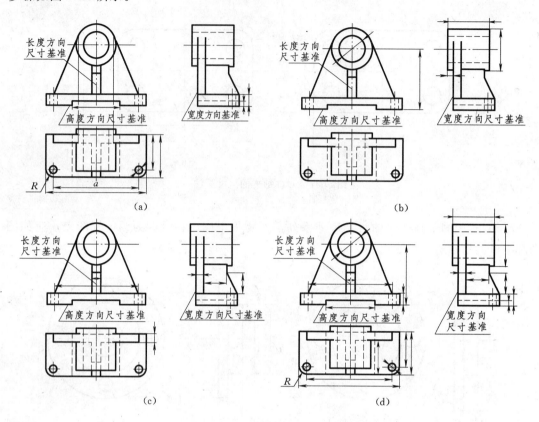

图 5.40　轴承座的尺寸标注步骤
（a）标注底版尺寸；（b）标注套筒尺寸；（c）标注支撑板和肋板的尺寸；（d）最后结果

（1）形体分析。轴承座由底板、套筒、支承板和肋板组成。

（2）选尺寸基准。长度方向以左右对称面为基准，宽度方向以底板的后端面为基准，高度方向以底板的底面为基准。

（3）逐个标注各个形体的定形、定位尺寸。

1）标注底板的尺寸，其中标注为 "a" 的是定位尺寸（下同），如图 5.40（a）所示。

2）标注套筒的尺寸，如图 5.40（b）所示。

3）标注支承板和肋板的尺寸，如图 5.40（c）所示。

4）标注总体尺寸。经检查、核对所有注出尺寸的完整和科学性，确定该组合体标注尺寸如图 5.40（d）所示。

5.5.4　AutoCAD 的尺寸标注方法

AutoCAD 提供了强大的尺寸标注工具。进行尺寸标注时，较简洁的做法是打开工具栏从中点取相应的命令。

1. 尺寸标注的组成与类型

完整的尺寸由尺寸数字、尺寸线及箭头和尺寸界限等要素组成，其标注示例如图 5.41 所示。

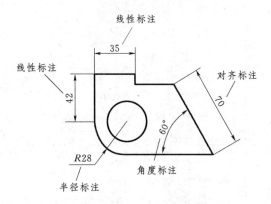

图 5.41　尺寸标注要素及常见标注类型

2. CAD 标注工具栏

CAD 系统中标注工具栏的图标功能如图 5.42 所示。

图 5.42　标注工具栏图标功能

下面针对 7 种常用标注的功能及其用法作一简单介绍，见表 5.1。

表 5.1　　　　　　　　　常用标注的功能及其用法作一简单介绍

线性标注	功能	用于水平、垂直、旋转尺寸的标注。如图 5.41 所示，尺寸线水平放置、垂直放置、旋转一个角度放置
	命令调用方式	➢ 菜单命令：标注/线性 ➢ 命令行：输入 dimlinear ➢ 工具栏："标注"工具栏中的"线性"命令
对齐标注	功能	用于标注倾斜方向的尺寸，如图 5.41 所示
	命令调用方式	➢ 菜单命令：标注/对齐 ➢ 命令行：输入 dimaligned ➢ 工具栏："标注"工具栏中的"对齐"命令

半径标注	功能	用于标注圆弧的半径尺寸，如图 5.41 所示
	命令调用方式	➤ 菜单命令：标注/半径 ➤ 命令行：输入 dimradius ➤ 工具栏："标注"工具栏中的"半径"命令 ⊘
直径标注	功能	用于标注圆或圆弧的直径尺寸，如图 5.41 所示
	命令调用方式	➤ 菜单命令：标注/直径 ➤ 命令行：输入 dimdiameter ➤ 工具栏："标注"工具栏中的"直径"命令 ⊘
角度标注	功能	用于标注不平行直线、圆弧或圆上两点间的角度，如图 5.41 所示
	命令调用方式	➤ 菜单命令：标注/角度 ➤ 命令行：输入 dimangular ➤ 工具栏："标注"工具栏中的"角度"命令 △
基线标注	功能	用于从同一个基准引出的标注，如图 5.41 所示
	命令调用方式	➤ 菜单命令：菜单命令：标注/基线 ➤ 命令行：输入 dimbaseline ➤ 工具栏："标注"工具栏中的"基线"命令 ⊟ "基线"标注的第一个尺寸标注，要用"线性"标注命令进行标注，然后再用"基线"标注命令标注其余尺寸
连续标注	功能	用于标注连续的首尾相接的多个尺寸，如图 5.41 所示
	命令调用方式	➤ 菜单命令：标注/连续 ➤ 命令行：输入 dimcontinue ➤ 工具栏："标注"工具栏中的"连续"命令 ⊞。 "连续"标注与"基线"标注相同，第一个尺寸标注，要用"线性"标注命令进行标注，然后再用"连续"标注命令标注其余尺寸

3. 绘图实例

完成如图 5.43 所示的尺寸标注。

【分析】 分析图 5.43，该图包括以下几种尺寸类型：①线性尺寸，如 90，20 等；②直径尺寸，如 $\phi24$、$\phi40$ 和 $\phi80$；③半径尺寸，如 $R30$。

【操作步骤】 下面调用标注工具条图标命令，分别来完成这几个尺寸标注。

（1）先试标一个尺寸，如俯视图中的 90，并观察其标注样式是否符合标注要求。

→单击"标注"工具栏按钮 ⊟；

→移动鼠标，选择 $\phi24$ 的圆心 O_1 为第 1 条尺寸界限起点，单击鼠标左键；

→移动鼠标，选择 $\phi40$ 的圆心 O_2 为第 2 条尺寸界限，单击鼠标左键；

→选择尺寸线的合适位置单击鼠标左键。完成线性标注尺寸 90 的标注。

（2）修改标注样式。如果标注之后，如图 5.44 所示。很明显，"90"尺寸数字及箭头都太小，需要调整。

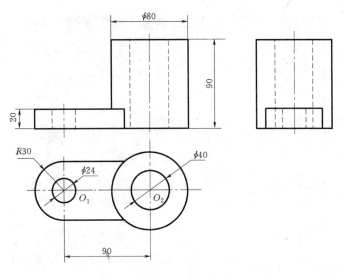

图 5.43 绘图实例

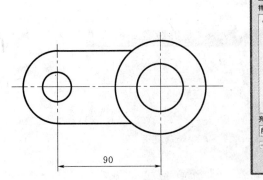

图 5.44 标注之后

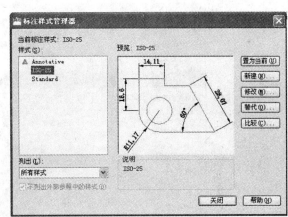

图 5.45 标注样式管理器

→单击"标注"工具栏按钮 ，打开样式管理器，如图 5.45 所示；

→单击修改按钮，打开修改标注样式，如图 5.46 所示。将"使用全局比例"的数值改为 2.5。确定后，观察"90"尺寸数字及箭头有没有符合标注要求。如果还未满足，则可重新修正全局比例。

（3）修改文字样式。如果标注之后，尺寸数字的字体不符合要求，可以通过修改"文字样式"来完成。

→单击"修改标注样式"中的"文字"选项卡，打开"文字样式"页面，如图 5.47 所示；

→设置文字样式，根据需要修改字体等，并修改"宽度比例"为 0.7，修改完后应用。

（4）完成线性标注。

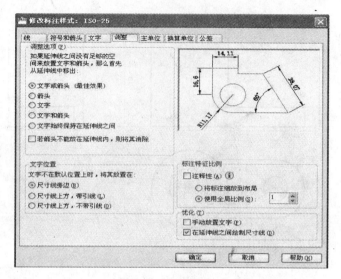

图 5.46　修改标注样式

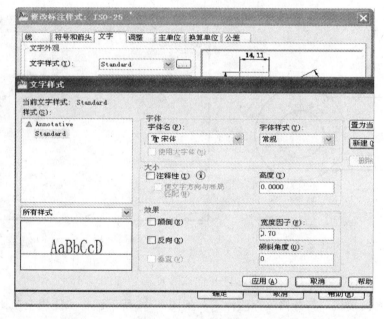

图 5.47　修改标注样式

→在调整好标注样式之后，依次完成主视图中线性尺寸 90 和 20，方法同（1）。

标注主视图 φ80 尺寸时，我们要注意：尺寸数字 80 前面有表示直径的符号 φ。这里我们采用的是多行文字编辑的方法。

→单击"标注"工具栏按钮 ；

→移动鼠标，选择 φ80 尺寸的左侧点为第 1 条尺寸界限起点，单击鼠标左键；

→移动鼠标，选择 φ80 尺寸的右侧点为第 2 条尺寸界限，单击鼠标左键；

→在命令行中输入"m"，"m"表示在尺寸数字处将输入"多行文字"，如图 5.48 所示；

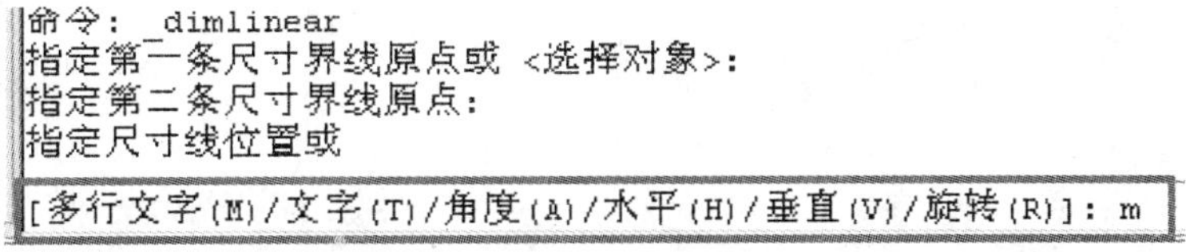

```
命令：  dimlinear
指定第一条尺寸界线原点或 <选择对象>：
指定第二条尺寸界线原点：
指定尺寸线位置或
[多行文字(M)/文字(T)/角度(A)/水平(H)/垂直(V)/旋转(R)]：m
```

图 5.48　多行文字

→回车，在绘图空间出现如图 5.49 所示的"文字格式"编辑框；

图 5.49　文字格式

→单击符号@，选择直径，自动尺寸 80 变成了 ϕ80，确定；

→选择尺寸线的合适位置单击鼠标左键。完成线性标注尺寸 ϕ80 的标注。

值得注意的是，在图 5.50 "文字格式"中有一个"堆叠"功能的按钮。其用法如下：

➢　编辑分数，如 $\dfrac{B}{A}$：输入 B/A 或 B♯A，并将其选中，单击"堆叠"按钮完成，如图 5.50 所示。

➢　编辑上下偏差，如 $^{+0.01}_{-0.02}$：输入＋0.01^－0.02，并将其选中，单击"堆叠"按钮完成，如图 5.50 所示。

➢　编辑下角标，如 A_2：输入 A^2，选中^2，单击"堆叠"按钮完成，如图 5.50 所示。

➢　编辑上角标，如 A^2：输入 A2^，选中 2^，单击"堆叠"按钮完成，如图 5.50 所示。

图 5.50　文字格式

（5）完成直径标注。

→单击"标注"工具栏按钮；

→移动鼠标，选择 ϕ24 圆的圆弧，选择尺寸线的合适位置单击鼠标左键；

→同理，标注 ϕ60、ϕ40 尺寸。

（6）完成半径标注。

→单击"标注"工具栏按钮。

→移动鼠标，选择 R30 圆弧，选择尺寸线的合适位置，单击鼠标左键。

第6章 形体常用的表达方法

实际生产中，形体的形状多种多样。为了使图样能够正确、完整、清晰地表达形体的内外形状和结构，仅采用三个标准视图往往不能满足表达要求，因此，国家标准《技术制图》和《机械制图》中规定了视图、剖视图、断面图等视图表示法。本章将介绍这些常用的表达方法及其应用。

6.1 视图的表达方法[1]

视图主要用来表达形体的形状和结构，一般只画出形体的可见部分，必要时才用虚线表达其不可见部分。视图分为基本视图、向视图、局部视图和斜视图四种。

1. 基本视图

在原来的三个投影面的基础上，再增加三个互相垂直的投影面，从而构成一个正六面体的六个侧面，这六个侧面称为基本投影面。将形体放在正六面体内，分别向各基本投影面投影，所得的视图称为基本视图，如图 6.1 所示。其中，除了前面已介绍过的主视图、俯视图和左视图外，还包括从后向前投影所得的后视图；从下向上投影所得的仰视图和从右向左投影所得的右视图。各投影面的展开方法如图 6.1 所示。在同一张图纸内，六个基本视图按图 6.2 所示配置时，一律不标注视图名称。六个基本视图之间满足"长对正、高平齐、宽相等"的投影规律。从图中还可看出，由于左视图和右视图是从零件左、右两侧分别进行投影的，因此这两个视图的形状正好左右颠倒；同理，俯视图和仰视图正好上下颠倒，主视图和后视图也是左右颠倒，画图时必须特别注意。

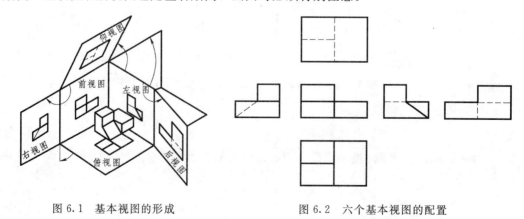

图 6.1 基本视图的形成   图 6.2 六个基本视图的配置

---

[1] GB/T 17451—1998《技术制图 图样画法》，GB/T 4458.1—2002《机械制图 图样画法 视图》。

实际使用时，六个基本视图不一定都需要画出，而是根据形体形状的复杂程度和结构特点，选择若干个基本视图表达。

2. 向视图

向视图是可以根据图幅自由配置的视图，主要为了合理利用图纸幅面。为了便于读图，应在向视图的上方用大写字母标出该向视图的名称（如"A"、"B"等），且在相应的视图附近用箭头指明投影方向，并注上同样的字母。通常在同一张图纸内，若视图不按图6.2配置时，要用向视图表达，如图6.3所示。

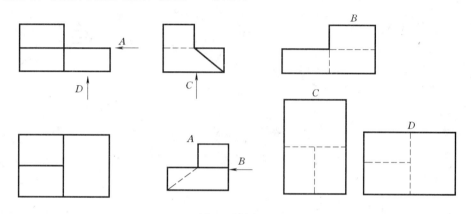

图 6.3　向视图

特别注意：

（1）向视图是基本视图的一种表达形式，其特点在于视图可以自由配置。

（2）表示投影方向的箭头应尽可能配置在主视图上，其中只有表示后视图的投影方向的箭头配置在其他视图上。

（3）向视图因标注位置不同而有较大差异，如图6.3中的C向、D向。

3. 局部视图

局部视图是将物体的某一局部，单独向基本投影面投影所得的视图，用于表达其局部的形状和结构。如图6.4（a）所示的形体，采用主、俯两个基本视图已清楚表达了主体形状和结构，但对于左、右两个凸缘的形状，如仍采用左视图和右视图加以表达，表达内容重复且作图量大。而如果采用两个局部视图表达左、右凸缘形状，那么图样就简洁且重点突出，如图6.4（b）所示。

局部视图的配置、标注及画法为：

（1）局部视图可按视图关系或按向视图进行视图配置，如图6.4（b）中的局部视图A、B。

（2）局部视图一般应采用带字母的箭头标注所表达的部位和投影方向，字母作为局部视图名称，注写在对应局部视图的上部，如图6.4（b）中的局部视图A。如果局部视图按视图关系配置，与标注视图之间没有其他视图隔开时，可省略标注，如图6.4（b）中"A"向标注的箭头和字母均可以省略。

（3）局部视图的边界采用波浪线或双折线表示其外部还有其他没有画出的部分，如图6.4（b）中的局部视图A；但局部视图中的波浪线不应超出形体实体的投影范围，如图

171

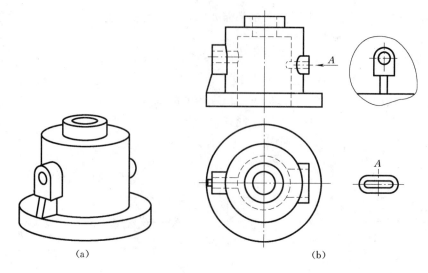

图 6.4 局部视图

6.5 所示。如果所表达局部结构完整，且外轮廓线封闭，则波浪线可省略不画，如图 6.4 (b) 中的局部视图 *B*。

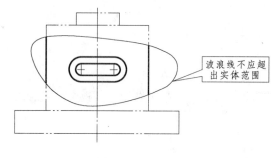

波浪线不应超出实体范围

图 6.5 错误画法

4. 斜视图

当形体上有倾斜于基本投影面的结构时，如图 6.6（a）所示，此时仍采用基本投影视图进行投影是困难的。为了方便表达倾斜部分的形状和结构，可增设一个与倾斜结构平行且垂直于某基本投影面的辅助投影面，然后将该倾斜结构向辅助投影面投影，并绕两面交线旋转到基本投影面上，这样形成的视图称为斜视图。

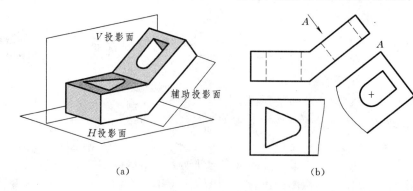

（a）   （b）

图 6.6 斜视图

斜视图的配置、标注及画法：

（1）斜视图一般按向视图的形式配置并标注。在斜视图的上方用字母标出视图的名称，用箭头指明投影方向，且投影箭头应与被表达的部分垂直，字母一律水平方向书写，如图 6.6（b）所示。

（2）斜视图通常只画出机件倾斜部分的实形，其他部分用波浪线断开不作表达，如图 6.5（b）所示。

6.2 剖切视图的表达方法^❶

6.2.1 剖切视图的基本概念

当形体的内部结构较复杂时，许多虚线会出现在视图上，不便于作图和读图。所以，在国家标准中规定了剖切视图表达方法。剖切视图用假想的剖切面把形体剖开，并将处在观察者和剖切面之间的部分移开，再将剩余部分向投影面投影，所得的图样称为剖视图。其过程如图 6.7 所示，简称剖视。

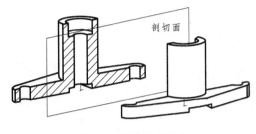

图 6.7 剖视图的形成

比较图 6.8（a）与图 6.8（b）可以知道，采用剖视的表达方法，可以使视图中不可见的部分变为可见部分，虚线变成实线，且机体与剖切面接触部分画有剖面符号，形体的内部结构得到清晰地表达。

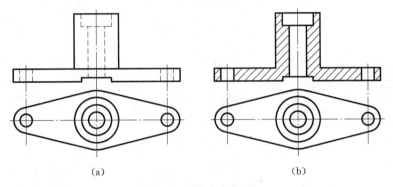

图 6.8 视图与剖视图
（a）视图；（b）剖视图

6.2.2 剖视图的画法及标注

1. 剖视图的画法

（1）确定剖切平面的位置。剖切平面一般应通过形体的对称平面或轴线，通过形体的孔、槽的轴线进行剖切。剖开形体是假想的，并不是真正把形体切掉一部分，因此，除剖视图外，并不影响其他视图的完整性。

（2）将处于剖切平面与观察者之间部分移去，其余部分向投影面投影，即可得剖视图。

---

❶ GB/T 17451—1998《技术制图　图样画法》，GB/T 4458.6—2002《机械制图　图样画法　剖视图和断面图》。

（3）画剖面符号。在剖视图中，剖切平面与内、外表面的交线所围成的图形，应画出规定的剖面符号，不同材料的剖面符号见表 6.1。

表 6.1　　　　　　　　材料的剖面符号（GB 4457.5—1984）

木材纵剖面	木材横剖面	木质胶合板
格网 筛网、过滤网	金属材料 （有规定剖面符号除外）	非金属材料 （有规定剖面符号除外）
砖	钢筋混凝土	型砂、填砂、粉末冶金、砂轮、陶瓷 刀片、硬质合金刀片
液体	线圈绕组元件	玻璃及其他透明材料

注　GB 4457.5—1984《技术制图剖面符号》。

对于机加工中常用的金属材料，其剖面符号为间隔相等、方向相同且与水平方向成 45°角的平行细实线，如图 6.9 所示。同一形体所有的剖面的剖面线方向与间隔必须一致；但有时为了看图、绘图方便，当图形中的主要轮廓线与水平方向成 45°或接近 45°时，可将剖面线画成与水平方向成 30°或 60°的平行线，但其倾斜方向仍应与其他图形剖面线一致，如图 6.10 所示。

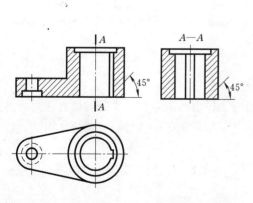

图 6.9　剖视图中剖面符号画法一

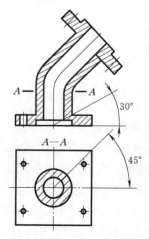

图 6.10　剖视图中剖面符号画法二

(4) 画剖视图的注意事项：

1）在视图中一般只画可见部分，只有对剖视图和其他视图均未表达清楚的不可见部分，才用虚线表示。

2）在剖切面后面的可见轮廓线，应全部用粗实线画出，避免出现漏画线的错误，如图 6.11 所示。

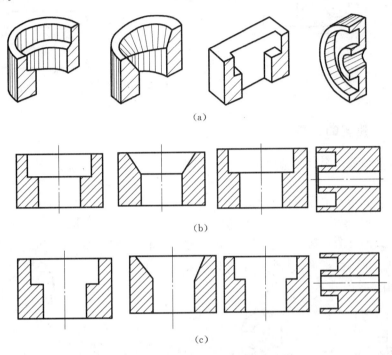

图 6.11　画剖视图时易漏的图线

（a）轴测图；（b）正确；（c）错误

2. 剖视图标注的基本规则

剖视图一般按视图关系进行视图配置，如图 6.12（a）与图 6.12（b）两视图即是按视图关系配置的；也可根据图幅布局，将剖视图配置在适当位置，如图 6.12（c）所示的 B—B 剖视图。为了便于读图时找出视图间的视图关系，剖视图一般要标注剖切平面的位置、投影方向和剖视图名称，如图 6.12（c）中间视图上的"B—B"剖视图。剖切平面的位置通常用剖切符号标出。剖切符号是带有字母的粗实线标示，其中粗实线线宽为 $1b$～$1.5b$，线长为 5～$10mm$，且不与图形轮廓线相交，如图 6.12（b）视图上的"A—A"剖切符号。投影方向是在剖切符号的外侧用垂直于剖切符号细实线箭头表示，如图 6.12（b）视图上的细实线箭头；剖视图名称为在所画剖视图上方的字母［如图 6.12（c）中的 B—B］。

在下列两种情况下，可省略或部分省略标注：

（1）当剖视图按视图关系配置，且中间又没有其他图形隔开时，由于投影方向明确，可省略箭头，如图 6.12 中的"A—A"剖视。

（2）当剖切平面通过形体的对称面或基本对称面，且满足情况（1），此时，剖切位置、投影方向以及剖视图名称等均可不标注，如图 6.13 所示。

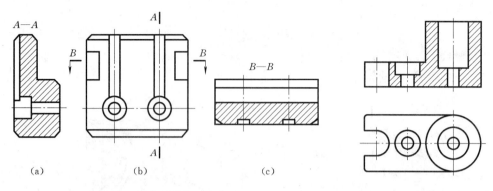

图 6.12　剖视图的配置与标注　　　　　　图 6.13　支架的剖视图

6.2.3　剖视图的种类

按形体被剖切范围来分，剖视图可分为全剖视图、半剖视图和局部剖视图三种。

1. 全剖视图

剖切平面全剖整个形体后所获得的剖视图，称为全剖视图。前面所举各剖视图均为全剖视图。

由于全剖视图是将形体完全剖开，形体外部轮廓的表达受到影响，因此，全剖视图一般适用于外形简单、内部形状较复杂的形体，如图 6.14 所示。对于空心回转体也常采用全剖视图，如图 6.15 所示。

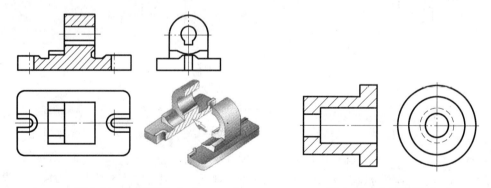

图 6.14　全剖视图（一）　　　　　　图 6.15　全剖视图（二）

全剖视图标注同前所述，一般应标注剖视图的名称；在相应视图上用剖切符号、箭头表示剖切位置和投影方向，并用字母标注剖视图名称。如果剖视图按视图关系配置，中间又没有其他图形隔开时，可省略箭头，如剖切平面通过形体的对称平面或基本对称平面，且剖视图按视图关系配置，中间没有其他图形隔开时，可省略标注。

2. 半剖视图

当形体向垂直于对称平面的投影面投影时，允许以对称中心线为界，一半画成剖视图，另一半画成视图，这样获得的图样称为半剖视图。

半剖视图主要用于同时表达对称的形体的内、外形状和结构，如图 6.16 所示。当形体的形状接近于对称，且不对称部分已另有图形表达清楚时，也可以画成半剖视图，如图 6.17 所示。

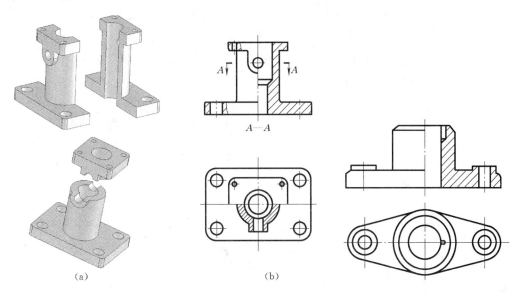

图 6.16　半剖视图（一）
（a）半剖视图原理；（b）半剖视图

图 6.17　半剖视图（二）

　　半剖视图中，因形体的内部形状已由半个剖视图表达清楚，所以在未剖切的半个视图中，表达内部形状的虚线可省去不画如图 6.18（a）所示。

　　但半剖视图是假想剖切，不会影响其他视图的完整性，所以如图 6.18（a）中主视图为半剖视图表达，其俯视图不应缺少 1/4。

　　半剖视图中间采用点画线进行假想分界，不应画成粗实线，如图 6.18（b）中主视图所示是错误的画法。

　　半剖视图的标注方法与全剖视图的标注方法相同，如图 6.19 所示。

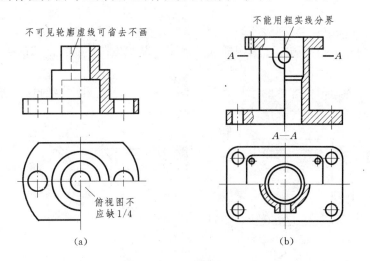

图 6.18　半剖视图（三）

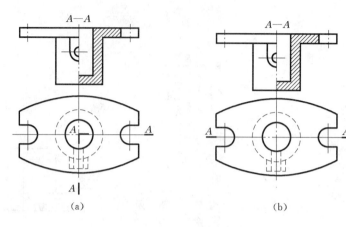

图 6.19　半剖视图（四）

（a）错误注法；（b）正确注法

3. 局部剖视图

用剖切平面剖开形体的局部所获得的剖视图，称为局部剖视图，如图 6.20 所示。局部剖视图应用比较灵活，适用范围较广，一般可用于以下情况：

图 6.20　局部剖视图（一）

（1）用于同时表达不对称形体的内外形状、结构，如图 6.20 所示。

（2）形体的孔、槽等结构，采用局部剖视图，以避免在不需要剖切的实心部分画剖面线，如图 6.21（a）所示。

（3）虽有对称面但内部轮廓线与对称中心线重合，不宜采用半剖视图表达的情况下，为便于作图、看图，采用局部剖，如图 6.21（b）所示。

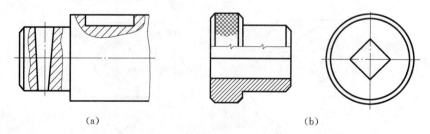

图 6.21　局部剖视图（二）

局部剖视图的剖切范围通常取决于需要表达的内部形状。局部剖视图中视图与剖视部分的分界线采用波浪线或双折线进行分界，如图 6.21、图 6.22 所示。当被剖切的局部形体结构为回转体时，允许将回转中心线作为局部剖视与视图的分界线，如图 6.22（c）所示。

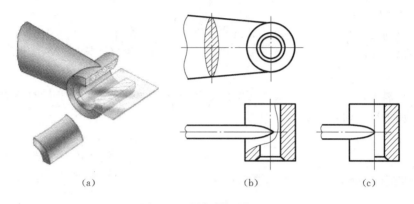

(a)   (b)   (c)

图 6.22　局部剖视图（三）

作图时注意事项：

（1）波浪线不应画在轮廓线的延长线上，也不能用轮廓线代替波浪线，如图 6.23（a）所示。

（2）波浪线不应超出被剖切实体的轮廓线，如图 6.23（b）所示的主视图。

（3）遇到零件上的孔、槽时，波浪线必须断开，不能穿过没有实体的孔、槽区间，如图 6.23（b）所示的俯视图。

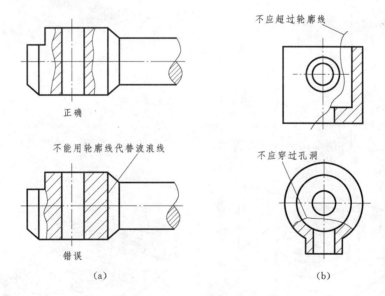

(a)   (b)

图 6.23　局部剖视图（四）

局部剖视图的标注方法与全剖视图基本相同。若剖切平面的剖切位置明显且配置清晰，可以省略标注，如图 6.20 所示图样。

6.2.4 剖切面的种类（GB/T 17451—1998）

根据物体的结构特点，GB/T 17451—1998 中规定可以采用以下三种剖切面对形体进行剖切，以获得以上所述的三种剖视图。

1. 单一剖切面剖切

（1）单一剖切平面。单一剖切平面通常与某基本投影面平行。采用该剖切平面进行剖切的视图较多，如前述的全剖视图、半剖视图、局部剖视图都是采用单一剖切平面剖切的剖视图。

（2）单一斜剖切平面。单一斜剖切平面是与任何基本投影面都不平行的剖切平面。采用该剖切平面进行剖切称为斜剖，如图 6.24（c）所示。

斜剖与斜视图作用类似，是用于表达形体倾斜部分的内部结构。有时为了看图方便，采用该方法获得的剖视图应尽量与剖切位置所在的视图之间保持视图关系，进行位置配置，如图 6.24（a）所示。在不引起误解的情况下，允许将图形作适当的旋转，此时必须加注旋转符号"$\frown$ A—A"，如图 6.24（b）所示。

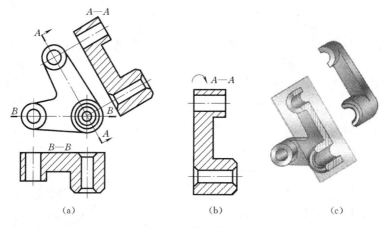

（a）　　　　　　　（b）　　　　　　　（c）

图 6.24　单一剖切面

2. 平行剖切平面剖切

平行的剖切平面是相互平行且以直角转折而形成的一组平面，如图 6.25 所示。

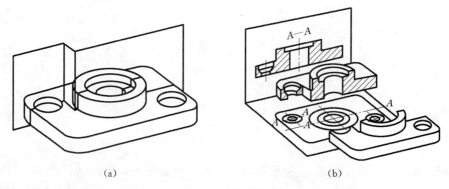

（a）　　　　　　　　　　　　　（b）

图 6.25　阶梯剖切面

通常，平行剖适用于表达形体内部多层次的不同形状和结构。如图6.26（a）所示形体，采用单一剖切平面表达其内部形状和结构十分不便，如果采用几个平行剖切平面剖开形体，则形体内部形状和结构就方便地表达出来了。

平行剖视图应正确选择剖切平面的位置，避免在图样中出现不完整的要素，如图6.26（b）所示 $B—B$ 视图。但当形体内部结构具有公共对称中心线或轴线时，可以各画一半，此时不完整要素应以对称中心线或轴线为界，如图6.27（b）所示。

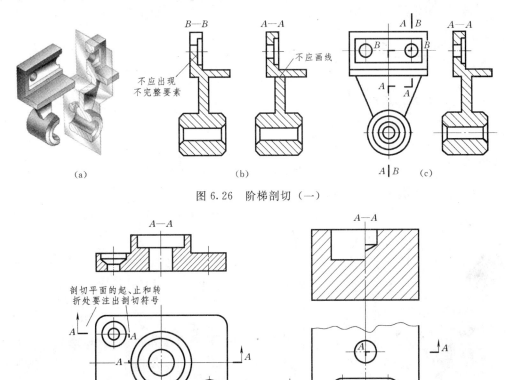

图6.26　阶梯剖切（一）

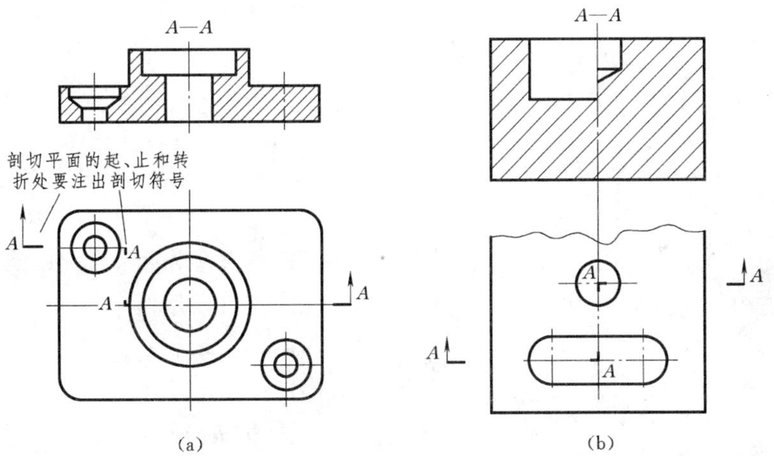

图6.27　阶梯剖切（二）

应当注意的是：采用平行剖画视图时，虽然平行剖切面不在一个平面上，但剖切后所得到的剖视图仍应作为一个完整的图形，剖视图中转折处没有分界线，如图6.26（b）所示 $A—A$ 视图。

平行剖标注不能省略，剖标注时，采用在剖切的起、止和转折等处用粗实线剖切符号表示剖切位置，并在剖切符号附近标注字母，如图6.26所示。当空间狭小时，转折处可省略字母；采用箭头指明投影方向，如图6.27所示。但当剖视图的位置符合视图关系，中间又无图形隔开时，可省略箭头，如图6.26（c）所示。

3. 一组相交的剖切平面剖切

相交的剖切平面是交线垂直于某一基本投影面的剖切平面。用相交的剖切平面剖切形体，表达形体的内部形状。采用该方法画剖视图时，应将被剖切平面截切的断面旋转到与基本投影面平行的位置，再进行投影，所以该方法也称为旋转剖视图，如图 6.28 所示。

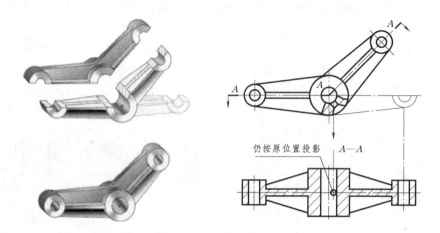

图 6.28　旋转剖切（一）

旋转剖视作图时，要注意凡没有被剖切平面剖到的形体结构，应按原来的位置投影，如图 6.29（b）所示圆筒上的小圆孔，其俯视图是按原来位置投影画出的。

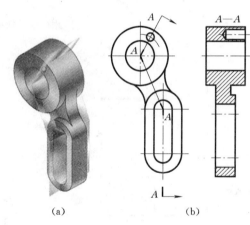

(a) (b)

图 6.29　旋转剖切（二）

旋转剖视获得的剖视图必须标注。其中剖切的起、止及转折处，用剖切粗实线符号表示剖切的位置，并在剖切符号附近标注字母。当空间狭小时，转折处可省略字母，并用箭头指明投影方向。但当剖视图的位置符合视图关系，中间又无图形隔开时，可省略箭头。标注方法如图 6.28 所示。

此外还可以用两个以上相交的剖切平面剖开形体，用来表达内部形状和结构较为复杂的形体，如图 6.29 所示。

4. 复合剖切面剖切

当机件的内部结构形状较多，仅采用单一剖切、阶梯剖切或旋转剖切方法仍不能表达清楚时，可以把这些剖切方法组合使用，这

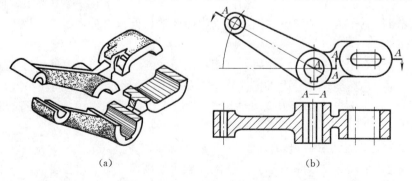

(a) (b)

图 6.30　复合剖切

样获得的剖视图称为复合剖视图。复合剖切必须标注，其画法、标注与阶梯剖、旋转剖的画法、标注基本相同。图 6.30 是采用复合剖切获得的剖视图。

6.3 断 面 图[1]

6.3.1 断面图的形成

断面图指的是用假想的剖切平面将形体的某处切断而画出的剖切面与形体接触部分的截面图样。如图 6.31（a）所示的轴，为了表达轴上键槽的形状和结构，采用剖视图进行表达，其右侧形体轮廓的视图表达完全多余且作图不便［图 6.31（c）］，因此假想在键槽处用垂直于轴线的剖切面将轴切断，只画出断面的形状，使键槽的形状和结构得到清晰的表达，如图 6.31（b）所示。

应注意断面与剖视图的区别，断面图仅画出形体被截切的断面形状，而剖视图除了画出被截切的断面形状外，还必须画出剖切面后面形体的可见轮廓线，如图 6.31（c）所示。

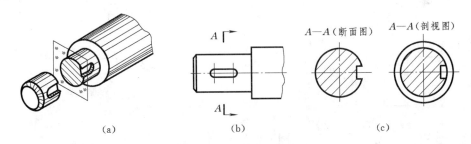

（a）　　　　　（b）　　　　　（c）

图 6.31　断面图与剖视图的区别

6.3.2 断面图的分类[1]

根据断面图配置的位置，断面图可分为移出断面视图和重合断面视图，如图 6.32 所示的轴承座肋板采用了两种断面视图进行表达。

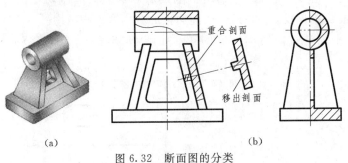

（a）　　　　　　　　　　　（b）

图 6.32　断面图的分类

● GB/T 17452—1998《技术制图　图样画法》，GB/T 4458.6—2002《机械制图　图样画法　剖视图和断面图》。

1. 移出断面视图

断面图画在形体视图之外，该视图称为移出断面视图。

（1）移出断面视图画法。画移出断面视图时，通常应注意如下几点：

1）移出断面的截面轮廓采用粗实线绘制，其内填充细实线剖面线。

2）为了看图方便，移出断面视图应尽量画在截切位置的延长线上，如图 6.33（b）、（c）所示；必要时，可配置在其他适当位置，如图 6.33（a）、（d）所示；也可按视图关系配置，如图 6.34 所示；当断面图形对称时，还可画在视图的中断处，如图 6.35（b）所示。

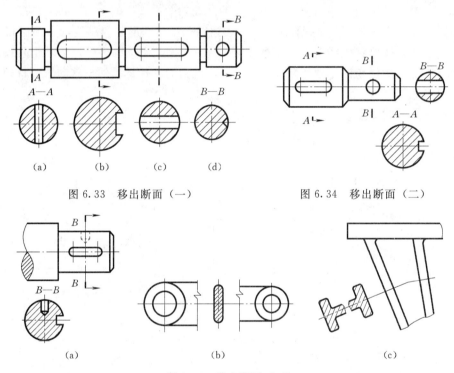

图 6.33　移出断面（一）　　　　　　图 6.34　移出断面（二）

图 6.35　移出断面（三）

3）截切平面应垂直于所截切的形体主要轮廓线。但遇到如图 6.35（c）所示的肋板结构时，可用两个相交并分别垂直于左、右肋板轮廓表面的截切平面对肋板结构进行截切，中间用波浪线断开截面，以此来表达肋板的截面形状和结构。

4）当剖切平面通过回转面形成的孔［如图 6.33（a）、图 6.35（a）］、凹坑［如图 6.33（d）］或截切后出现完全分离的几部分时（如图 6.34 中的 B—B 断面视图），这些断面视图应按剖视绘制，即断面视图应补全后面的轮廓线。

（2）移出断面视图标注。移出断面视图一般应标注剖切符号，表示剖切位置，用箭头注明投影方向，并注上字母，在断面视图上方用同样的字母标出相应的名称

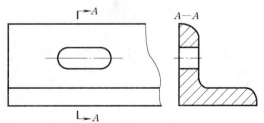

图 6.36　移出断面（四）

184

"×—×"，但也可以根据情况进行一些简化，见图 6.36 和表 6.2。

表 6.2　　　　　　　　　　　　移 出 断 面 视 图 标 注

截面视图位置	截面视图对称	截面视图不对称	备　注
断面视图在剖切位置的延长线上			截面形状不对称，须用粗实线剖切符号表示剖切位置，加注箭头表示投影方向，可省略字母；如果断面图是对称图形，不需标注
断面视图按视图关系配置			可省略表示投影方向的箭头，但必须标注截切位置和名称
断面视图在其他位置			都应画出剖切符号，用字母标出断面图名称；如果断面图不对称，还应加注箭头表示投影方向

2. 重合断面视图

将断面视图沿截切位置线旋转 90°，与形体原视图重叠画出的断面图，称为重合断面视图，如图 6.37 所示。

（1）重合断面视图画法。重合断面视图的轮廓线采用细实线绘制；当视图中的轮廓线与重合断面的图形重叠时，视图中的轮廓线仍需完整地画出，如图 6.37 所示；当形体断面长度不确定时，可用波浪线分界示意部分表达作图，如图 6.38 所示。

（2）重合断面视图标注，对于不对称重合断面，可省略字母，不可省略视图方向如图 6.37 所示；对称的重合断面，可省略全部标注，如图 6.38 所示。

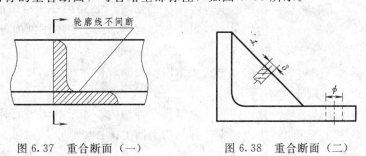

图 6.37　重合断面（一）　　　　　图 6.38　重合断面（二）

6.4 其他表达方法

除了前述视图表达方法外，还可以根据形体的形状和结构不同，按国家标准规定，采用局部放大或简画作图等其他视图表达方法，对形体进行清晰、简便地表达。下面将结合实例对这些常用表达方法进行简单介绍。

6.4.1 局部放大图

形体上某些局部细小结构，在原视图比例下表达不够清楚或不便于标注尺寸时，可将该部分结构用大于原视图的比例放大，这样得到的图样称为局部放大图，如图 6.39 所示。

局部放大图可按视图、剖视图、剖面视图画出，应尽量配置在被放大部位的附近；采用细实线圈出被放大部分在原视图中的部位；当同一形体上有几个被放大的部位时，须用罗马数字依次命名被放大的部位，并在对应的局部放大图上方注出相应的罗马数字和所采用的比例；当形体只有一处被放大部分，则罗马数字标注可以省略，如图 6.40 所示。

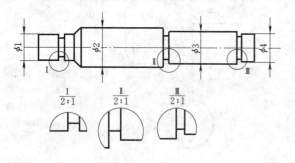

图 6.39 局部放大图（一）

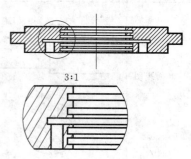

图 6.40 局部放大图（二）

注意：局部放大图所标注的比例，为图样尺寸与实际尺寸之比，与原图样比例无关。

6.4.2 规定画法和简化画法 (GB/T 4458.1—1984)

在不妨碍形体的形状和结构完整、清晰表达的前提下，国家标准对规定画法和简化画法进行了规范和约定，目的是力求作图、看图简便，以减少绘图工作量，提高图样的清晰度，加快设计进程。

1. 规定画法

(1) 对于形体上的肋、轮辐和薄壁等结构被剖切时，如剖切平面沿纵向（通过轮辐、肋等结构的轴线或对称平面）剖切时，规定这些结构的剖面视图不画剖面符号，而仅以粗实线将它与其衔接部分分开，如图 6.41 所示主视图中的肋剖面图和图 6.42 所示主视图中的轮辐的剖视图。当剖切平面横向（垂直于结构轴线或对称面）剖切时，其剖视图仍需画出剖面符号，如图 6.41 所示的俯视图。

(2) 当回转体形体上均匀分布的肋、轮辐、孔等结构不处于剖切平面时，为了增强剖视图的表达效果，可将这些结构假想旋转到剖切平面上再投影画出，如图 6.43 所示。

(3) 对于较长形体如轴、杆、连杆或型材等，其沿长度方向的形状一致或按一定规律

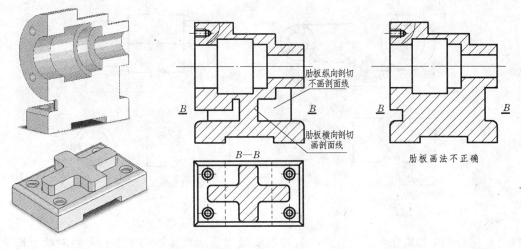

图 6.41　肋的规定画法

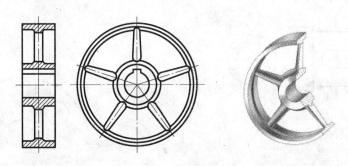

图 6.42　轮辐的规定画法

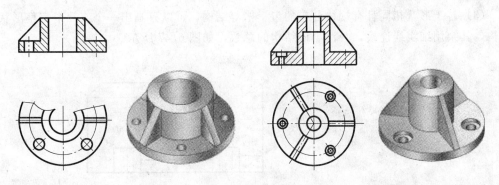

图 6.43　均布结构剖视的规定画法

变化时，可以采用断开画法，即将形体视图用波浪线或双折线断开，分两部分绘出，而尺寸仍要按形体的实际长度标注，如图 6.44 所示。

2. 简化画法

（1）移出剖面视图一般要画出剖面线，但在不致引起误解时，允许省略剖切线，如图 6.45 所示。

（2）在不致引起误解的前提下，对称形体的视图可只画一半或 1/4，但需在对称中心

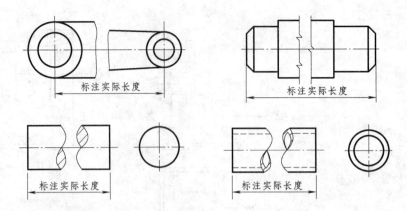

图 6.44　断开画法

线的两端分别画出两条与之垂直的平行短细实线以表示形体结构上下、左右对称等情况，如图 6.46 所示。

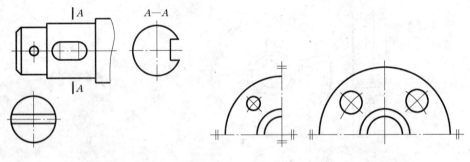

图 6.45　剖面符号的简化　　　　　图 6.46　对称形体视图的简化画法

（3）若干形状相同且有规律分布的齿、槽等结构，可以只画出一个或几个完整形状的结构，其余用细实线连接，并注出该结构的总数，如图 6.47 所示。

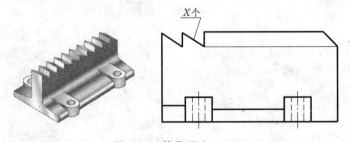

图 6.47　简化画法（一）

（4）若干形状相同且有规律分布的孔，可以只画出一个或几个孔，其余只需用正交的细点划线表示其中心位置，如图 6.48 所示。

（5）圆柱体的孔、键槽等较小结构产生的表面相贯线，可以按图 6.49 所示，简化成直线。

（6）网状、编织物或形体的滚花部分，可在轮廓线附近用细实线画出一部分，或省略不画，在适当位置注明其具体规格和要求，如图 6.50 所示。

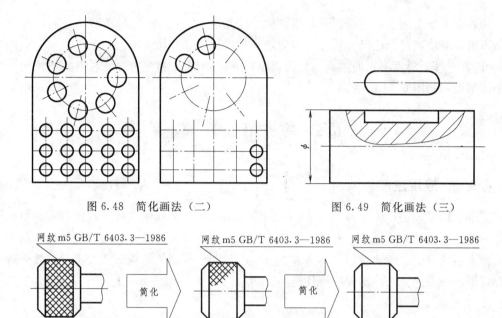

图 6.48　简化画法（二）　　　　　　　图 6.49　简化画法（三）

图 6.50　简化画法（四）

（7）圆柱法兰盘或类似盘体上的均匀分布孔，可采用如图 6.51 所示的方法绘制，以简化视图表达。

（8）与投影面倾斜角度小于或等于 30°的圆或圆弧，其投影可以用圆或圆弧近似代替，如图 6.52 所示。

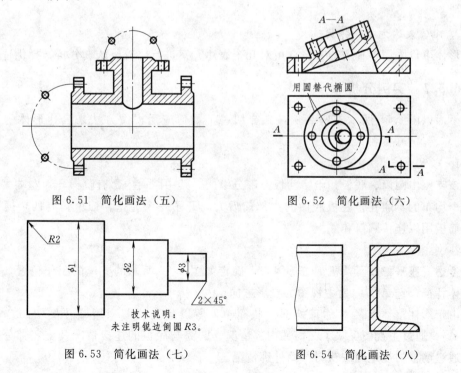

图 6.51　简化画法（五）　　　　　　　图 6.52　简化画法（六）

技术说明：
未注明锐边倒圆 R3。

图 6.53　简化画法（七）　　　　　　　图 6.54　简化画法（八）

（9）在不致引起误解的前提下，零件的小圆角、锐边倒圆或 45°小倒角在制图时可以省略不画，但应通过标注尺寸或在技术要求中加以说明，如图 6.53 所示。

（10）零件上斜度不大的结构，如该斜度已在一个图形中表达清楚，则其他视图中可按小端制图，如图 6.54 所示。

6.5 应 用 举 例

6.5.1 应用注意

本章介绍了表达形体的各种方法，如视图、剖视图、断面图及各种规定画法和简化画法等。在绘制图样时，应考虑看图方便，在完整、清晰地表达机件各部分结构形状的前提下，力求制图简单。因此在确定一个表达方案时，要针对形体结构形状特点，有效合理地综合应用这些表达方法，比较后择优选用。

1. 视图数量应适当

在完整、清晰地表达形体的形状和结构且阅读方便的前提下，视图数量应尽可能少，但也不是越少越好，如果由于视图数量的减少而增加了看图的难度，则应适当补充视图。

2. 合理地综合运用各种表达方法

应从主体结构和整体来考虑视图表达，然后有针对性地选择视图表达方法，对次要结构及细小部位进行修改和补充。在确定表达方案时，既要注意使每个视图、剖视图和断面图等确切地表达目标，又要注意视图之间的相互联系、分工及印证，以求完整、清晰地表达形体。

3. 比较表达方案，择优选用

形体可以采用多种表达方案，可对几个表达方案进行比较，认真分析，择优选用。

6.5.2 实例分析

下面以图 6.55 所示支座为例，来介绍一下如何应用视图方法来表达形体的形状和结构。

1. 形体分析

该支座由圆筒、底板和十字筋板三部分组成。其中圆筒内部有阶梯孔，左端大圆柱上有四个均布的不通孔；底板底面的中部前后方向开了一个通槽，四个角有四个通孔及凸台；筋板用以连接圆筒和底板。

2. 选择主视图

考虑支座平稳放置及机加工等因素，确定如图 6.55 所示的支座的工作位置，并根据其形体特征，选 A 方向为主视图的投影方向。

由于形体整体前后对称且外部形状简单，所以其主视图采用旋转剖切的全剖视图（A—A），通过主视图反映了圆筒的内部情况、圆筒与底板的连接情况及支座部分外廓情况；通过筋板的规定画法获得圆筒外廓情况。

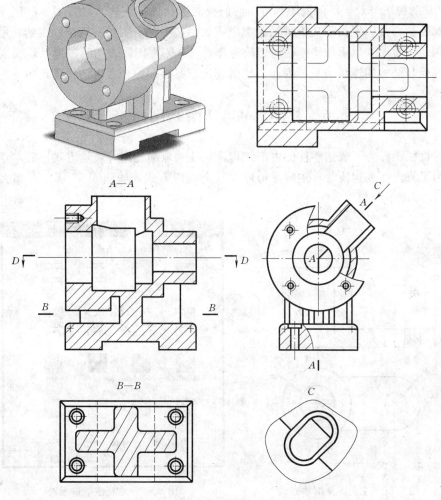

图 6.55　支座的表达方式

3. 确定其他视图

　　根据主视图的表达情况，进一步确定形体的其他视图表达，以确定表达方案。由于十字筋板和底板形状及结构不明确，对形体可采用单一剖的全剖视 B—B，则其俯视图可反映筋板的断面情况，同时底板的形状及上面四个孔的分布情况得到清晰表达，并且筋板和底板相对位置也得到清楚表达。为了明确底面中部槽的情况，尽管主视图中已作部分表达，但其前后分布情况不明，所以在俯视图上用虚线反映其为贯通前后方向的通槽。

　　支座的主体形状和结构已得到清楚表达，对于一些局部形状和结构尚未清楚表达的局部结构，加以补充表达。

　　在主视图（A—A）中，采用局部剖视来表达圆筒左端四个不通孔的内部结构。

　　通过左视图标注局部视图 C，表达顶部凸台的结构形状。

　　在左视图上作局部剖视，表达圆筒中部与顶部凸台贯通的结构情况；表达底板上四个凸台内部通孔情况。

  $B—B$ 剖视图与 $D—D$ 剖视图都可以对筋板的形状进行表达。尽管 $D—D$ 剖视图对圆筒的外廓表达直接，但由于其不可见轮廓虚线太多，不利于图样的阅读和表达，所以选择俯视图剖切位置时，以 $B—B$ 位置剖切较为合适，其俯视图既表达肋板形状，又表达底板轮廓及底板与筋板的连接关系。因此，视图表达方案必须综合考虑，择优选用。

6.6　用 AutoCAD 绘制剖面符号

  一些机械图样为了表达零件的内部结构，往往采取剖视图等表达方式。如本章中的图6.20，为了将内孔表达清楚，主视图可以采取全剖的方式，如图 6.56 所示。那么如何在AutoCAD 环境下绘制剖面线呢？

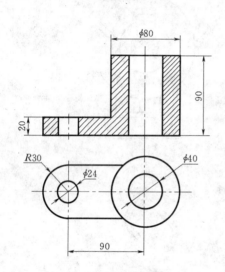

图 6.56　主视图全剖的方式

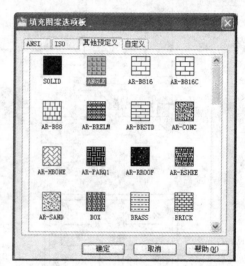

图 6.57　填充图案选项板

1. 图案填充

  在 AutoCAD 环境下，有专门的图案填充工具▨。在该工具的帮助下可以实现多种图案的填充，如图 6.57 所示。

2. 图案填充实例

  现以图 6.56 为例来看看图案填充的方法与步骤。

  【分析】　分析图 6.56 中的主视图，它有 45°斜线的剖面线。这是机械制图中规定的金属材料剖面线符号。为完成图中剖面线的填充，必须完成两个工作：一是在图案填充选项板（图 6.57）中确定剖面线的样式；二是确定填充的范围。

  【操作步骤】　下面调用图案填充命令▨来完成剖面区域的填充。

  （1）单击"图案填充"按钮▨，打开对话框，如图 6.58 所示。

  （2）单击图案选择▭，如图 6.58 中标识的"1"，打开填充图案选项板（图 6.58）选择"ANSI31"，确定。

192

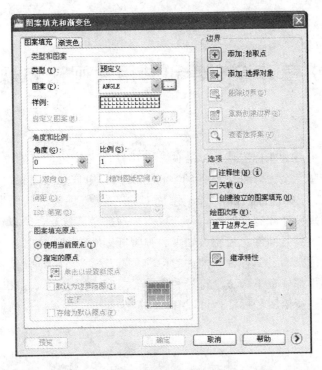

图 6.58   "图案填充"选项卡

（3）单击"添加：拾取点"，如图 6.58 中标识的"2"，返回绘图界面。

（4）点取要填充的封闭线框，确定，再返回"图案填充"对话框，预览合适后，确定。完成图案填充。

如果在填充过程中，剖面线太密或太疏，可以在图 6.58"图案填充"选项卡中修改"比例"值。

第7章　标准件和常用件画法和规定

通常机械零件可分为非标准件、标准件、常用件。现代化生产的重要标志是标准化、系列化和通用化。图 7.1 为齿轮泵设备的零件分解图，组成该设备的零件中，圆柱销 1、螺栓 2、垫圈 3 等属于标准件，齿轮 12、弹簧 15 等属于常用件，其他为非标准件。由于零件标准化可以缩短设计和制造时间，降低成本，增加经济效益，所以在机器或部件的装配、安装过程中，螺纹紧固件、齿轮、轴承、弹簧等标准件和常用件应用十分广泛；为了便于制造和使用，国家制定了各种标准件的标准，以及常用件的部分结构标准。国家标准中对标准件、常用件都规定了画法、符号和代号等内容。按照国家标准中的相关规定，用规定的代号或标记进行绘图和标注，可以有效地减少绘图工作量，提高设计的速度。

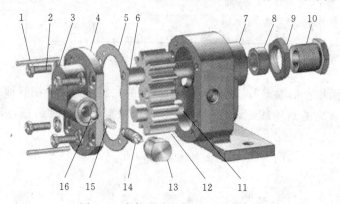

图 7.1　齿轮泵中的标准件和常用件

1—销；2—螺栓；3—垫圈；4—泵盖；5—垫片；6—齿轮轴；7—泵体；8—填料；9—螺母；
10—压盖；11—从动轴；12—齿轮；13—防护螺母；14—调节螺母；15—弹簧；16—铜球

（1）标准件。标准件是指结构形状、部分尺寸等都严格按照国家标准的规定进行制造的零件。各行业对标准件的需求量很大，一般由专业工厂用专用设备和专用工具进行大批量生产，其生产效率高、成本低、产品质量符合标准，用户只需选购即可以使用，例如：螺钉、螺母、螺柱、轴承、垫片、键、销等。

（2）常用件。常用件是指在机器和设备中的一些常用零件和部件，如齿轮、弹簧等。绘图时，对这些零件的形状和结构，如螺纹牙型、齿轮齿廓等只需要根据国家标准规定的画法，用代号或标记进行绘图和标注。

（3）非标准件。非标准件是指结构形状、尺寸等都应进行专门设计、专门制造的零件，一般需求量较少，价格较高，仅限于规定范围使用。

本章将分别介绍螺纹、螺纹紧固件、齿轮、键、销、滚动轴承和弹簧的固定画法、代号及标注方法。

7.1 螺 纹 及 螺 纹 紧 固 件

7.1.1 螺纹的规定画法和标注

螺纹是指在圆柱表面或圆锥表面上，沿着螺旋线所形成的具有相同剖面的连续凸起和沟槽。在圆柱（圆锥）体的外表面形成的螺纹，称为外螺纹。在圆柱（或圆锥）孔内表面形成的螺纹，称为内螺纹。螺纹连接是零件装配关系中最常用的一种连接结构。

各种螺纹都是根据螺旋线的原理加工而成的，螺旋线则是沿着圆柱或圆锥表面运动的点的轨迹。螺纹加工制造的方法很多。大批量生产螺纹紧固件，是用自动搓丝机和攻丝机等专用设备加工；图 7.2 表示在车床上加工少量螺纹的情况；对于直径较小的孔或轴，还可以采用板牙或采取钻头钻孔，再用丝锥攻螺纹，如图 7.3 所示。

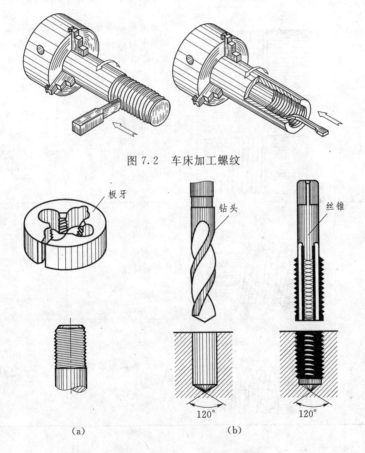

图 7.2 车床加工螺纹

图 7.3 用板牙、丝锥加工螺纹

(a) 加工外螺纹；(b) 加工内螺纹

7.1.1.1 螺纹的结构要素

螺纹的结构要素有牙型、直径、螺距、线数和旋向。当内、外螺纹联接时，上述五要素必须相同。

1. 牙型

牙型是指在通过螺纹轴线剖面上的螺纹轮廓形状。常用的牙型有三角形（60°、55°）、梯形、锯齿形等。不同种类的螺纹牙型有不同的用途，见表 7.1。

表 7.1　　　　　　　　　　　　常用螺纹的牙型及用途

螺纹名称及牙型代号	牙型	用途	说明
粗牙普通螺纹 细牙普通螺纹 M		一般连接用粗牙普通螺纹；薄壁零件的联接用细牙普通螺纹	螺纹大径相同时，细牙螺纹的螺距和牙型高度都比粗牙螺纹的螺距和牙型高度要小
非螺纹密封的管螺纹 G		常用于电线管等不需要密封的管路系统中的联接	该螺纹如另加密封结构后，密封性能好，可用于高压的管路系统
螺纹密封的管螺纹 R_c R_p R		常用于日常生活中的水管、煤气管、润滑油管等系统中的联接	R_c—圆锥内螺纹； R_p—圆柱内螺纹； R—圆锥外螺纹
梯形螺纹 T_r		多用于各种机床上的传动丝杆	作双向动力的传递
锯齿形螺纹 B		用于螺旋压力机的传动丝杆	作单向动力的传递

2. 直径

（1）大径。大径指与外螺纹牙顶或内螺纹牙底相切的假想圆柱的直径（即螺纹最大直径）。外螺纹大径用 d、内螺纹大径用 D 表示。

（2）小径。小径指与外螺纹牙底或内螺纹牙顶相切的假想圆柱的直径（即螺纹最小直径）。外螺纹小径用 d_1 表示、内螺纹小径用 D_1 表示。

（3）中径。中径指通过牙型上的沟槽宽度和凸起宽度相等处的假想圆柱的直径。外螺纹中径用 d_2 表示、内螺纹中径用 D_2 表示。

公称直径是代表螺纹直径的尺寸，一般指螺纹大径的基本尺寸（管螺纹除外）。螺纹直径的示意图如图 7.4 所示。

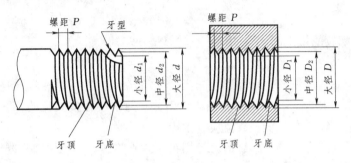

图 7.4　螺纹的大、小、中径

3. 线数

螺纹线数是指同一圆柱表面形成螺纹的螺旋线条数，用 n 表示。螺纹有单线和多线之分；沿一条螺旋线形成的螺纹为单线螺纹，如图 7.5（a）所示；沿两条或两条以上螺旋线形成的螺纹称多线螺纹，如图 7.5（b）所示。

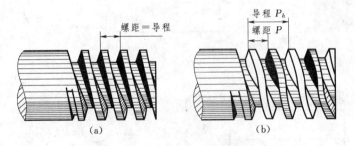

图 7.5　螺纹线数、导程及螺距
（a）单线螺纹；（b）双线螺纹

4. 螺距和导程

螺距是指相邻两牙在中径线上对应两点间的轴向距离，用 P 表示。

导程是指同一条螺旋线上的相邻两牙在中径线上对应两点之间的轴向距离，用 P_h 表示。

螺距和导程的关系如下：

单线螺纹螺距与导程相等：$L = P_h$

多线螺纹导程＝螺距×线数，即 $P_h = Pn$

5. 旋向

螺纹有右旋和左旋两种。内外螺纹旋合时，顺时针旋入的为右旋，逆时针旋入的为左旋，工程上常用右旋螺纹，如图 7.6 所示。

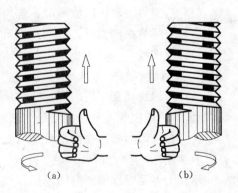

图 7.6　螺纹的旋向
（a）右旋螺纹；（b）左旋螺纹

识别旋向的方法：把轴线铅垂放置，螺纹的可见部分从左下向右上倾斜的为右旋螺纹，从右下向左上倾斜的为左旋螺纹。

在上述五项要素中，牙型、直径和螺距三项要素符合国家标准的螺纹，称为标准螺纹；牙型不符合标准的螺纹，称为非标准螺纹。在实际生产中使用的各种螺纹，绝大多数都是标准螺纹。

7.1.1.2 螺纹的规定画法 （GB/T 4459.1—1995）

1. 外螺纹的画法

（1）投影为非圆的视图上，外螺纹牙顶（大径 d）和螺纹终止线用粗实线表示，螺纹的牙底（小径 d_1）用细实线表示，并画入倒角区。通常小径按大径的 0.85 倍绘制，但当大径较大或画细牙螺纹时，小径数值应查国标。

（2）投影为圆的视图上，螺纹的大径用粗实线画整圆，小径用细实线画约 3/4 圆，轴端的倒角圆省略不画，如图 7.7（a）所示。

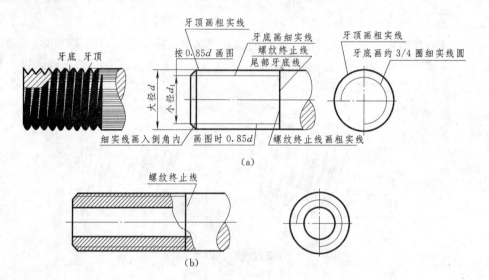

图 7.7 外螺纹的规定画法

（3）当需要表示螺纹收尾时，螺尾处用与轴线成 30°角的细实线绘制。

（4）当螺纹被剖切时，其剖视图和断面图的画法如图 7.7（b）所示。其剖面线应画到大径的粗实线，螺纹终止线仍画粗实线。

2. 内螺纹的画法

（1）内螺纹通常采用剖视画法，牙顶（小径 D_1）和螺纹终止线用粗实线表示，牙底（大径 D）用细实线表示，剖面线应画到小径粗实线，如图 7.8（b）所示。

（2）在投影为圆的视图上表示牙底（大径 D）的细实线圆只画约 3/4 圈，孔口倒角圆省略不画。

（3）不可见螺纹的所有图线用虚线绘制，如图 7.8（c）所示。

（4）对于不穿通的螺孔（也称盲孔），应将钻孔深度和螺纹孔深度分别画出，钻孔深度与螺孔深度之差称为肩距，一般为（5～6）P，为绘图方便肩距约为 0.5d，钻孔底部锥角成120°，如图7.9所示。

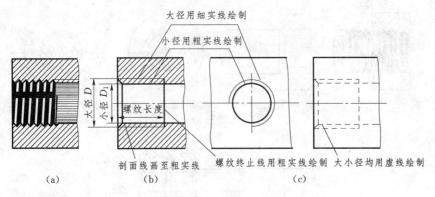

大径用细实线绘制
小径用粗实线绘制

图 7.8　内螺纹的规定画法
(a) 立体图；(b) 剖视图；(c) 视图

剖面线画至粗实线　　螺纹终止线用粗实线绘制　大小径均用虚线绘制
(a)　　　　　　　　(b)　　　　　　　　(c)

3. 内、外螺纹连接的画法

螺纹连接是机件连接的主要方法之一，其画法如图7.10所示，在剖视图中，连接部分应按外螺纹的画法进行绘制，其余部分按各自的规定画法画出。国标规定，当沿外螺纹的轴线剖开时，螺杆作为实心零件按不剖绘制，表示螺纹大、小径的粗、细实线应分别对齐；当垂直于螺纹轴线剖开时，螺杆处应画剖面线。

4. 非标准螺纹的规定画法

画非标准螺纹时，需要画出螺纹牙型，可用局部剖视图或者局部方法图表示，并标注出所需的尺寸及有关要求，如图7.11所示。

5. 螺纹孔相贯的画法

国标规定只画螺孔小径的相贯线，画法如图7.12所示。

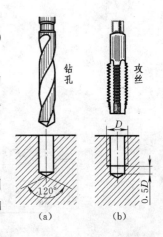

钻孔　攻丝

(a)　　(b)

图 7.9　不通螺纹孔画法
(a) 打孔；(b) 攻丝

7.1.1.3　常用螺纹的种类及其标注

1. 螺纹的种类

牙型、公称直径、螺距三个要素都符合螺纹国家标准的螺纹称为标准螺纹；牙型符合螺纹国家标准，而公称直径或螺距不符合标准的称为特殊螺纹；牙型不符合螺纹国家标准的称为非标准螺纹。

螺纹按用途不同可分为连接螺纹和传动螺纹。连接螺纹起联结作用（如普通螺纹、管螺纹），传动螺纹起传动作用（如梯形螺纹、锯齿形螺纹）。

2. 螺纹的标注

由于螺纹规定画法不能表示螺纹的种类和要素，因此在已绘制螺纹图样上必须按国家标准所规定的格式进行标注。

(1) 普通螺纹（表7.2）。普通螺纹用尺寸标注形式注在内、外螺纹的大径上，其标注的具体项目和格式如下：

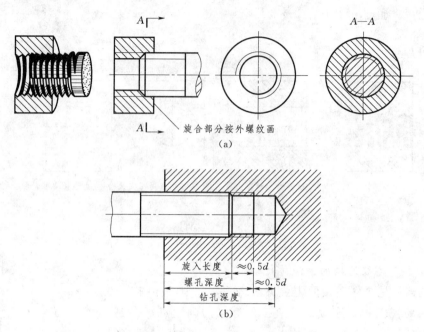

图 7.10　内、外螺纹旋合画法

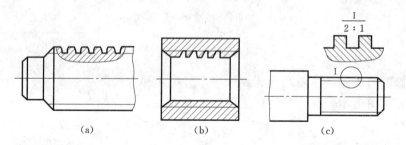

图 7.11　非标准螺纹的规定画法

（a）外螺纹局部剖；（b）内螺纹全剖；（c）局部放大图

螺纹代号

公称直径×螺距　旋向－中径公差带代号　顶径公差带代号－旋合长度代号

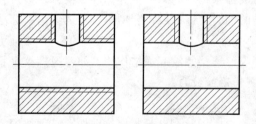

图 7.12　螺纹孔相交画法

1）普通螺纹的特征代号为"M"。

2）单线细牙螺纹标"公称直径×螺距"；单线粗牙螺纹不标螺距；多线螺纹标"公称直径×导程（P螺距）"。

3）公差带代号包括中径和顶径。两者不相同时应分别标注，相同时只注一个公差带代号。

4）旋合长度分短旋合长度（S）、长旋合长度（L）、中等旋合长度（N，省略不注）3种。

5）对左旋螺纹，应在旋合长度代号后标注"LH"代号。

表 7.2　　　　　　　　　　　　　　　　　普通螺纹的标注

螺 纹 种 类	标 注 内 容 、 方 式	标 注 图 例	说 　 明
粗牙普通螺纹 M	M20 - 5g6g - S 短螺旋长度 顶径公差 中径公差 螺纹大径 M12LH - 7H - L 长螺旋长度 中、顶径公差 左旋向	M20-5g6g-S M12LH-7H-L	1. 不标注螺距; 2. 右旋不标注; 3. 中径、顶径公差带相同时,只注写一个,如7H; 4. 中等旋合长度不标注
细牙普通螺纹 M	M10×1LH-6H 螺距	M20×2LH-5g6g-S	1. 标注螺距; 2. 其他同上

（2）管螺纹（表 7.3）。管螺纹的标记必须标注在大径的引出线上。常用的管螺纹分为 55°螺纹密封的管螺纹和 55°非螺纹密封的管螺纹。这里要注意,管螺纹的尺寸代号并不是指公称直径,也不是管螺纹本身任何一个直径的真实尺寸而是该螺纹所在管子的公称通径,其大径和小径等参数可从有关标准中查出。

1）55°密封管螺纹。

55°密封管螺纹标记的规定格式如下:

螺纹特征代号　尺寸代号×旋向代号

a）螺纹特征代号:与圆柱内螺纹相配合的圆锥外螺纹,其特征代号是 R_1;与圆锥内螺纹相配合的圆锥外螺纹,其特征代号为 R_2;圆锥内螺纹,特征代号是 R_c;圆柱内螺纹,特征代号是 R_p。

b）旋向代号只注左旋"LH"。

c）尺寸代号用 1/2、3/4、1、$1\frac{1}{2}$、…表示。

2）55°非密封管螺纹。

55°非密封管螺纹标记的规定格式如下:

螺纹特征代号　尺寸代号　公差等级代号－旋向代号

a）螺纹特征代号用 G 表示。

b）尺寸代号用 1/2、3/4、1、$1\frac{1}{2}$、…表示。

c）公差等级代号:对外螺纹分 A、B 两级;内螺纹公差带只有一种,不加标注。

表 7.3　　　　　　　　　　　　管 螺 纹 的 标 注

螺纹种类	标注内容、方式	标注图例	说明
非螺纹密封管螺纹	G1/2A-LH 外螺纹等级,A、B两等级 内螺纹只有一个等级不标注	G1/2-LH　　　G1/2	1. 特征代号右边的数字为尺寸代号,指管子内通径,单位英寸,管螺纹的大、小径应查其标准确写; 2. 尺寸代号采用小一号的数字注写; 3. 图样上从螺纹大径画指引线进行标注
螺纹密封管螺纹	Rc1/2-LH 内、外螺纹只有一个等级,不标注 螺纹密封管螺纹有三种 Rp —圆柱管螺纹; Rc、R —圆锥内、外管螺纹	Rc1/2-LH	

(3) 梯形螺纹与锯齿形螺纹的标记（表 7.4）。传动螺纹主要指梯形螺纹和锯齿形螺纹,它们也用尺寸标注形式,注在内外螺纹的大径上,其标注的具体项目及格式如下:

螺纹代号　公称直径×导程(P螺距)　旋向-中径公差带代号-旋合长度代号

1) 梯形螺纹的特征代号为"T$_r$",锯齿形螺纹的特征代号为"B"。

2) 单线细牙螺纹标"公称直径×螺距";单线粗牙螺纹不标螺距;多线螺纹标"公称直径×导程（P螺距）"。

3) 两种螺纹只注中径公差带。

4) 旋合长度分短旋合长度（S）、长旋合长度（L）、中等旋合长度（N,省略不注）3 种。

5) 对左旋螺纹,应在旋合长度代号后标注"LH"代号。

表 7.4　　　　　　　　　梯形螺纹和锯齿形螺纹的标注

螺纹种类	标注内容、方式	标注图例	说明
梯形螺纹	T$_r$40×14　(P7)　LH-7H 　　　　　　　　　公差 　　　　　　螺距 　　　导程	T$_r$40×14(P7)LH-7H	1. 单线螺纹只需注出导程即可,多线螺纹注出导程和螺距; 2. 右旋不标注,左旋注出 LH; 3. 旋合长度分为中等（N）、长（L）两种,中等代号（N）不标注
锯齿形螺纹	B40×14　(P7)　LH-8c-L 　　　　　螺距 　　导程	B40×14(P7)LH-8c-L	

7.1.2　螺纹紧固件

起连接和紧固作用的标准螺纹零件称螺纹紧固件。常用的螺纹紧固件有螺栓、双头螺柱、螺钉、螺母和垫圈等，如图 7.13 所示。这类零件的结构、型式、尺寸和技术要求都形成了国家标准，为常用标准件。

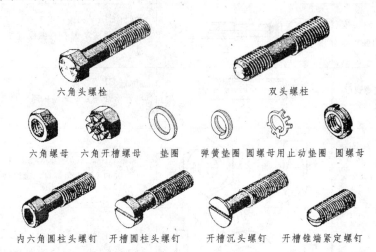

六角头螺栓　　　　　　　　　　　　双头螺柱

六角螺母　六角开槽螺母　垫圈　弹簧垫圈　圆螺母用止动垫圈　圆螺母

内六角圆柱头螺钉　开槽圆柱头螺钉　开槽沉头螺钉　开槽锥端紧定螺钉

图 7.13　螺纹紧固件

　　各种紧固件均有相应的规定标记，其完整的标记由名称、标准编号、尺寸、产品型式、性能等级或材料等级、产品等级、结构型式、表面处理等内容组成。一般生产中采用简化标记，常用螺纹紧固件的图例和标记示例见表 7.5。

表 7.5　　　　　　　　　　　常用螺纹紧固件的图例和标记示例

名称及标准编号	简　图	标　记　及　说　明
六角头螺栓 GB/T 5782—1986	M12　50	螺栓 GB/T 5782—1986 - M12×50 （A 级六角螺栓，螺纹规格 d＝M12，公称长度 l＝50）
双头螺柱 GB/T 897~900—1988	A 型 b_m　50　M12 B 型 b_m　50　M12	螺柱 GB/T 897—1988 - M12×50 （双头螺柱，两端均为粗牙普通螺纹，螺纹规格 d＝M12，公称长度 l＝50，B 型，b_m＝1d） 螺柱 GB/T 898—1988 - AM12×1×50 （双头螺柱，旋入机体一端为粗牙普通螺纹，旋入螺母一端为螺距 P＝1 的细牙普通螺纹，螺纹规格 d＝M12，公称长度 l＝50，A 型，b_m＝1.25d）
开槽圆柱头螺钉 GB/T 65—1985	50　M12	螺钉 GB/T 65—1985 - M12×50 （开槽圆柱头螺钉，螺纹规格 d＝M12，公称长度 l＝50）
开槽沉头螺钉 GB/T 67—1985	50　M12	螺钉 GB/T 68—1985 - M12×50 （开槽沉头螺钉，螺纹规格 d＝M12，公称长度 l＝50）

名称及标准编号	简　图	标记及说明
十字槽沉头螺钉 GB/T 819—1985		螺钉 GB/T 819—1985 - M12×50 （十字槽沉头螺钉，螺纹规格 d＝M12，公称长度 l＝50）
开槽锥端紧定螺钉 GB/T 71—1985		螺钉 GB/T 71—1985 - M5×25 （开槽锥端紧定螺钉，螺纹规格 d＝M5，公称长度 l＝25）
Ⅰ型六角螺母 A、B 级 GB/T 6170—1986		螺母 GB/T 6170—1986 - M12 （A 级的Ⅰ型六角螺母，螺纹规格 D＝M12）
平垫圈-A 级 GB/T 97.1—1985 平垫圈倒角型-A 级 GB/T 97.2—1985		垫圈 GB/T 97.1—1985 - 12 - 140HV （A 级平垫圈，公称尺寸 d＝12，垫圈的孔径为 13，机械性能等级为 140HV）
标准型弹簧垫圈 GB/T 93—1987		垫圈 GB/T 93—1987 - 16 （标准型弹簧垫圈，公称尺寸 d＝16，垫圈的孔径为 17）

7.1.2.1　螺纹紧固件联接的画法

螺纹紧固件的联接形式主要有：螺栓联接、双头螺柱联接和螺钉联接，如图 7.14 所示。

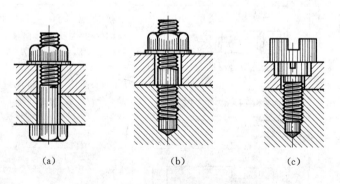

图 7.14　连接方式

（a）螺栓联接；（b）双头螺柱联接；（c）螺钉联接

螺纹紧固件联接画法的基本规定：

（1）两个零件接触面处只画一条粗实线，凡不接触的表面，画两条线。

（2）相邻两零件的剖面线方向一般相反，若方向一致，则应间隔不等；同一零件在不同视图中的剖面线方向和间隔应一致。

(3) 在剖视图中，当剖切平面通过螺纹紧固件的轴线时，紧固件按不剖绘制，即只画外形。螺纹连接件上的工艺结构如倒角、退刀槽等均省略不画。

(4) 被联接件的通孔直径应比螺栓大径大，一般为 1.1d，否则装配困难。

(5) 剖视图中，联接件分界线应画到螺纹联接件大径处，如图 7.14（a）所示。

(6) 螺纹紧固件的绘图方式有查表法和比例法。

查表法：根据螺纹紧固件的规定标记，从有关标准中查出各部分的具体尺寸来绘图的方法，如图 7.15（a）所示。

比例法：为方便画图，通常采用比例画法。螺纹紧固件的各部分尺寸，除了公称长度需要查表计算确定外，其余均以螺纹大径 d（或 D）作参数按一定比例绘图的方法，如图 7.15（b）所示。

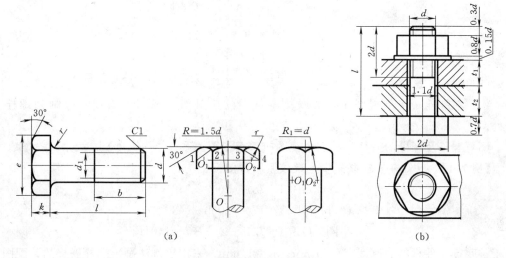

(a)   (b)

图 7.15　螺栓联接装配图
(a) 查表法作图；(b) 比例法作图

7.1.2.2　螺栓联接

螺栓联接适用于联接两个不太厚的并能钻成通孔的零件。联接时将螺栓穿过被联接两零件的光孔（孔径比螺栓大径略大，一般可按 1.1d 画出），套上垫圈，然后用螺母紧固。垫圈的作用是保护被联接零件表面不受损坏并使受力均匀。螺栓联接比例画法如图 7.16 所示。

画螺栓联接装配图时应注意以下几点：

(1) 螺栓的公称长度 l 按下式计算：

$$l \geqslant \delta_1 + \delta_2 + 0.15d(垫圈厚) + 0.8d(螺母厚) + 0.3d(螺栓顶端露出高度)$$

按上式计算出的长度，查螺栓国际，选取略大于计算值的公称长度 l。

(2) 被联接件的孔径必须大于螺栓的大径（$D_0 = 1.1d$），否则装配时会由于孔间距的误差而装不进去。

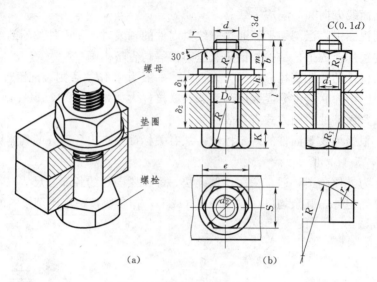

图 7.16　螺栓联接比例画法

(a) 立体图；(b) 近似画法

（3）螺栓的螺纹终止线必须画在垫圈之下，否则螺母可能拧不紧。

（4）在螺栓联接剖视图中，被联接零件间的接触面（视图上为线）应画到螺栓大径处。

（5）螺母及螺栓的三角头的三个视图应符合视图关系。

【例 7.1】　已知在螺栓联接中各螺纹紧固件的标记为：

　　　　　　螺栓　GB/T 5782—2000 - M8×L

　　　　　　螺母　GB/T 6170—2000 - M8

　　　　　　垫圈　GB/T 97.1—2002 - 7 - 140HV

被联接零件材料的厚度 $\delta_1 = 11$mm、$\delta_2 = 14$mm，采用比例法画出螺栓联接的装配图。

分析：

（1）先确定螺栓公称长度。由附表查得垫圈厚度 $h = 1.6$mm，螺母高度 $m = 6.8$。

取 $a = 0.3d = 0.3 \times 8$mm $= 2.4$mm，得 $L_{\text{计}} = \delta_1 + \delta_2 + h + m + a = 35.8$mm。

再根据附表螺栓的标准系列中查得最接近的标准长度 $L = 35$mm。

（2）比例法作图。根据比例关系计算出紧固件的各部分绘图尺寸后，即可画出螺栓联接装配图。作图过程参见图 7.17 所示。

7.1.2.3　双头螺柱联接

双头螺柱适用于被联接件之一比较厚，不宜钻通孔或者经常拆卸又不宜采用螺钉联接的场合。联接时，将螺柱一端（称旋入端）全部旋入被联接件的螺孔内，另一端（称紧固端）穿过被联接件的通孔，垫上垫圈后旋紧螺母，如图 7.18 所示。

画螺柱联接的装配图时应注意以下几点：

（1）注意内、外螺纹旋合结构的表示法。内、外螺纹总是成对使用的，只有当内、外螺纹的结构要素完全一致时，才能正常地旋合。

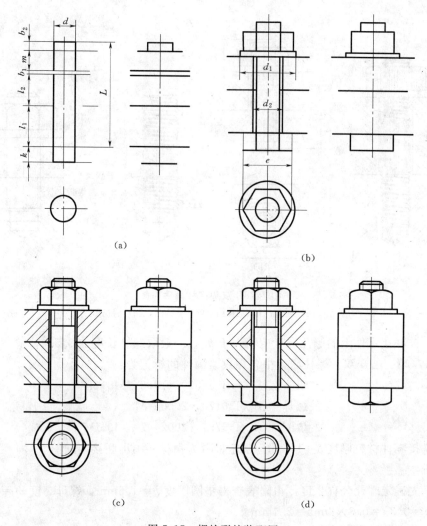

图 7.17 螺栓联接装配图

（2）螺柱的公称长度 l 按下式计算：

$$l \geqslant \delta + 0.15d\text{（垫圈厚）} + 0.8d\text{（螺母厚）} + 0.3d\text{（螺柱顶端露出高度）}$$

按上式计算出的长度，查螺柱国际，选取略大于计算值的公称长度 l。

（3）旋入端长度 b_m 与被旋入零件的材料有关，见表 7.6。

表 7.6 螺纹旋入端长度 b_m 取值

钢、青铜零件	$b_m = d$ （GB/T 897—1988）
铸铁零件	$b_m = 1.25d$ （GB/T 898—1988）
材料强度在铸铁与铝之间的零件	$b_m = 1.5d$ （GB/T 899—1988）
铝零件	$b_m = 2d$ （GB/T 900—1988）

为了保证联接牢固，应使旋入端完全旋入螺纹孔中，即在装配图上旋入端的螺纹终止线与螺纹孔口端面平齐。

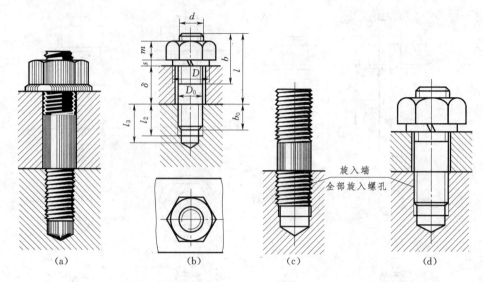

图 7.18　双头螺柱画法作图

(a) 立体图；(b) 剖视图；(c) 立体图；(d) 剖视图

(4) 被联接零件上的螺孔深度应稍大于 b_m，一般取螺纹长度加 $0.5d$。

【例 7.2】 已知双头螺柱联接中各螺纹紧固件的标记为：

双头螺柱　GB/T 899—1988 - M8×L

螺母　GB/T 6170—2000 - M8

垫圈　GB/T 97.1—2002 - 7 - 140HV

被联接零件材料厚度 $\delta=11$mm，基座材料为铜材，画出联接装配图。

分析：

(1) 先确定螺栓公称长度。由附表查得垫圈厚度 $h=1.6$mm，螺母高度 $m=6.8$；

取 $a=0.3d=0.3×8$mm $=2.4$mm。

取 $b_m=1.5d=1.5×8$mm $=12$mm，得 $L_{计}=\delta+h+m+a=21.8$mm。

再根据附表螺栓的标准系列中查得最接近的标准长度 $L=25$mm。

(2) 作图。

根据比例关系计算出紧固件的各部分绘图尺寸后，即可画出双头螺柱联接装配图，作图过程参见图 7.19 所示。

注意：螺纹联接的画法比较繁琐，易出错。相关画法正误对比如图 7.20 所示，图中①应画螺纹小径（细实线）；②弹簧垫圈开口方向应从左向右倾斜；③被联接件的通径为 $1.1d$，此处应画两条粗实线；④内、外螺纹的大、小径应对齐，小径与倒角无关；⑤钻孔锥顶角应为 $120°$；⑥左视图中弹簧垫圈的开口槽也应画出；⑦应画交线（粗实线）；⑧左、俯视图宽应相等；⑨剖面线应画至粗实线；⑩螺纹小径应画成 3/4 圈细实线。

7.1.2.4　螺钉联接

常用螺钉种类很多，按其用途可分为联接螺钉和紧定螺钉两类。

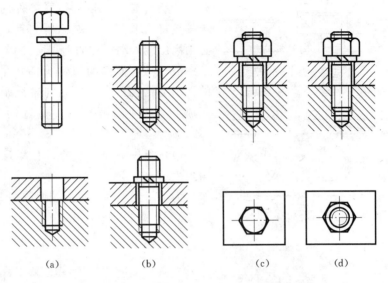

图 7.19　双头螺柱装配图的绘图步骤

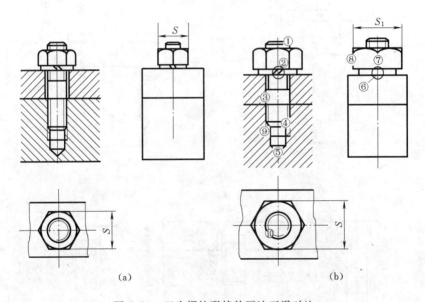

图 7.20　双头螺柱联接的画法正误对比

(a) 正确；(b) 错误

连接螺杆适用于受力不大的零件之间的联接，且用在不经常拆卸的联接，被联接件之一为不通的螺纹孔，另一被联接件制出比螺钉大径稍大的光孔，如图 7.21 所示。螺钉联接的装配图画法，其旋入端与螺柱联接相同，被联接板孔口画法与螺栓联接相同。

螺钉联接的装配图应注意以下几点：

(1) 螺钉的公称长度 l 按下式计算：$l \geqslant \delta + b_m$。

按上式计算出的长度，查螺钉相应的国标，选取略大于计算值的公称长度 l。

(2) 旋入端长度 b_m 与螺柱旋入端相同。为保证联接牢固，应使螺钉的螺纹长度大于

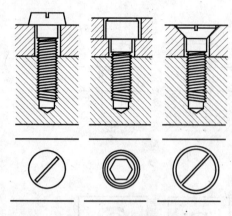

图 7.21　螺钉联接画法。

螺钉的旋合螺纹长度；被联接件的螺纹长度大于螺纹旋合长度。即装入螺钉后，螺纹终止线必须高出旋入端零件的上端面。

（3）具有槽沟的螺钉头部，在与轴线平行的视图上槽沟放正，而在与轴线垂直的视图上画成与水平倾斜 45°角，槽宽约 0.2d，如图 7.22 所示。

（4）当一字旋具槽槽宽不大于 2mm 时，可涂黑表示。

为了简化画图，可以按照图 7.22（b）所示绘图，图 7.22（c）中的 1、2、3 处是错误画法。

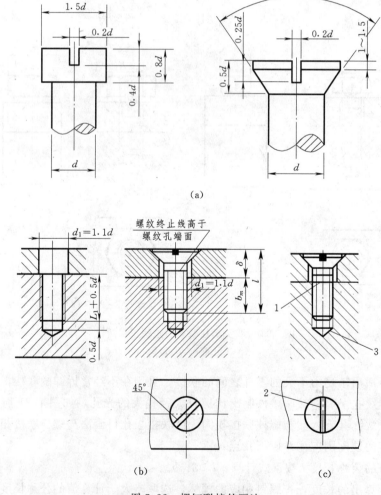

图 7.22　螺钉联接的画法
（a）螺钉头部结构示意图；（b）螺钉装配作图；（c）错误的螺钉画法

紧定螺钉可以将轴、孔零件固定在一起，防止其轴位移、适用于经常拆卸和受力不大的场合。紧定螺钉分为柱端、锥端和平端三种，锥端紧定螺钉联接的画法如图 7.23 所示。

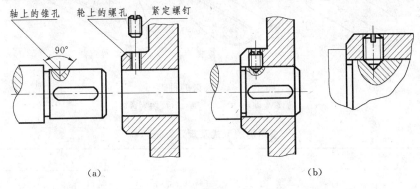

（a）　　　　　　　　　　（b）

图 7.23　紧定螺钉联接的画法
（a）联接前；（b）联接后

7.2　键联接和销联接

常用标准件除螺纹紧固件外，还有键、销和滚动轴承等标准件，如图 7.24 所示。

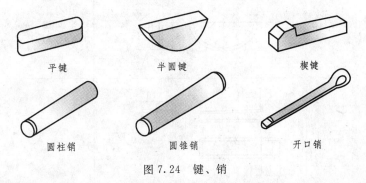

图 7.24　键、销

7.2.1　键

键是用来联接轴及轴上的转动零件（如齿轮、带轮）的常用标准件，可以使轴和传动件不发生相对转动，实现扭矩的轴向传递，如图 7.25 所示。

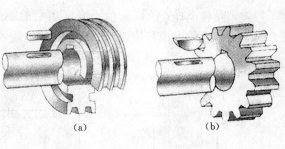

（a）　　　　　　（b）

图 7.25　键联接
（a）平键联接；（b）半圆键联接

1. 常用键的种类和标记

应用较广的键有普通平键、半圆键和钩头楔键三种（图 7.26），普通平键又分 A 型（圆头）、B 型（方头）和 C 型（单圆头）三种。

键是标准件，表 7.7 列出了这几种键的标记示例。

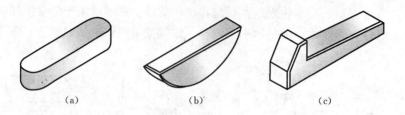

图 7.26 常见键的种类

(a) 普通平键；(b) 半圆键；(c) 钩头楔键

表 7.7 常用键的型式及规定标记

名 称	标 准 号	图 例	标 记
普通平键	GB/T 1096—2003	$\sqrt{Ra12.5}$ $C\times45°$或r h $R=\dfrac{b}{2}$ $\sqrt{Ra3.2}$ b L	GB/T 1096—2003 键 16×10×100 圆头 A 型平键、$b=16$mm、$h=10$mm、$L=100$mm GB/T 1096—2003 键 B18×11×100 平头 B 型平键、$b=18$mm、$h=11$mm、$L=100$mm
半圆键	GB/T 1099—2003	L $\sqrt{Ra3.2}$ b $\sqrt{Ra12.5}$ d_1 $\sqrt{Ra3.2}$ h $C\times45°$或r $\sqrt{Ra12.5}$	GB/T 1099.1—2003 6×10×25 半圆键、$b=6$mm、$h=10$mm、$d_1=25$mm
楔键	GB/T 1565—2003	$45°$ h $1:100$ $\sqrt{Ra3.2}$ h_1 h $\sqrt{Ra12.5}$ $\sqrt{Ra3.2}$ b $\sqrt{Ra12.5}$ b L	GB/T 1565—2003 键 10×100 钩头楔键、$b=18$mm、$h=11$mm、$L=100$mm

2. 键槽的画法及尺寸标注

因为键是标准件，所以一般不必画出它的零件图。但要画出零件上与键相配合的键槽。键槽有轴上的键槽和轮毂上的键槽，其常用的加工方法如图 7.27 所示。

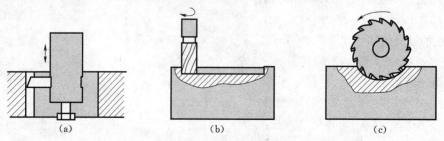

图 7.27 键槽的加工方法

(a) 插制轮孔中键槽；(b) 铣削轴上平键槽；(c) 铣削轴上半圆键键槽

键槽的宽度 b 可根据轴的直径 d 查表确定，轴上的槽深 t 和轮毂上的槽深 t_1 可以分别从键的标准中查得，键的长度 L 应不大于轮毂的长度。键槽的画法和尺寸标注如图 7.28 所示。

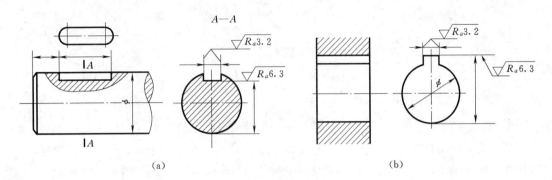

图 7.28　键槽的画法
(a) 轴上的键槽；(b) 轮毂上的键槽

3. 键联接的画法

(1) 普通平键联接和半圆键联接。普通平键和半圆键的联接作用原理相似。半圆键用于载荷不大的传动轴上。

画图时，因普通平键和半圆键的两侧面为其工作面，它与轴、轮毂的键槽两侧面相接触，所以分别只画一条线；而键的上、下底面为非工作面，其上底面与轮毂键槽的底面有一定的间隙，应画两条线。

在反映键长方向的剖视图中，轴采用局部剖视，键按不剖画出。如图 7.29 所示。

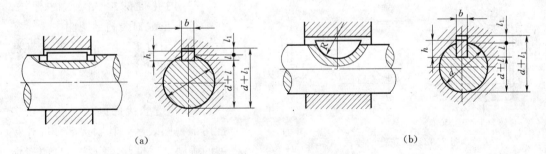

图 7.29　键的联接装配图
(a) 平键装配图画法；(b) 半圆键装配图画法

(2) 钩头楔键联接的画法。楔键的上顶面有 1∶100 的斜度，装配时沿轴向把键打入键槽，直至打紧。因此钩头楔键的上、下底面为工作面，各画一条线；两侧面基本尺寸相同也只画一条线。其视图如图 7.30 所示。

(3) 花键与花键联接的画法。花键的齿形有矩形、渐开线形和三角形等，其中以矩形为最常见。本节只介绍矩形花键，在轴上制成的花键称为外花键，在孔内制成的花键称为内花键，如图 7.31 所示。

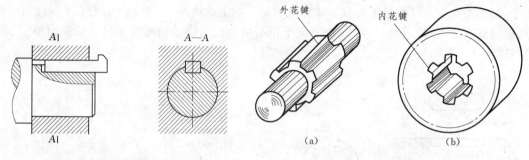

图 7.30 楔键的装配图画法   图 7.31 花键的种类

1）外花键的画法和尺寸标注。在平行于花键轴的投影面的视图中，大径用粗实线绘制，小径用细实线绘制，工作长度终止端和尾部长度的末端均用细实线绘制，并与轴线垂直，小径尾部画成与轴线成30°的斜线。在剖视图中画出一部分或全部齿形，如图 7.32 所示。

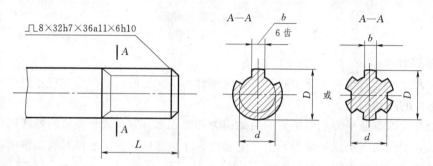

图 7.32 外花键的画法与标注

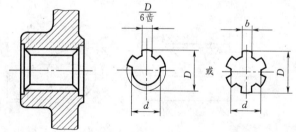

图 7.33 内花键的画法与标注

2）内花键的画法与尺寸标注。在平行于花键轴线的剖视图中，大径与小径均用粗实线绘制，并用局部视图画出全部或部分齿形，如图 7.33 所示。

3）花键联接的画法。花键联接常用剖视图表示，其联接部分按外花键的画法，非联接部分按各自的规定画法绘制，如图 7.34 所示。

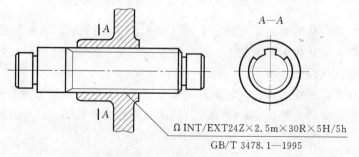

图 7.34 花键联接的画法

214

7.2.2 销

1. 销及其标记

销在机器设备中，主要用于零件间的定位或联接。常用的销有圆柱销、圆锥销和开口销，如图 7.35 所示。

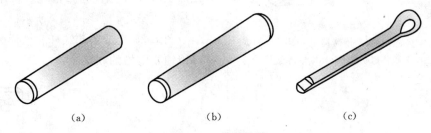

(a)   (b)   (c)

图 7.35　常用的销
(a) 圆柱销；(b) 圆锥销；(c) 开口销

销是标准件，它们的型式、尺寸均已标准化，实际使用时可查阅标准选用，销的结构型式和规定标记见表 7.8。

表 7.8　　　　　　　　　　常用销的结构型式和规定标记

名称及标准	主要尺寸	标记示例	说明
圆柱销 GB/T 119.1—2000		公称直径 $d=8$mm、公称长度 $l=30$mm、公差为 m6、材料为钢、不经淬火、不经表面处理的圆柱销： 销　GB/T 119.1　8m6×30	圆柱销按配合性质不同，分为 A、B、C、D 四种形式
圆锥销 GB/T 117—2000	1:50	公称直径 $d=10$mm、公称长度 $l=60$mm、材料为 35 钢、热处理硬度为 28～38HRC、表面氧化处理的 A 型圆锥销： 销　GB/T 117　10×60	圆锥销按表面加工要求不同，分为 A、B 两种形式。圆锥销的公称直径是指小端直径
开口销 GB/T 91—2000	l	公称直径 $d=5$mm、长度 $l=50$mm、材料为低碳钢、不经表面处理的开口销： 销　GB/T 91　5×50	公称直径指与之相配的销孔直径，故开口销公称直径都大于其实际直径

注　1. 由于用销联接的两个零件上的销孔通常需一起加工，因此，在图样中销孔尺寸标注时一般要注写"配做"；
　　2. 圆锥销的公称直径是小端直径，在圆锥销孔上需用引线标注尺寸；且当剖切平面通过销的基本轴线时，销按不剖绘制。

2. 销联接的画法

圆柱销和圆锥销的联接画法如图 7.36 所示。

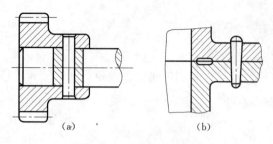

图 7.36　销联接的画法
(a) 圆柱销联接；(b) 圆锥销联接

圆柱销或圆锥销的装配要求较高，销孔一般要在被联接零件装配后同时加工，这一要求需在相应的零件图上注明"配做"。锥销孔的尺寸应引出标注。圆锥销孔加工时按公称直径先钻孔，再用定值铰刀扩铰成锥孔，如图 7.37 所示。

图 7.38 为带销孔螺杆和槽形螺母用开口销锁紧防松的联接图。

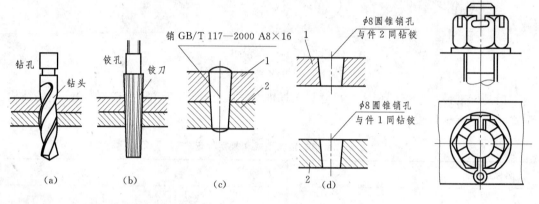

图 7.37　锥销孔的加工及尺寸标注

图 7.38　用开口销
锁紧防松

7.3　齿 轮 常 用 件

齿轮是机器中的传功零件，它用来将主动轴的动力传递到从动轴上，以实现传递功率、变速及换向等功能。齿轮广泛应用于机器设备中，是经常用到的零件。目前齿轮的性能参数中，只有模数和齿形角已标准化。

齿轮的各类很多，根据其传动情况可分为三类（图 7.39）：

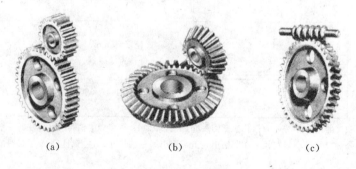

图 7.39　常见的齿轮传动
(a) 圆柱齿轮；(b) 锥齿轮；(c) 蜗杆与蜗轮

(1) 圆柱齿轮：用于两平行轴之间的传动。

(2) 圆锥齿轮：用于两相交轴之间的传动。

(3) 蜗杆与蜗轮：主要用于两交叉轴之间的传动。

按齿的轮廓区分齿轮有渐开线齿轮、摆线齿轮和圆弧齿轮。

齿轮有标准齿轮和非标准齿轮之分，本节将简单介绍标准直齿圆柱齿轮、直齿圆锥齿轮和蜗轮蜗杆的几何要素和规定画法，其他类型和规格齿轮的几何要素和相关规定画法，请读者查阅 GB/T 4459.2—2003 和《机械设计手册》中"齿轮传动"的有关内容，自行研究和了解。

7.3.1 圆柱齿轮

圆柱齿轮有直齿、斜齿和人字齿等，如图 7.40 所示。其中常用的是直齿圆柱齿轮（简称直齿轮），其结构一般由轮毂、轮辐、轮缘及轮齿组成。轮缘上有若干个轮齿，轮缘和轮毂之间由轮辐或辐板连接，辐板上一般有四个或六个孔，轮毂中间有轴孔和键槽。

图 7.40 圆柱齿轮
(a) 直齿；(b) 斜齿；(c) 人字齿

7.3.1.1 标准直齿圆柱齿轮的名称、代号及尺寸计算

1. 标准直齿圆柱齿轮各部分的名称和代号

图 7.42（a）为两相互啮合圆柱齿轮的传动示意图，图 7.41（b）为单个齿轮投影图，下面比照图 7.42 介绍直齿圆柱齿轮各几何要素如下：

(1) 齿顶圆——通过轮齿顶部的圆称为齿顶圆，其直径用 d_a 表示。

(2) 齿根圆——通过轮齿根部的圆称为齿根圆，其直径用 d_f 表示。

(3) 分度圆——位于齿顶圆与齿根圆之间的圆，该圆上齿厚弧长与槽宽弧长相等，该圆称为分度圆，其直径以 d 表示。分度圆是齿轮设计和制造时，进行尺寸计算的基准圆。

(4) 齿高、齿顶高、齿根高。

齿顶高——齿顶圆与分度圆之间的径向距离称为齿顶高，用 h_a 表示。

齿根圆——齿根圆与分度圆之间的径向距离称为齿根高，用 h_f 表示。

齿高——齿顶圆与齿根圆之间的径向距离称为齿高，以 h 表示。齿高等于齿顶高与齿根高之和，即 $h=h_a+h_r$。

(5) 齿距、齿厚、槽宽。

齿距——在分度圆上相邻两齿同侧齿廓对应点之间的弧长，称为齿距，以 p 表示。

两啮合齿轮的齿距应相等。

齿厚——每个轮齿齿廓在分度圆上的弧长，称为齿厚，以 s 表示。

槽宽——相邻轮齿间的齿槽在分度圆上的弧长，称为槽宽，用 e 表示。

在标准齿轮中，齿厚与槽宽各为齿距的一半，即 $s=e=p/2$，$p=s+e$。

（6）中心距——两啮合齿轮轴线之间的距离称为中心距，用 a 表示，如图 7.41（a）所示。

装配准确的标准齿轮中心距为：

$$a=(d_1+d_2)/2=m(z_1+z_2)/2$$

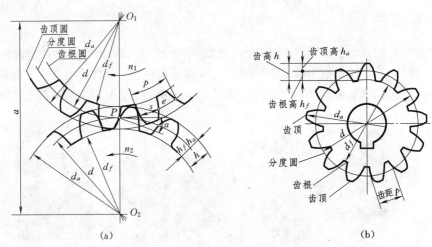

图 7.41　直齿轮各部分名称及代号

(a) 啮合图；(b) 单个齿轮投影图

2. 标准直齿圆柱齿轮的主要参数

齿轮虽然不是标准件，但轮齿的主要参数国家已标准化，其主要参数有：

（1）齿数 z——齿轮上轮齿的个数。

（2）模数 m——若齿轮的齿数是 z，则分度圆周长为 $\pi d=zp$，分度圆直径为 $d=zp/\pi$。其中 π 是无理数，为了便于计算和测量，p/π 就称为齿轮的模数，单位为 mm。

模数是设计和制造齿轮的基本参数，也反映了齿轮承载能力的大小。不同模数的齿轮要用不同模数的刀具来制造。为了便于设计和制造，减少齿轮成形刀具的规格，国家标准对模数规定了标准值，见表 7.9。

表 7.9　　　　　　　　　　齿轮模数系列（GB 1357—2008）

第一系列	1, 1.25, 1.5, 2, 2.5, 3, 4, 5, 6, 8, 10, 12, 16, 20, 25, 32, 40, 50
第二系列	1.75, 2.25, 2.75, (3.25), 3.5, (3.75), 4.5, 5.5, (6.5), 7, 9, (11), 14, 18, 22, 28, 36, 45

注　1. 选用模数时，应优先选用第一系列；其次选用第二系列；括号内的模数尽可能不用。

　　2. 对斜齿圆柱齿轮是指法向模数。

因为一对啮合齿轮的齿距 p 一定相等，π 是常数，所以一对齿轮啮合必要条件是模数必须相等。而且模数越大，齿越厚，表明齿轮的承载能力也越大。

（3）压力角 α ——两齿轮分度圆相切的切点 P 处，齿廓曲线的公法线（齿廓的受力方向）与两节圆的内公切线（节点 P 处的瞬时运动方向）所夹的锐角，称为压力角（单个齿轮称为齿形角），以 α 表示，我国采用的齿形角一般为 $20°$。

齿轮正确啮合的必要条件是压力角必须相等。

3. 标准直齿圆柱齿轮基本尺寸的计算

以上所述的几何要素均与模数 m、齿数 z 有关，计算公式见表 7.10。

表 7.10　　　　　　　　　　直齿圆柱齿轮各几何要素间尺寸关系

名　称	代　号	计　算　公　式
齿距	p	$p = \pi m$
齿顶高	h_a	$h_a = m$
齿根高	h_f	$h_f = 1.25m$
齿高	h	$h = 2.25m$
分度圆直径	d	$d = mz$
齿顶圆直径	d_a	$d_a = m(z+2)$
齿根圆直径	d_f	$d_f = m(z-2.5)$
中心距	a	$a = (d_1+d_2)/2 = m(z_1+z_2)/2$
传动比	i	$i = n_1/n_2 = z_2/z_1$

从表 7.10 中可知，已知齿轮的模数 m 和齿数 z，按表所示公式可以计算出各几何要素的尺寸，模数 m 和齿数 z 是齿轮设计、制造最主要的数据。

7.3.1.2　直齿圆柱齿轮的规定画法

1. 单个圆柱齿轮的画法（GB/T 4459.2—2003）

齿轮是常用件，国标已将其部分重要参数标准化、系列化，因此在绘图时，轮齿的形状结构不需要按真实投影画出，GB/T 4459.2—2003 对单个直齿圆柱齿轮的画法做了如下规定：

（1）在视图投影中，单个圆柱齿轮的画法如图 7.42（a）所示。齿顶圆和齿顶线用粗实线绘制；分度圆和分度线用细点画线绘制，齿根圆和齿根线用细实线绘制或省略不画。

（2）在剖视图投影中，当剖切平面通过齿轮的轴线时，轮齿一律按不剖处理。这时，齿根线用粗实线绘制，如图 7.42（b）所示。

（3）对于非直齿的斜齿、人字齿，可在非圆视图上用三条与齿线方向一致的细实线表示齿线形状，如图 7.42（c）、（d）所示。

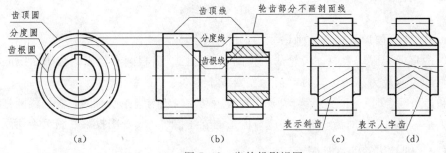

图 7.42　齿轮投影视图

（a）、（b）直齿；（c）斜齿；（d）人字齿

2. 圆柱齿轮啮合的画法

一对标准直齿圆柱齿轮，模数必须相同，即两齿轮的分度圆相切。

如图 7.43 所示，啮合区外按单个齿轮画法绘制，啮合区内按如下规则绘：

(1) 剖视表达两圆柱齿轮啮合区共有 5 条线（实、实、点画、虚、实），分别是从动齿轮齿根圆投影粗实线、主动齿轮齿顶圆投影粗实线、分度圆投影点画线、从动齿轮齿顶圆投影虚线（可省略不画）、主动齿轮齿根圆投影粗实线。其中齿顶线与另一个齿轮齿根线之间间隙为 0.25m。相互啮合状况画法如图 7.43（a）及局部放大视图所示。

(2) 在投影为圆的视图中，相互啮合的两齿轮分度圆相切，用点画线表示，如图 7.43（b）所示。

(3) 齿根圆投影省略不画，如图 7.43（b）、(c)、(d) 所示；啮合区可省略齿顶圆视图，如图 7.43（c）所示；在投影为非圆的外形视图中，齿根线与齿顶线在啮合区内均不画出，只作出粗实线表示分度圆相切的分度线视图，如图 7.43（d）所示。

(4) 斜齿、人字齿的齿形图符在图中应对称绘制，如图 7.43（d）所示。

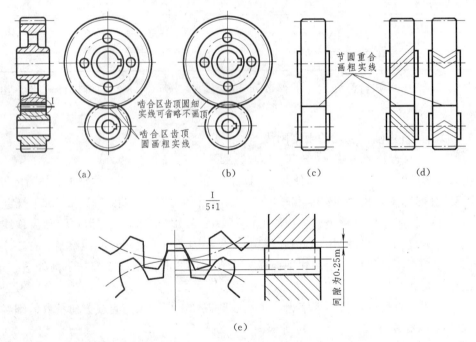

图 7.43 啮合齿轮视图投影

7.3.1.3 齿轮与齿条啮合的画法

当齿轮的直径无限增大时，齿轮的齿顶圆、分度圆、齿根圆和轮齿的齿廓曲线的曲率半径也无限增大而成为直线，这时，齿轮就变成了齿条。

齿轮和齿条啮合时，齿轮旋转，齿条作直线运动。齿轮与齿条啮合的画法与两圆柱齿轮啮合的画法基本相同，这时齿轮的节圆应与齿条的节线相切，其视图投影如图 7.44 所示。

7.3.1.4 圆柱齿轮的零件图

图 7.45 是圆柱齿轮的零件图，用两个视图表达齿轮的结构形状；主视图画成全剖视图

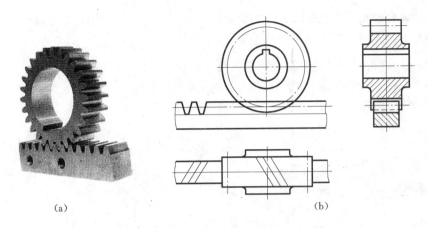

(a)   (b)

图 7.44 齿轮与齿条啮合的画法
(a) 轴测图；(b) 规定画法

及用局部视图表达齿轮的轮孔。图中齿轮轮齿部分的尺寸应标注齿顶圆直径、分度圆直径，而齿根圆直径按规定不标注：并在图样右上角表中列出模数、齿数及检测等基本参数。

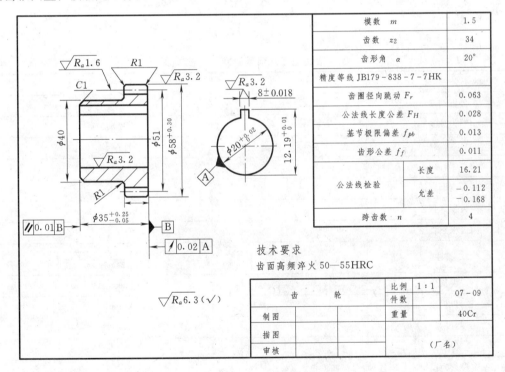

模数 m		1.5
齿数 z_2		34
齿形角 α		20°
精度等线 JB179-838-7-7HK		
齿圈径向跳动 F_r		0.063
公法线长度公差 F_H		0.028
基节极限偏差 f_{pb}		0.013
齿形公差 f_f		0.011
公法线检验	长度	16.21
	允差	-0.112 -0.168
跨齿数 n		4

技术要求
齿面高频淬火 50—55HRC

齿 轮		比例	1：1	07 - 09
		件数		
制图		重量		40Cr
描图				
审核			（厂名）	

图 7.45 圆柱齿轮零件图

7.3.2 圆锥齿轮的规定画法

锥齿轮的轮齿均匀地分布在圆锥面上，常用于相交两轴间的传动，两轴间的夹角一般为 90°。由于轮齿分布在圆锥面上，所以锥齿轮的轮齿一端大，另一端小，轮齿的齿厚是逐渐变化的，直径和模数也随着齿厚的变化而变化。为了设计和制造的方便，国家标准规定以大端为准，并用它决定轮齿的有关部分尺寸。

7.3.2.1 直齿圆锥齿轮各部分名称及尺寸关系

直齿锥齿轮各部分名称及尺寸关系参看图 7.46 及表 7.11。

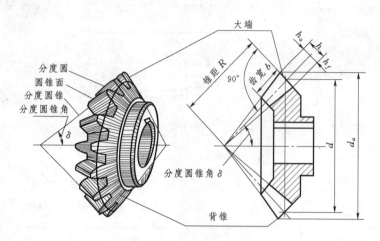

图 7.46　轮齿各部分名称及代号

表 7.11　　　　　　　　　圆锥直齿轮各几何要素间的尺寸关系

名　称	代　号	计　算　公　式
分度圆锥角	δ	$\tan\delta_1 = z_1/z_2$，$\tan\delta_2 = z_2/z_1$
齿顶高	h_a	$h_a = m$
齿根高	h_f	$h_f = 1.2m$
齿高	h	$h = 2.2m$
分度圆直径	d	$d = mz$
齿顶圆直径	d_a	$d_a = m(z+2\cos\delta)$
齿根圆直径	d_f	$d_f = m(z-2.4\cos\delta)$
锥距	R_e	$R = \dfrac{d_1}{2\sin\delta_1} = \dfrac{d_2}{2\sin\delta_2}$
齿顶角	θ_a	$\theta_a = \arctan(2\sin\delta/z)$
齿根角	θ_f	$\theta_f = \arctan(2.4\sin\delta/z)$
齿宽	b	$b \leqslant 4m$ 或 $b \leqslant \dfrac{1}{3}R$
传动比	i	$i = n_1/n_2 = z_2/z_1$

注　基本参数为模型 m，齿数 z，分度圆锥角 δ。

7.3.2.2 直齿圆锥齿轮的画法

1. 单个圆锥齿轮的画法

如图 7.47 所示，在投影为不为圆的视图中，齿形轮廓顶锥线用粗实线表示，齿根锥线省略不画，分度锥线用点划线表示。在投影为圆的视图上，齿顶圆用粗实线表示，大端的分度圆用点划线表示。在投影为非圆的视图上，常用剖视图表达，齿轮廓部分按不剖处

222

理,齿顶锥线和齿根锥线都用粗实线表示。

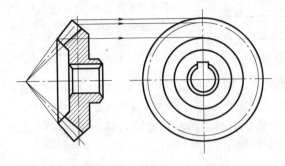

图 7.47 单个圆锥齿轮的画法

2. 两啮合圆锥齿轮的画法

两直齿圆锥标准齿轮啮合时,两分度圆锥应相切,啮合部分的画法与直齿圆柱齿轮啮合的情况相同,主视图一般取全剖视以表达两直齿轮啮合情况,其中啮合区仍然存在 5 条线(实、实、点画、虚、实),如图 7.48 所示。轴线正交的锥齿轮副的画图步骤如图 7.49 所示。

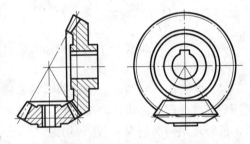

图 7.48 两啮合圆锥齿轮的画法

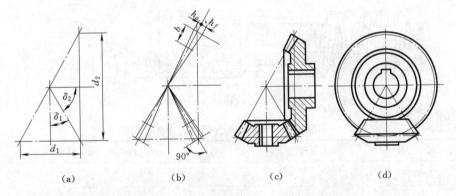

| (a) | (b) | (c) | (d) |

图 7.49 轴线正交的锥齿轮副的画图步骤

7.3.2.3 蜗轮蜗杆的画法

蜗轮蜗杆传动一般用于垂直交错两轴之间的传动。一般情况下,蜗杆为主动件,蜗轮是从动件。蜗杆的齿数称为头数,相当于螺杆上的螺纹的线数,常用的有单头和双头。蜗轮可以看成是一个斜齿轮,为了增加与蜗杆的接触面积,蜗轮的齿顶常加工成凹弧形。蜗轮蜗杆传动,可以得到很大的传动比,传递也较平稳,但效率低。一对啮合的蜗杆、蜗轮,其模数必须相同,蜗杆的导程角与蜗轮的螺旋角大小相等,方向相同。

1. 蜗轮蜗杆的主要参数及其尺寸关系

(1)模数 m。为设计和加工方便,规定以蜗杆的轴向模数 m_x 和蜗轮的端面模数 m_t 为标准模数。

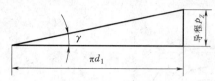

图 7.50　蜗杆的导程角

（2）蜗杆直径系数 q。蜗杆直径系数是蜗杆特有的一项重要参数，它等于蜗杆的分度圆直径 d 与轴向模数 m_x 的比值，即

$$q = d/m_x$$

对应于不同的标准模数，国标规定了相应的 q 值，引入这一系数的目的主要是为了减少加工刀具的数目。

（3）蜗杆导程角 γ。沿蜗杆分度圆柱面展开，螺旋线展成倾斜直线，斜线与底线间的夹角 γ 称为蜗杆的导程角，如图 7.50 所示。

当蜗杆的 q 和 z_1 选定后，螺杆圆柱上的导程角就唯一确定了：

$$\tan\gamma = \frac{\text{导程}}{\text{分度圆周长}} = \frac{\text{蜗杆头数}\times\text{轴向齿距}}{\text{分度圆周长}} = \frac{z_1 p_x}{\pi d_1} = \frac{z_1 \pi m}{\pi m q} = \frac{z_1}{q}$$

蜗杆、蜗轮的主要尺寸及其相互关系可参见表 7.12。

2. 蜗轮蜗杆的规定画法

（1）蜗杆的规定画法。蜗杆的形状如梯形螺杆。蜗杆的齿顶圆和齿顶线画粗实线，分度圆和分度线画点画线，齿根圆和齿根线画细实线，也可省略不画。蜗杆一般只画一个视图，齿形常用局部剖视表示。如图 7.51 所示。

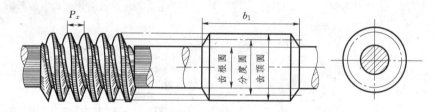

图 7.51　蜗杆的规定画法

表 7.12　　　　　　　　　　　标准蜗杆、蜗轮各部分尺寸的计算公式

名　称	符　号	计　算　公　式
轴向齿距	p_x	$p_x = \pi m$
齿顶高	h_a	$h_a = m$
齿根高	h_f	$h_f = 1.2m$
蜗杆分度圆直径	d_1	$d_1 = mq$
蜗杆齿顶圆直径	d_{a1}	$d_{a1} = m(q+2)$
蜗杆齿根圆直径	d_{f1}	$d_{f1} = m(q-2.4)$
导程角	γ	$\tan\gamma = z_1/q$
蜗杆导程	p_z	$p_z = z_1 p_x$
蜗杆齿宽	b_1	当 $z_1 = 1\sim2$ 时，$b_1 = (11+0.06z_2)m$ 当 $z_1 = 3\sim4$ 时，$b_1 \geqslant (12.5+0.09z_2)m$

名 称	符 号	计 算 公 式
蜗杆分度圆直径	d_2	$d_2 = mz_2$
蜗轮喉圆直径	d_{a2}	$d_{a2} = m(z_2 + 2)$
蜗轮顶圆直径	d_{e2}	当 $z_1 = 1$ 时，$d_{e2} \leqslant d_{a2} + 2m$ 当 $z_1 = 2 \sim 3$ 时，$d_{e2} \leqslant d_{a2} + 1.5m$ 当 $z_1 = 4$ 时，$d_{e2} \leqslant d_{a2} + m$
蜗轮齿根圆直径	d_{f2}	$d_{f2} = m(z_2 - 2.4)$
蜗轮齿宽	b_2	当 $z_1 \leqslant 3$ 时，$b_2 \leqslant 0.75 d_{a1}$ 当 $z_1 = 4$ 时，$b_2 \leqslant 0.67 d_{a1}$
蜗轮喉圆直径	r_{g2}	$r_{g2} = d_1/2 - m$
中心距	a	$a = m/2(q + z_2)$

（2）蜗轮的画法。蜗轮的画法与圆柱齿轮的画法基本相同，如图 7.52 所示。

在投影为圆的视图中，轮齿部分只需画出分度圆和齿顶圆，其他圆可省略不画。

剖视图的画法与圆柱齿轮相同，其结构形状按投影画出。

3. 蜗杆蜗轮的啮合画法

（1）在蜗轮投影为非圆的视图上画全剖视图，当剖切平面通过蜗轮的轴线时，蜗杆的齿顶圆用粗实线绘制，蜗轮被蜗杆遮住的部分不必画出。

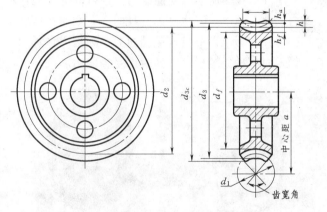

图 7.52　蜗轮的规定画法

（2）在蜗轮投影为圆的视图上，蜗轮的分度圆与蜗杆的分度线应相切，如图 7.53 所示。

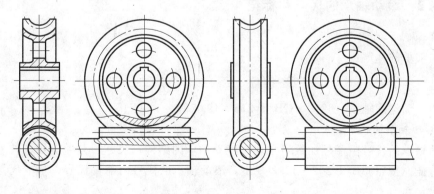

图 7.53　蜗杆蜗轮的啮合画法

7.4 滚 动 轴 承

轴承有滑动轴承和滚动轴承两种，它们的作用是支持轴旋转及承受轴上的载荷。由于滚动轴承的摩擦阻力小，所以在生产中使用比较广泛。

滚动轴承是标准组件，由专门的工厂生产，需用时可根据要求选择后确定型号选购即可。在设计机器时，不必画滚动轴承的零件图，只要在装配图中按标准规定画出即可。

7.4.1 滚动轴承的结构与类型

滚动轴承的典型结构如图 7.54 所示，通常由外圈、内圈、滚动体和保持架组成。

内圈装在轴颈上，外圈装在轴承座孔内，多数情况下内圈与轴一起转动，外圈保持不动。工作时滚动体在内外圈间滚动，保持架将滚动体均匀地隔开，以减少滚动体之间的摩擦和磨损。

滚动轴承按其所能承受的载荷方向可分为三类：

（1）向心轴承——主要承受径向力，如深沟球轴承。

（2）推力轴承——只承受轴向力，如推力球轴承。

（3）向心推力轴承——同时承受径向力和轴向力，如圆锥滚子轴承。

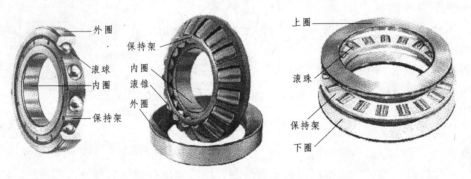

图 7.54 常用的滚动轴承

7.4.2 滚动轴承的代号和标记

1. 滚动轴承的标记

滚动轴承的标记：

| 轴承名称 | 轴承代号 | 标准编号 |

例如：深沟球轴承 6210 GB/T 276—1994 等。

2. 滚动轴承的代号

滚动轴承的代号由字母加数字来表示滚动轴承的结构、尺寸、公差等级、技术性能等产品的特征。按照 GB/T 272—1993 规定，滚动轴承的代号由前置代号、基本代号和后置代号构成。

（1）基本代号。基本代号表示轴承的基本类型、结构和尺寸，是轴承代号的基础。

基本代号由类型代号、尺寸系列代号和内径代号组成，排列如下：

$$\boxed{\text{轴承类型代号}}\quad\boxed{\text{尺寸系列代号}}\quad\boxed{\text{内径代号}}$$

类型代号用数字或字母表示，见表 7.13。

表 7.13　　　　　　　　　　　　轴 承 类 型 代 号

代号	轴 承 类 型	代号	轴 承 类 型
0	双列角接触球轴承	7	角接触球轴承
1	调心球轴承	8	推力圆柱滚子轴承
2	调心滚子轴承和推力调心滚子轴承	N	圆柱滚子轴承
3	圆锥滚子轴承	NN	双列或多列圆柱滚子轴承
4	双列深沟球轴承	U	外球面球轴承
5	推力球轴承	QJ	四点接触球轴承
6	深沟球轴承		

尺寸系列代号，由轴承的宽（高）度系列代号和直径系列代号组合而成，用两位阿拉伯数字表示。它的主要作用是区别内径相同而宽度和外径不同的轴承。具体可由 GB/T 272—1993 中查取。

尺寸系列代号有时可以省略。除圆锥滚子轴承外，其余各类轴承宽度系列代号"0"均省略；深沟球轴承的 10 尺寸系列代号中的"1"可以省略；双列深沟球轴承的宽度系列代号"2"可以省略。

内径代号，表示滚动轴承的公称直径，一般用两位阿拉伯数字表示，内径代号为 00、01、02、03 表示内径分别为 10mm、12mm、15mm、17mm；内径代号为 04～96 时，轴承内径为代号数字乘以 5；轴承公称内径为 1～9mm、≥500mm 以及 22mm、28mm、32mm 时，用公称内径的毫米数直接表示，但与尺寸系列代号之间加"/"隔开。

基本代号示例：

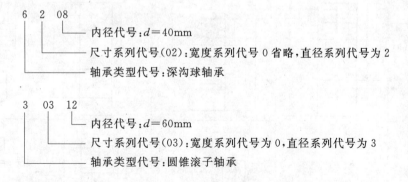

（2）前置、后置代号。前置、后置代号是在轴承结构形状、尺寸、公差和技术要求等有改变时，在其基本代号前后添加的一种补充代号。前置、后置代号较多，具体含义由该轴承的国标中查知。示例如图 7.55 所示。

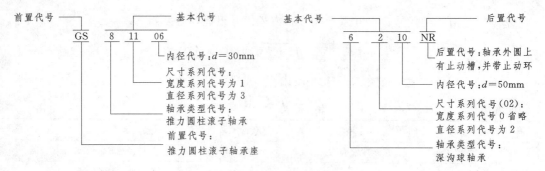

图 7.55　前置、后置代号

7.4.3　滚动轴承的画法（GB/T 4459.7—1998）

　　滚动轴承保持架的形状复杂多变，设计、绘图投影表示极不方便，且该产品已标准化、系列化，只需选用，因此国家标准规定了简化画法和规定画法。即在装配图中，当不需要确切地表示滚动轴承的形状和结构时，可采用简化画法和规定画法来绘制。简化画法又可采用通用画法或特征画法来表示。各种画法的示例见表 7.14，其中矩形线框、符号和轮廓线均用粗实线绘制。

表 7.14　　　　　　　　　滚动轴承的通用画法、特征画法和规定画法

轴承类型	通用画法	规定画法	特征画法	装配示意图
深沟球轴承 GB/T 276—1994 60000 型				
圆锥滚子轴承 GB/T 297—1994 30000 型				
推力球轴承 GB/T 301—1995 51000 型				

7.5 弹　簧

弹簧的用途很广，在机械中主要用来减振、夹紧、储存能量和测力等。弹簧的特点是去掉外力后，能立即恢复原状。弹簧的类型有圆柱螺旋弹簧、极弹簧、碟形弹簧、涡卷弹簧等，如图 7.56 所示。圆柱螺旋弹簧按承受载荷的不同分为压缩弹簧、拉力弹簧、扭力弹簧。

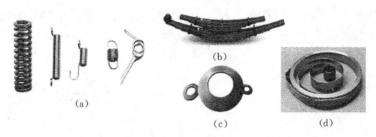

图 7.56　弹簧

(a) 圆柱螺旋弹簧；(b) 板弹簧；(c) 碟形弹簧；(d) 涡卷弹簧

7.5.1　圆柱螺旋压缩弹簧的结构尺寸

(1) 簧丝直径 d：制造弹簧的钢丝直径，按标准选取。

(2) 弹簧直径：

弹簧外径 D：弹簧的最大直径。

弹簧内径 D_1：弹簧的最小直径。

弹簧中径 D_2：弹簧的平均直径，按标准选取。

$$D=(D_2+D_1)/2=D_1+d=D_2-d$$

(3) 节距 p：相邻两有效圈上对应间的轴向距离。

(4) 圈数：

有效圈数 n：弹簧中间节距相同的部分圈数。

支承圈数 n_2：为使弹簧平衡、端面受力均匀，弹簧两端应磨平并紧，磨平并紧部分的圈数称为支承圈数 n_2，有 1.5、2 及 2.5 圈三种。

弹簧的总圈数 n_1：$n_1=n+n_2$

(5) 自由高度 H_0：在弹簧不受力的情况下，弹簧的高度

$$H_0=nt+(n_2-0.5)d$$

弹簧的各部分名称如图 7.57 所示。

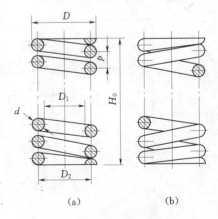

图 7.57　弹簧的各部分名称

(6) 弹簧展开长度 L：即制造弹簧用的簧丝长度，可按螺旋线展开，$L\approx\pi D_2 n_1$。

(7) 旋向：分为左旋和右旋两种，但大多数是右旋。

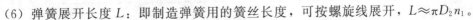

7.5.2　单个弹簧的画法

单个弹簧的画法如图 7.58 所示。国家标准对弹簧的画法做了如下规定：

（1）在平行于弹簧轴线的视图中，各圈的螺旋轮廓线画成直线。

（2）不论弹簧的支撑圈是多少，均可按支撑圈为 2.5 圈时的画法绘制。

（3）螺旋弹簧均可画成右旋，但左旋螺旋弹簧不论画成左旋或右旋，必须加写 LH。

（4）当弹簧的有效圈数大于 4 时，可以只画两端的 1～2 圈（支承圈除外），中间部分省略，用通过弹簧钢丝中心的两条点画线表示，并允许适当缩短图形的长度，但应注明弹簧的设计要求的自由高度。

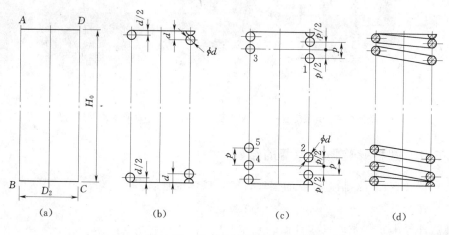

图 7.58　单个弹簧的规定画法

（a）以自由高度 H_0 和弹簧中径 D_2 作矩形 $ABCD$；（b）画出支承圈部分与弹簧丝直径相等的圆与半圆；
（c）根据节距 t 作弹簧丝断面；（d）按右旋方向作弹簧丝断面的切线。校核，加深，画剖画线

弹簧的零件图如图 7.59 所示。

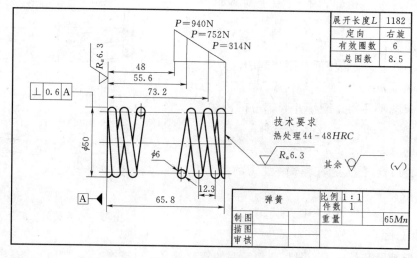

图 7.59　弹簧的零件图

7.5.3 弹簧在装配图中的画法

装配图中弹簧的画法如图 7.60 所示，画图时应注意以下几点：

（1）在装配图中，将弹簧看成一个实体，弹簧后面被遮挡住的零件轮廓不必画出，如图 7.60（a）所示。

（2）在剖视图中，若弹簧的簧丝直径小于或等于 2mm 时，断面不画剖面线，可以将其涂黑表示，如图 7.60（b）所示。

（3）簧丝直径或厚度在图形上不大于 2mm 时，允许用单线（粗实线）示意画法画出，如图 7.60（c）所示。

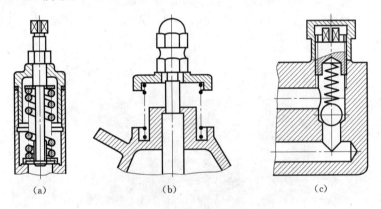

图 7.60　装配图中的弹簧画法

第8章 零 件 图

机器设备或其组成部件都是由若干零件按一定的关系装配而成。如图 8.1 所示，齿轮泵是由泵体 7、从动齿轮 12、泵盖 4、齿轮轴 6、从动轴 11、压盖 10 等一般零件、齿轮等常用件以及销、螺栓等各种标准件共同组成，并按一定设计和生产要求，经装配而实现其设计功能的。

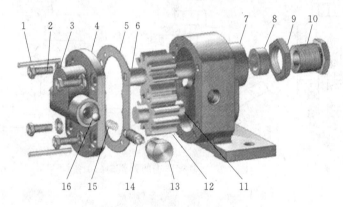

图 8.1　齿轮油泵的构成分解图

1—销；2—螺栓；3—垫圈；4—泵盖；5—垫片；6—齿轮轴；7—泵体；8—填料；
9—螺母；10—压盖；11—从动轴；12—齿轮；13—调节螺母；
14—防护螺母；15—弹簧；16—铜球

（1）标准件。如紧固件（螺栓、螺母、垫圈、螺钉）、滚动轴承、油杯、毡圈、螺塞等。这些标准件使用特别广泛，其型式、规格、材料等都有统一的国家标准，依据相关标准即可知道其形状、结构和尺寸。使用时，只需按标准及规格就可购买或定做，一般不必画出零件图（有关知识参阅第七章）。

（2）常用件。如齿轮、蜗轮、蜗杆等零件，广泛应用于各种传动机构中。国家标准只对其零件的功能结构部分（如齿轮的轮廓）实行标准化，并规范相关画法，其余形状和结构则因使用条件的不同而不同。一般而言，常用件不需要画零件图（有关知识参阅第七章）。

（3）一般零件。如泵体、泵盖、齿轮轴等零件，它们的形状、结构、大小都必须按部件的功能和结构要求进行专门设计。机器设备的一般零件按照它们的结构特点和功能可以分成轴套类零件、盘盖类零件、叉架类零件和箱体类零件等四种类型。通常，一般零件都需画出零件图以供制造和检验。

8.1 零件图的作用与内容

8.1.1 零件图的作用

零件图是表示零件结构、大小及技术要求的图样。在生产过程中，哪怕形状、结构最简单的零件，要制造它，都需要采用零件图进行表达和约定，所以零件图是制造和检验产品是否合格的依据，也是使用和维修中的主要技术文件之一。

8.1.2 零件图的内容

图 8.2 所示图样是阀盖的零件图。一张零件图应具备以下四方面的内容。

（1）一组视图。用以完整、清晰地表达出零件的结构及形状。

（2）零件尺寸。用以完整、清晰、合理地表达零件各部分确定大小和相对位置（尺寸公差、形位公差）的尺寸。

（3）生产技术要求。用以说明零件在制造和检验时应达到的各种生产技术要求和过程工艺等要求（采用一些符号、数字、字母和文字注解，简明而准确地给出技术要求）。例如：零件表面应具有的表面粗糙度、尺寸公差、形位公差、热处理、表面处理以及其他要求。

（4）标题栏。一般应填写零件的名称、材料、数量、比例、图样编号、责任人信息（制图人、设计人、校核人、审核人、审定人等）、日期、单位等。

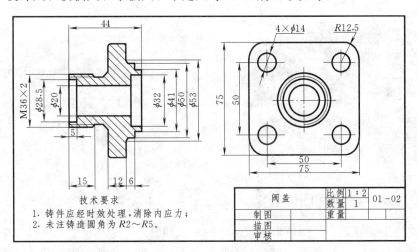

图 8.2 盘盖零件图

8.2 零件的表达方法

零件图要求将零件的结构形式完整、清楚地表达出来。零件图表达的一般步骤为：首先选择零件的主视图；然后确定基本视图数目；最后根据其结构形状特点，灵活选用剖视、断面、辅助视图等表达方法。应注意确定零件表达方案时所采用的一些视图表达方法都应各有明确的目的，且各有侧重，既力求简洁，又要力求表达完整、清晰。

通常零件视图首先要解决两个主要问题：①如何选择主视图；②对于不同结构形状的零件怎样确定其基本视图数量及采用何种视图表达。

8.2.1　零件主视图的选择

主视图是图样的核心。选择主视图时，先要明确零件的安放位置。应选择最能反映零件形体和结构特征的方向作为主视方向，在主视图上尽可能多地展现零件的内外结构形状。

选择主视图应考虑以下原则。

1. 表达形状特征原则

（1）主视图应能清楚地反映出零件结构形状特征。

（2）构成零件的各组成部分相对位置关系。

（3）兼顾该零件其他视图表达。

2. 确定零件的安放位置

（1）通常壳体、叉架零件，因加工位置多变，常为铸件类构件，再进行二次加工而成。按零件在机器上的工作位置放置投影，进行主视图的选择，便于读图时指导安装。

（2）盘盖、轴套类等回转体的零件，需要通过车床或磨床加工，加工工序简单，故常将其放到与加工状态一致的位置进行视图选择，如图8.3所示。

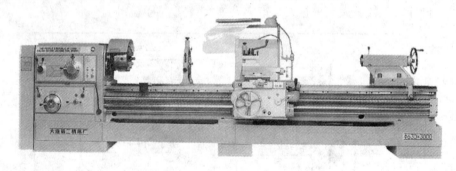

图 8.3　车床加工

8.2.2　零件其他视图的选择

其他视图用于补充主视图尚未表达清楚的形状和结构。这些视图的选择，应在清楚表达零件形状、结构、尺寸和相互位置关系的前提下，尽量减少视图的数量，以便于绘图和看图。

其他视图的选择一般注意以下几点。

（1）根据零件的复杂程度和内、外结构的情况，全面考虑所需要的其他视图，使每个视图有明确表达的内容。

（2）优先考虑用基本视图以及基本视图上作剖视的表达方法。采用局部视图及斜剖视图时，应尽可能按视图关系配置在相关视图附近。

（3）考虑视图位置的合理布置，保持图样清晰匀称，便于标注尺寸及书写技术要求，充分利用图幅内容。

8.2.3　零件表达方法的举例

1. 轴套类零件

轴一般是用来支承和传递动力的零件。套一般是装在轴上的零件，起轴向定位、传动或连接等作用。

（1）结构特点。这类零件形状和结构的主体部分可以看作是回转体，由于设计和工艺要求，这类零件常带有键槽、销孔、轴肩、螺纹、越程槽、退刀槽、滚花、结构平面和中心孔等结构，以及便于零件装配出现的倒角、倒圆等。

（2）表达方法。轴套类零件主要是在车床或磨床上进行加工。为了加工时看图方便，轴套类零件的主视图按其加工位置选择，一般将轴线水平放置，一般用一个主视图就可以表达主体形状和结构。轴上的局部结构通常用断面图、局部视图、局部剖视图、局部放大图等来表达。如图 8.4 所示。

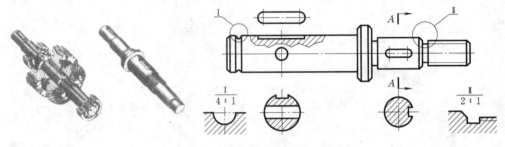

图 8.4　轴套类零件图

图 8.5 为顶尖套筒零件的视图。它是一个空心圆柱体，主视图采用全剖视表达；应用 B 向视图表达右端面均匀分布的三个螺孔；通过移出断面视图表达下部长槽和后部的沉孔。

2. 盘盖类零件

如箱体盖板设备的法兰等都属于盘盖类零件，起支承和密封作用。

（1）结构特点。盘盖类零件的基本结构为扁平状的盘状体，其厚度方向尺寸比其他方向尺寸小得多，为了装配，设有光孔、键槽、螺孔、轮辐、凸台、凹坑等结构。

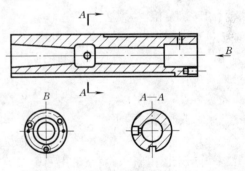

图 8.5　车床尾座的顶尖套筒的视图

（2）表达方法。盘盖类零件常用如下表达方案：

1）车削加工的盘盖，其轴线按水平放置；非车削加工的盘盖，可按工作位置放置。

2）盘盖类零件，一般采用两个基本视图来表达。主视图常采用全剖视（由单一剖切面或几个相交的剖切面剖切获得）以表达孔槽等结构，另一视图多用来表示外形轮廓和各组成部分如孔、轮辐等的结构形状和相对位置。

3) 零件上的细小结构通常采用局部放大图、局部剖视图和简化画法来进行表达。

图 8.6 为箱盖零件的立体图和视图表达，主视图选择工作位置放置。图 8.7 为轴承盖的视图表达，图 8.8 为手轮的视图表达，主视图均按加工位置放置。

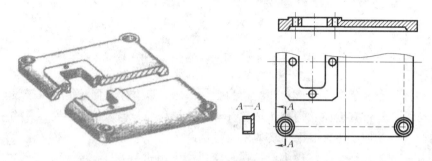

图 8.6 箱盖零件的立体图和视图

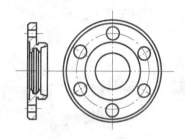

图 8.7 轴承盖视图

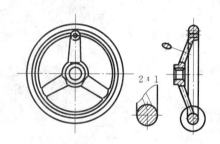

图 8.8 手轮视图

3. 叉架类零件

叉架类零件主要有拨叉、连杆、摇臂和杠杆等。在机器中主要起操纵、调速、传动、支承和连接等作用。

(1) 结构特点。叉架类零件一般结构比较复杂，常带有倾斜结构和弯曲部分，毛坯多为铸件和锻件。这类零件就其功能而言一般分为三个部分：一是支承部分，用以与相邻零件的连接，支承整个叉架零件；二是工作部分，多为圆筒形轴套，它是用来连接运动轴、齿轮等零件；三是连接部分，多为筋板结构，由它把叉架零件中的支承部分和工作部分连接起来。其细部结构也较多，有圆孔、螺孔、油槽、油孔、凸台和沉孔等。

(2) 表达方法。叉架类零件需多种机械进行加工，其加工位置难以分清主次，工作位置也较多变化，所以，通常采用两个或两个以上的基本视图表示，主视图主要按工作位置或安装时平放的位置选择，并选择最能体现形状特征和各组成部分的相互位置关系的方向。再视具体情况选用断面图、局部剖视图、斜视图、局部视图等表达其细部。

图 8.9 为支撑架的立体图和视图表达，其结构为装轴承的圆筒、固定底板和支撑板三部分组成；底板下面的凹槽与上面的凸台，是为了减少加工量设计的局部构造。主视图按零件的工作位置放置，并选择 A 投影方向，使零件的圆筒等组成部分的形状、相对位置及连接关系表达清楚。

其他视图表达有以下两种：

(1) 主视图上表达了主要形体圆柱筒的圆形特征，其轴向的形状及轴孔的内部结构，

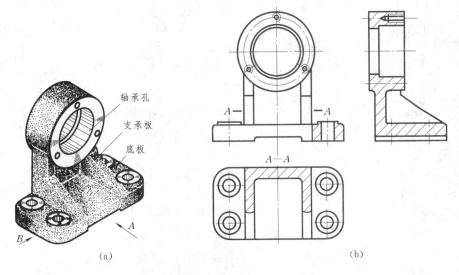

图 8.9　支撑架立体和视图

(a) 立体；(b) 视图

通过全剖左视图表达并表达支撑板的形状和连接情况，如图 8.9 (b) 所示。

(2) 底板孔的内部形状采用主视图局部剖视表达，并采用 $A—A$ 全剖视图，表达底板形状和交撑板断面形状，如图 8.9 (b) 所示。

图 8.10　箱体类零件

4. 箱体类零件

箱体类零件有减速箱、泵体、机座、阀体等。此类零件在机器中主要用来支承、包容、保护运动零件或其他零件。

(1) 结构特点。箱体类零件多为铸件，其结构形状比较复杂，且加工工序多。它通常具有一个由薄壁所围成的较大空腔和与其相连供安装用的底板，在箱壁上有多个支承孔，为了起加固作用，往往有加强肋结构。另外，箱体类零件上还有很多细部结构，如凸台、沉孔、螺孔、销孔、拔模斜度、铸造圆角及倒角等。

(2) 表达方法。箱体类零件结构形状复杂，制造时所使用的加工方法及装夹位置变化较多，放置位置难分主次，如图 8.10 所示。所以一般箱体类零件需要三个或以上基本视图表达，选择主视图时一般以工作位置及最能反映零件特征形状的方向作为主视

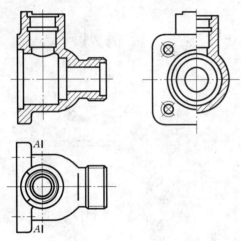

图 8.11　阀体的视图

图的投射方向。此外还需根据具体情况选用一些剖视图、断面图等表达方法表达局部细节。

图 8.11 为球阀的视图，其结构为球形壳体，内腔容纳阀芯、阀杆和密封件等零件；左边方形凸缘的四个螺钉孔，用于与阀盖连接；上部圆筒用于安装阀杆、填料等；右端螺纹用于连接管道。

阀体主视图采用全剖视图，表达其复杂的内部结构；主体部分外形特征和左端凸台的方形结构，采用半剖的左视图表达；顶部凸缘和阀体的外形，采取俯视图表达。表达方案如图 8.11 所示。

8.3　零件工艺性简介

零件形状、结构不仅要满足设计要求，更要满足生产工艺的要求，便于制造。常见的工艺结构有铸造工艺结构和机械加工工艺结构。

8.3.1　铸造零件的工艺结构

1. 起模斜度

采用铸造的方法制造零件毛坯时，为了便于从型砂中取出模型，通常沿起模方向要求有约 1:20 的斜度，叫做起模斜度。因此，浇注的铸件外形必然存在相应的起模斜度，如图 8.12（a）所示。因此，在铸件零件图上也就存在相应的斜度。通常为便于制图，这一斜度在图上可以不标注，也不一定画出，可以在技术要求中用文字加以说明，如图 8.12（b）所示。

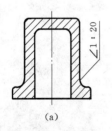

图 8.12　起模斜度

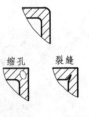

图 8.13　铸造圆角

2. 铸造圆角

在铸件毛坯各表面的相交处，都有铸造圆角。这样既能方便起模，又能防止浇注铁水时将砂型转角处冲坏，还可以避免铸件在冷却时产生裂缝或缩孔，如图 8.13 所示。一般铸造圆角在图上不标注，常集中注写在技术要求中。铸造圆角的半径一般为

3～5mm。

　　在铸件或锻件上，形体表面存在相贯线的地方也常有圆角，使形体表面光滑过渡。这样，零件表面轮廓交线就不很明显。为了使其投影具有真实感，便于看图和区分不同的表面，通常仍然按没有圆角的相贯线制图，但相贯线两端不与圆角相交连。这种形体表面相贯交线称为过渡线。各种常见形体相贯的过渡线如图 8.14 所示。

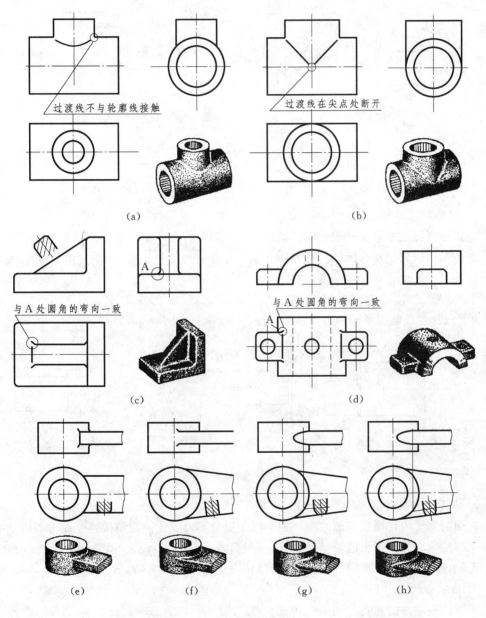

图 8.14　过渡线画法

（a）过渡线不与轮廓线接触；（b）过渡线在尖点处断开；（c）、（d）与圆角的弯向一致；
（e）相交；（f）相切；（g）相交；（h）相切

3. 铸件壁厚

在浇注过程中，若铸件的结构突变、壁厚相差过大等，会引起各组成部分冷却速度不同，从而产生缩孔或裂纹等缺陷，影响铸件的质量，如图 8.15（c）所示。因此要求铸件结构的壁厚变化应尽可能大致相等，或均匀变化，或逐渐变化，以保证铸件浇注冷却时，收缩均匀，如图 8.15（a）、（b）所示。

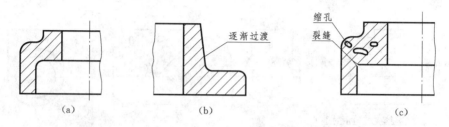

图 8.15　铸件壁厚
（a）壁厚均匀；（b）逐渐过渡；（c）产生缩孔和裂缝

8.3.2　零件加工工艺结构

1. 倒角和倒圆 ❶

倒角与倒圆能去除零件的毛刺、锐边，避免因应力集中而产生裂纹。另外，在轴、轴肩部或孔端部采取倒角与倒圆，可方便装配。零件的倒角和倒圆，其尺寸已标准化了，数值随零件直径的变化而变化，可查 GB 6403.4—2008。

倒角一般成 45°，有时也用 30°或 60°，以 XX×45°或 CXX 注出，倒圆以 RXX 注出。XX 为倒角深度或倒圆半径，如图 8.16 所示。

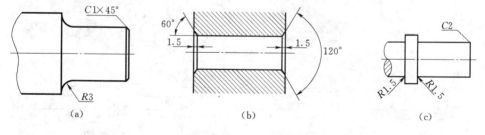

图 8.16　倒角和倒圆

2. 退刀槽砂轮越程槽 ❷

在切削加工内外圆柱或螺纹时，为了便于退出车刀或让砂轮稍微越过加工表面，常在待加工面的末端先车削出退刀槽或砂轮越程槽，如图 8.17 所示。退刀槽或砂轮越程槽的尺寸已经标准化，可根据轴的直径查标准 GB 3—1997、GB 6403.5—1986 确定。

3. 钻孔结构

采用钻头钻出的盲孔，因钻头顶部轮廓的影响，孔底部存在锥角为 120°的圆锥。钻

---

❶　GB 6403.4—2008《零件倒圆和倒角》。

❷　GB 3—1997《普通螺纹收尾、肩距、退刀槽和倒角》，GB 6403.5—1986《砂轮越程槽》。

孔深度指圆柱部分的长度，不包括锥坑，其画法及尺寸标注如图 8.18（a）所示。在阶梯钻孔（沉孔）的过渡处，存在锥角为 120°的圆台，其画法及尺寸标注如图 8.18（b）所示。

用钻头钻孔时，要求采取预加工等方法，保证形体被钻孔的表面与钻头轴线垂直，确保钻孔位置的准确，避免钻头折断，如图 8.19 所示。

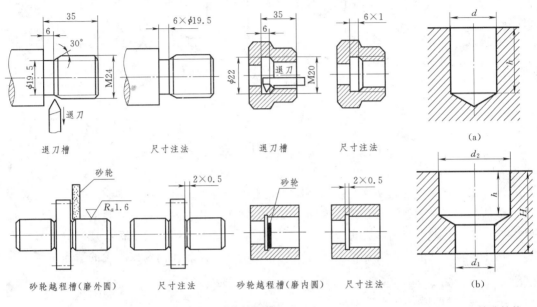

图 8.17　退刀槽和砂轮越程槽　　　　图 8.18　钻孔结构
（a）盲孔；（b）沉孔

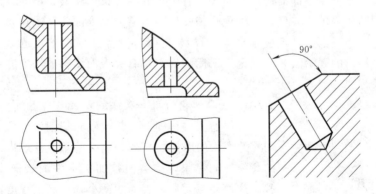

图 8.19　三种钻孔端面的正确结构

4. 凸台和凹坑

形体表面与其他零件接触时，为了确保接触良好，必须对接触表面进行相应的机械加工。为满足生产技术要求又能减少加工量，零件结构常采用减少加工表面结构的措施，例如：凸台、凹坑等结构，如图 8.20 所示。

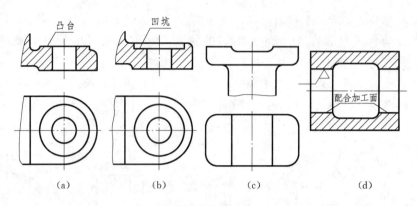

图 8.20 凸台和凹坑

(a) 凸台；(b) 凹坑；(c) 凹槽；(d) 凹腔

8.4 零件的技术要求

零件图的技术要求是用来说明零件制造完工后应达到的有关的技术质量指标，它直接影响零件的质量和制造方法，是零件图重要内容之一。其主要内容有：表面结构要求、尺寸公差、几何公差、材料热处理及表面处理等。技术要求一般用技术标准规定的代号（符号）标注在零件图上，没有标准规定的可用简明的文字注写在标题栏附近的适当位置。

8.4.1 表面结构要求

表面结构要求是评定机械零件质量的重要技术指标之一，在机械零件的设计、生产、加工和验收的过程中是一项必不可少的质量标准，对于零件的配合、抗腐蚀性、耐磨性、接触刚度、疲劳强度及零件的使用寿命等都有很重要的意义。因此在产品技术文件中必须正确标注表面结构要求，并且要正确理解和阅读表面结构要求的含义。在技术产品文件中正确标注表面结构要求，必须遵循 GB/T 131—2006《产品几何技术规范（GPS）技术产品文件中表面结构的表示法》的规定，该标准规定了有关表面结构的评定方法、主要评定参数、代号及标注方法。

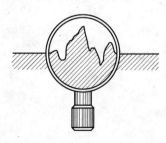

图 8.21 表面结构的粗糙度
轮廓示意图

1. 表面结构的概念及评定方法

零件加工过程中，刀具或砂轮切削后遗留的痕迹、刀具和零件表面的摩擦、切屑分离时的塑性变形以及工艺系统中的高频振动等原因均会使被加工零件的表面产生微小的峰谷。这种加工后零件表面的微小峰谷高低程度和间距形状所组成的微观几何形状特性称为表面结构的粗糙度轮廓，其示图如图 8.21 所示。

在工程技术文件中，表面结构参数中的 R 轮廓（粗糙度轮廓）参数 R_a 和 R_z 是最常用的评定参数。

（1）R_a 轮廓的算术平均偏差。如图 8.22 所示，R_a 是在一个取样长度内纵坐标值

$Z(x)$ 绝对值的算术平均值，见式（8.1）所示。R_a 值越大，表面轮廓越粗糙，可反映表面结构的微观几何形状特征。

$$R_a = \frac{1}{l}\int_0^l \mid y(x)\mid \mathrm{d}x \qquad (8.1)$$

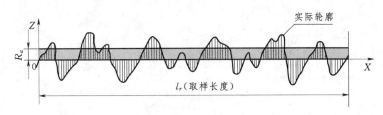

图 8.22　轮廓算术平均偏差 R_a

表面结构要求 R_a 参数值已标准系列化，见表 8.1。R_a 值测量时，取抽样长度 C 按表 8.2 的推荐值选用，否则需要在图样或技术文件中另行标准说明要求的取样长度。

表 8.1　　　　　　　　　　表面粗糙度 R_a 值系列　　　　　　　　　　单位：μm

优先系列	第二系列	优先系列	第二系列	优先系列	第二系列
100	80	3.2	2.5	0.100	0.080
	63		2.0		0.063
50	40	1.60	1.25	0.050	0.040
	32		1.00		0.032
25	20	0.80	0.63	0.025	0.020
	16.0		0.50		0.016
12.5	10.0	0.40	0.32	0.012	0.010
	8.0		0.25		0.008
6.3	5.0	0.20	0.160		
	4.0		0.125		

表 8.2　　　　　　　　表面粗糙度 R_a 值的取样长度 l 选用值

$R_a(\mu m)$	$l(mm)$	$R_a(\mu m)$	$l(mm)$
$0.008 < R_a \leqslant 0.02$	0.08	$2.0 < R_a \leqslant 10.0$	2.5
$0.02 < R_a \leqslant 0.1$	0.25	$10.0 < R_a \leqslant 80.0$	8.0
$0.1 < R_a \leqslant 2.0$	0.8		

（2）R_z 轮廓最大高度。如图 8.23 所示，R_z 是在一个取样长度内，最大轮廓峰高 Z_p 和最大轮廓谷深 Z_V 之和。R_z 值越大，表面越粗糙。但它不如 R_a 对表面粗糙程度反映的客观全面。

表面结构轮廓参数值的大小与加工方法、所用刀具以及工件材料等因素有密切关系，表 8.3 给出了常用 R_a 值与加工方法的关系。

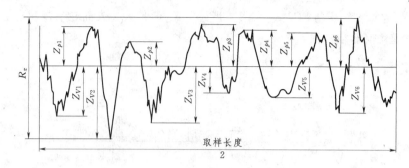

图 8.23　轮廓最大高度 R_z

表 8.3　　　　　　　**常用切削加工表面结构要求 R_a 值和相应的表面特征**

$R_a(\mu m)$	表面特征	加工方法		应 用 举 例
50	明显可见刀痕	粗加工面	粗车 粗刨 粗铣 钻孔等	很少使用
25	可见刀痕			钻孔表面、倒角、端面、穿螺栓用的光孔、沉孔，要求较低的非接触面
12.5	微见刀痕			
6.3	可见加工痕迹	半精加工面	精车 精刨 精铣 铰孔 刮研粗磨等	要求较低的静止接触面，如轴肩、螺栓头的支撑面、盖板的结合面，要求较高的非接触表面，如支架、箱体、离合器、皮带轮、凸轮的非接触面
3.2	微见加工痕迹			要求紧贴的静止结合面，以及有较低配合要求的内孔表面，如支架、箱体的结合面等
1.6	看不见加工痕迹			一般转速的轴孔、低速转动的轴颈，一般配合用的内孔，如衬套的压入孔，一般箱体的滚动轴承孔，齿轮的齿廓去向，轴、齿轮、皮带轮的配合表面等
0.8	可见加工痕迹的方向	精加工面	精磨 精铰 抛光 研磨 金刚石车刀精车、精拉等	一般转速的轴颈，定位销、孔的配合面，要求保证较高定心及配合的表面，一般精度的刻度盘，需镀铬抛光的表面
0.4	微辨加工痕迹的方向			要求保证规定的配合特性的表面，如滑动导轨面，高速工作的滑动轴承，凸轮工作面等
0.2	不可辨加工痕迹的方向			精密机床的主轴锥孔，活塞销和活塞孔，要求气密的表面和支撑面
0.1	暗光泽面	光加工面	细磨 抛光 研磨	确保精确定位的锥面
0.05	亮光泽面			精密仪器磨擦面，量具工作面，保证高度气密的结合面，量规的测量面，光学仪器的金属镜面
0.025	镜状光泽面			
0.012	雾状镜面			
0.006	镜面			

　2. 表面结构要求的符号和代号

　(1) 表面结构要求的符号及其含义。表 8.4 是图样上零件表面结构要求的符号及其说明。

　(2) 表面结构要求的代号及其含义。表面结构要求的数值及其有关规定在符号中的画法及注写位置如图 8.24、图 8.25 所示。

244

表 8.4　　　　　　　　　　表面结构要求符号（GB/T 131—2006）

符　号	说　明
	表示表面可用任何方法获得。当不加注表面结构要求参数值或有关说明（例如表面处理，局部热处理状况等）时，仅适用于简化代号标注
	表示表面是用去除材料的方法获得。例如车、铣、钻、磨、剪切、抛光、腐蚀、电火花加工、气割等
	表示表面是用不去除材料的方法获得。例如铸、锻、冲压变形、热轧、冷轧、粉末冶金等。或者是用于保持原供应状况的表面（包括保持上道工序的状况）
	在上述三个符号的长边上均加一横线，用于标注有关参数和说明
	在上述三个符号上均加一小圆，表示所有表面具有相同的表面结构要求

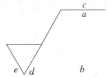
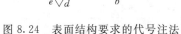

图 8.24　表面结构要求的代号注法

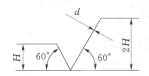

图 8.25　表面结构图形符号的画法

位置 a、b：注写两个或多个表面结构要求。在位置 a 注写第一个表面结构要求，在位置 b 注写第二个表面结构要求。如果要注写第三个或更多的表面结构要求，图形符号应在垂直方向扩大，以空出足够的空间。扩大图形符号时，a 和 b 的位置随之上移。

位置 c：注写加工方法。注写加工方法、表面处理、涂层或其他加工工艺要求等，如车、磨、镀等加工表面。

位置 d：注写表面纹理及其方向。

位置 e：注写加工余量。注写所要求的加工余量，以毫米为单位给出数值。

表面结构要求的代号由表面结构要求符号、参数值（数字）及其他有关说明组成。它是指被加工表面完工后的要求。GB/T 131—2006 规定了表面结构要求的符号、代号及其注法。

表面结构要求的代号及其意义见表 8.5。

表 8.5　　　　　　　　　　表面结构要求的代号及意义

代　号	意　义
$\sqrt{R_a 6.3}$	任意加工方法获得的表面，单向上限值，默认传输带，R_a 的上限值为 $6.3\mu m$，评定长度为 5 个取样长度（默认），16% 规则（默认）
$\sqrt{R_a 6.3}$	用去除材料的方法获得的表面，单向上限值，默认传输带，R_a 的上限值为 $6.3\mu m$，评定长度为 5 个取样长度（默认），16% 规则（默认）

代 号	意 义
$\sqrt{}\ R_a6.3$	用不去除材料的方法获得的表面，单向上限值，默认传输带，R_a 的上限值为 $6.3\mu m$，评定长度为 5 个取样长度（默认），16％规则（默认）
$\sqrt{}\begin{array}{l}U\ R_{amax}6.3\\L\ \ R_a1.6\end{array}$	用不去除材料的方法获得的表面，双向极限值，两极限值使用默认传输带。R_a 的上限值为 $6.3\mu m$，评定长度为 5 个取样长度（默认），最大规则。R_a 的下限值为 $1.6\mu m$，评定长度为 5 个取样长度（默认），16％规则（默认）

注　1. 上限和下限的标注：表示双向极限时应标注上极限代号"U"和下极限代号"L"。如果同一参数具有双向极限要求，则也可省略标注；若为单向下极限，则必须标注"L"。

2. 评定长度的标注：如果是默认的评定长度则可省略标注；如果评定长度不等于 $5l_r$，则应注出取样长度的个数。

3. 极限值判断规则和极限值的标注：上限为 16％规则，下限为最大规则。为了避免误解，在参数代号和极限值之间插入一个空格。

4. 16％规则：运用本规则时，当被检表面测得的全部参数值中，超过极限值的个数不多于总个数的 16％时，该表面是合格的。最大规则：运用本规则时，被检的整个表面上测得的参数值一个也不应超过给定的极限值。

（3）表面结构图形符号的文本表示法。在标准中除了给出表面结构要求的图样表示法外，同时规定了在技术产品文件（包括图样、说明书、合同、报告等）中表面结构要求的文本表示法（见表 8.6）。

表 8.6　　　　　　　　　　　表面结构图样表示法与文本表示法

表面结构图形符号及含义	$\sqrt{}$ 允许任何工艺	$\sqrt{}$ 去除材料工艺	$\sqrt{}$ 不去除材料工艺
表面结构文本表示法	APA	MMR	NMR
图样标注示例	$\sqrt{}$ Fe/Ep・Cr50	$\sqrt{}\begin{array}{l}磨\\R_z6.3\end{array}$	$\sqrt{}\begin{array}{l}Cu/Ep・Ni5bCr0.3r\\R_z0.8\end{array}$
文本表示法示例	APA Fe/Ep・Cr50	MMR 磨 R_z 6.3	NMR Cu/Ep・Ni5bCr0.3r Rz 0.8

3. 表面结构要求的标注方法和规定（GB/T 131—2006）

以图 8.26 为例，一般表面结构要求在图样上的标注原则是：

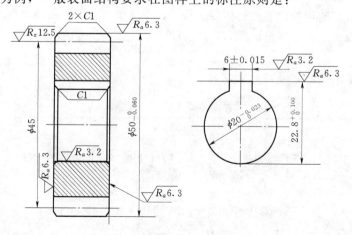

图 8.26　表面结构要求的图形标注

（1）表面结构要求符号、代号一般标注在可见轮廓线、尺寸界线、引出线或它们的延长线上，符号的尖端必须从材料外指向表面。除非另有说明，所标注的表面结构要求是对完工零件表面的要求。

（2）在同一个图样上，每一个表面一般只标注一次。

（3）表面结构要求符号、代号的注写和读取方向与尺寸的注写和读取方向一致。表面结构要求在图样上的常用标注方法及说明见表8.7。

表 8.7   表面结构要求的常用图形标注方法及说明

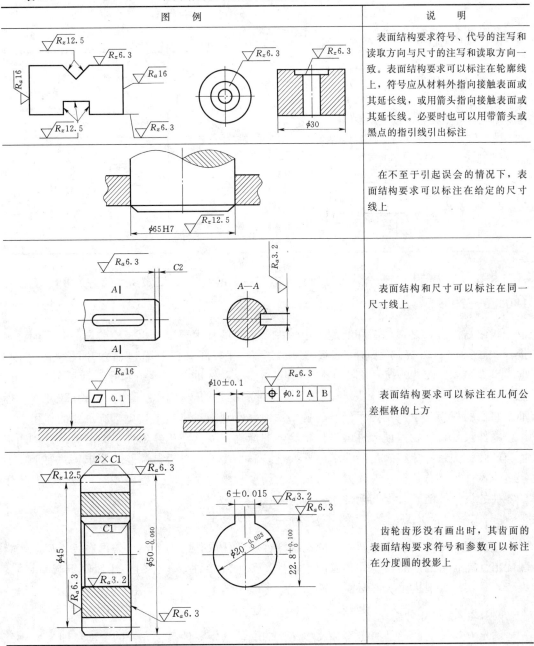

图 例	说 明
	表面结构要求符号、代号的注写和读取方向与尺寸的注写和读取方向一致。表面结构要求可以标注在轮廓线上，符号应从材料外指向接触表面或其延长线，或用箭头指向接触表面或其延长线。必要时也可以用带箭头或黑点的指引线引出标注
	在不至于引起误会的情况下，表面结构要求可以标注在给定的尺寸线上
	表面结构和尺寸可以标注在同一尺寸线上
	表面结构要求可以标注在几何公差框格的上方
	齿轮齿形没有画出时，其齿面的表面结构要求符号和参数可以标注在分度圆的投影上

图　例	说　明
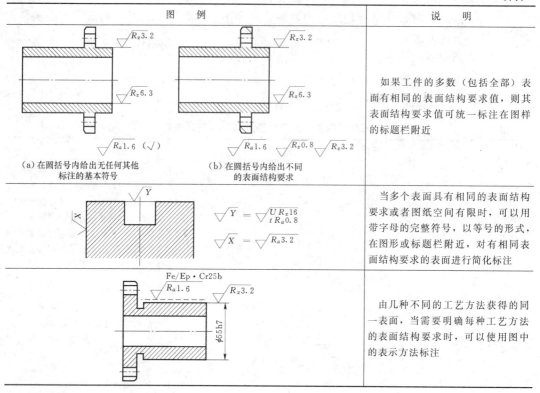 (a) 在圆括号内给出无任何其他 标注的基本符号　　(b) 在圆括号内给出不同 的表面结构要求	如果工件的多数（包括全部）表面有相同的表面结构要求值，则其表面结构要求值可统一标注在图样的标题栏附近
	当多个表面具有相同的表面结构要求或者图纸空间有限时，可以用带字母的完整符号，以等号的形式，在图形或标题栏附近，对有相同表面结构要求的表面进行简化标注
	由几种不同的工艺方法获得的同一表面，当需要明确每种工艺方法的表面结构要求时，可以使用图中的表示方法标注

8.4.2　极限与配合（GB/T 1800.1—2009、GB/T 1800.2—2009、GB/T 1800.3—2009）

极限与配合，是零件图和装配图中的一项重要的技术要求，也是检验产品质量的技术指标。国家技术监督局颁布了《极限与配合　第一部分：公差、偏差和配合的基础》（GB/T 1800.1—2009）；《极限与配合　第二部分：标准公差等级和孔、轴极限偏差表》（GB/T 1800.2—2009）；《极限与配合　公差带和配合的选择》（GB/T 1801—2009）等标准。它们的应用几乎涉及国民经济的各个部门，特别是对机械工业更具有重要的作用。

零件尺寸首先要保证部件的工作精度，并能确定零件在机器部件中的准确位置；确定适当的装配关系，能够满足所要求的互换性；满足零件本身机械性能的要求，并便于加工制造。零件生产总是存在着误差。对尺寸的精度和极限误差范围提出要求，就可以有效保证零件的设计性能和装配互换性。

8.4.2.1　互换性

在装配和维修时，从相同规格的一批零件中，任取其中一个，无需再进行修配，就能装配出性能合格的产品，零件具有的这种性质称为互换性。零件的互换性便于产品装配、维修，是实现大规模生产的必需条件。

8.4.2.2　尺寸公差

满足互换性的前提是给出零件尺寸允许的变动量。零件尺寸允许的变动量即为尺寸公差。关于尺寸公差的一些名词术语，以图 8.27 为例，进行说明。

1. 公称尺寸

公称尺寸是设计时根据强度和结构计算或由经验确定在图样中标注的理想形状要素的尺寸。公称尺寸可以是一个整数或一个小数值。图 8.27 中的 $\phi 30$ 就是公称尺寸。

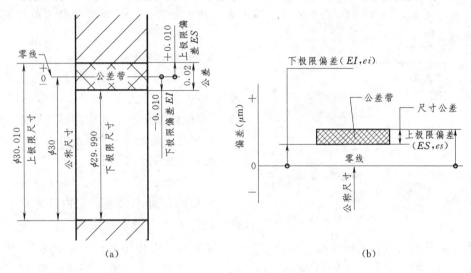

图 8.27　极限与配合的示意图

(a) 尺寸公差名词解释；(b) 公差带图

2. 实际尺寸

通过测量能得到零件的实际尺寸，当它介于上、下极限尺寸之间时，零件的尺寸合格。

3. 极限尺寸

极限尺寸是尺寸要素允许的尺寸变化的两个极端。尺寸要素允许的最大尺寸是上极限尺寸。尺寸要素允许的最小尺寸是下极限尺寸。

4. 偏差

某一尺寸（实际尺寸或极限尺寸）减去公称尺寸所得的代数值。偏差可以是正数、负数或者零。

极限偏差：极限尺寸减去公称尺寸所得的代数值。分为上极限偏差和下极限偏差。

上极限偏差＝上极限尺寸－公称尺寸（孔用 ES 表示，轴用 es 表示）

下极限偏差＝下极限尺寸－公称尺寸（孔用 EI 表示，轴用 ei 表示）

实际偏差：实际尺寸减去公称尺寸所得的代数值。实际偏差要在极限偏差的范围内。偏差值，除了零以外，其前面必须冠以正号或者负号。

5. 公差（尺寸公差）

尺寸允许的变动量称为尺寸公差，简称公差。

公差＝上极限尺寸－下极限尺寸＝上极限偏差－下极限偏差

6. 零线

在公差带图中，表示公称尺寸的一条直线，以其为基准确定偏差和公差。零线上方的偏差为正，零线下方的偏差为负。

7. 公差带和公差带图

公差带是表示公差大小和相对于零线位置的一个区域。为便于分析，一般将尺寸上、下偏差与基本尺寸的关系，按放大比例画成简图，称为公差带图。其中上、下偏差按比例绘出，宽度任意，以画有 45°斜细实线的矩形表示孔的公差带，以画有细点的矩形表示轴的公差带。图 8.27（b）就是公差带图。

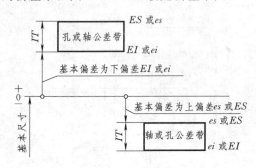

图 8.28　孔、轴标准公差与基本偏差示意图

8. 标准公差与基本偏差

GB/T 1800 对公差带作出了标准化、系列化的规定，公差带由"公差带大小"和"公差带位置"这两个要素组成。"公差带大小"由标准公差确定；"公差带位置"由基本偏差确定，如图 8.28 所示。

（1）标准公差。GB/T 1800 规定了公差带大小即所谓标准公差，它由公称尺寸大小和公差等级两个因素决定的。由于零件使用性能不同，其对尺寸的精度要求也不同。为此，国家标准中将标准公差划分为 20 级，即 $IT01$、$IT0$、$IT1$、$IT2$、…、$IT18$，"IT"表示标准公差，后面的数字是公差等级代号。其中 $IT01$ 为最高级（精度最高，公差值最小），$IT18$ 为最低级（精度最低，公差值最大）。通常，$IT01\sim IT11$ 用于配合公差，$IT12\sim IT18$ 用于未注尺寸公差。未注尺寸公差一般在图上不予标注，即对尺寸不作细节要求。目前，国家标准中对小于 500mm 的公称尺寸范围分为 13 段，并按不同公差等级列出各段公称尺寸的公差值，见附表 21。

（2）基本偏差。基本偏差是国家标准所列的用以确定公差带相对于零线位置的上极限偏差或下极限偏差，一般指靠近零线的那个偏差为基本偏差。当公差带在零线的上方时，基本偏差为下极限偏差；反之，则为上极限偏差。

基本偏差分别用不同的拉丁字母表示。按 GB/T 1800.3—1998 规定，基本偏差共有 28 个，基本偏差系列如图 8.29 所示。孔、轴的基本偏差的具体数值，见附表 22 和附表 23。

由图 8.29 可以知道：

1）基本偏差用拉丁字母（一个或两个）表示，孔的基本偏差用大写字母表示，而轴的基本偏差用小写字母表示。

2）轴的基本偏差中 a～h 为上偏差，j～zc 为下偏差，js 的上下极限偏差对称分别为 $+\dfrac{IT}{2}$ 和 $-\dfrac{IT}{2}$。

3）孔的基本偏差中 A～H 为下偏差，J～ZC 为上偏差，JS 的上下极限偏差对称分别为 $+\dfrac{IT}{2}$ 和 $-\dfrac{IT}{2}$。

轴和孔的另一偏差可根据孔、轴的标准公差和基本偏差，按下式计算得到：

$$ei = es - IT \quad \text{或} \quad es = ei + IT$$

250

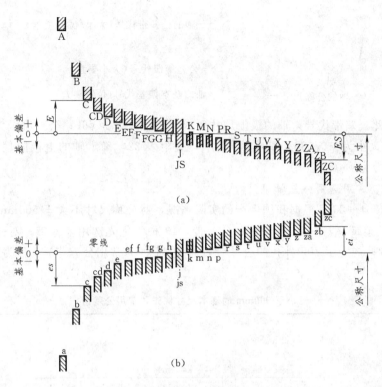

图 8.29 公称偏差系列

（a）孔；（b）轴

$$EI = ES - IT \quad 或 \quad ES = EI + IT$$

【例 8.1】 以图 8.27（a）圆柱孔尺寸 $\phi 30 \pm 0.010$ 为例，说明各基本概念如下：

公称尺寸为 $\phi 30$；

孔的上极限尺寸为 $\phi 30 + 0.01 = \phi 30.01$；

下极限尺寸 $\phi 30 - 0.01 = \phi 29.99$；

上极限偏差 $ES = 30.01 - 30 = +0.010$；

下极限偏差 $EI = 29.99 - 30 = -0.010$；

尺寸公差等于上极限偏差与下极限偏差之代数差的绝对值，即

$$|0.01 - (-0.01)| = 0.02。$$

【例 8.2】 说明 $\phi 60H8$ 和 $\phi 60f7$ 的含义。

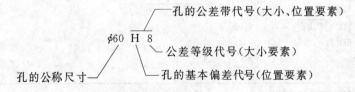

说明：此公差带代号为孔的极限尺寸要求。公称尺寸为 $\phi 60$；公差等级为 8 级，查附表 21，公差大小为 0.046；基本偏差为 H，查附表 23，确定孔的下极限偏差为 0；该孔的公差带为 $\phi 60^{+0.046}_{0}$。

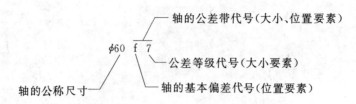

轴的公差带代号（大小、位置要素）

$\phi 60$ f 7

公差等级代号（大小要素）

轴的公称尺寸

轴的基本偏差代号（位置要素）

说明：此公差带代号为轴的极限尺寸要求。公称尺寸为$\phi 60$；公差等级为7级，查附表21，公差大小为$+0.030$；基本偏差为f，查附表22，确定轴的上极限偏差为-0.03；该轴的公差带为$\phi 60_{-0.06}^{-0.03}$。

9. 优先、常用选用公差带

GB/T 1801—2009 根据我国生产的实际情况，对公称尺寸不大于 500mm 的轴规定了 119 种轴的公差带，其中 59 种为常用公差带，13 种为优先选用公差带；对公称尺寸不大于 500mm 的孔规定了 105 种孔的公差带，其中 44 种为常用公差带，3 种为优先公差带。具体见表8.8。

表 8.8　　　　　　　　　　小于 500mm 的基本尺寸优先和常用公差带

轴公差带

						h1	js1										
						h2	js2										
						h3	js3										
				g4	h4	js4	k4	m4	n4	p4	r4	s4					
			f5	g5	h5	j5	js5	k5	m5	n5	p5	r5	s5	t5	u5	v5	x5	y5	z5
		e6	f6	*g6	*h6	j6	js6	*k6	m6	*n6	*p6	r6	*s6	t6	*u6	v6	x6	y6	z6
	d7	e7	*f7	g7	*h7	j7	js7	k7	m7	n7	p7	r7	s7	t7	u7	v7	x7	y7	z7
c8	d8	e8	f8	g8	h8	js8	k8	m8	n8	p8	s8	t8	u8	v8	x8	y8	z8
a9	b9	c9	d9	e9	f9	*h9	js9
a10	b10	c10	d10	e10	h10	js10
a11	b11	*c11 d11	*h11	js11
a12	b12	c12	h12	js12
a13	b13	c13	h13	js13

孔公差带

						H1	JS1										
						H2	JS2	
						H3	JS3	
					H4	JS4	K4	M4	
				G5	H5	JS5	K5	M5	N5	P5	R5	S5	
			F6	G6	H6	J6	JS6	K6	M6	N6	P6	R6	S6	T6	U6	V6	X6	Y6
	D7	E7	F7	*G7	*H7	J7	JS7	*K7	M7	*N7	*P7	R7	*S7	T7	*U7	V7	X7	Y7
C8	D8	E8	*F8	G8	*H8	J87	JS8	K8	M8	N8	P8	R8	S8	T8	U8	V8	X8	Y8
A9	B9	C9	*D9	E9	F9	*H9	JS9	M9	N9	P9
A10	B10	C10	D10	E10	H10	JS10
A11	B11	*C11 D11	*H11	JS11
A12	B12	C12	H12	JS12
H13	JS13

注　加"＊"注出的公差为优先选用公差，方框内的公差为常用公差。

8.4.2.3　配合关系

公称尺寸相同的、相互结合的孔和轴公差带之间的关系，称为配合。根据使用的要求不同，孔和轴之间的配合有松有紧。国家标准把配合分为三类：间隙配合、过盈配合和过渡配合。

1. 间隙配合

轴、孔装配在一起后，孔的尺寸总是比轴的尺寸大，即孔的尺寸减去与其配合的轴的尺寸为正值，这种配合称为间隙配合。间隙配合中，孔的公差带总是在轴的公差带之上，如图 8.30 所示。此类配合适用于孔和轴在装配后，它们之间具有相对运动的情况。

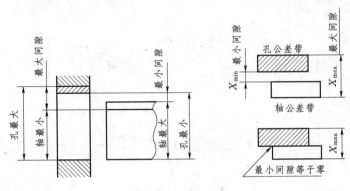

图 8.30　间隙配合

间隙有最大间隙和最小间隙：

最大间隙：$X_{\max} = ES - ei$

最小间隙：$X_{\min} = EI - es$（最小间隙包括零）

2. 过盈配合

轴、孔装配在一起后，轴的尺寸总是比孔的尺寸大，即孔的尺寸减去与其配合的轴的尺寸为负值，这种配合称为过盈配合。过盈配合中，轴的公差带总是在孔的公差带之上，如图 8.31 所示。此类配合适用于孔与轴装配后，它们之间无相对运动的情况。

过盈有最大过盈和最小过盈：

最大过盈：$Y_{\max} = EI - es$

最小过盈：$Y_{\min} = ES - ei$（最小过盈包括零）

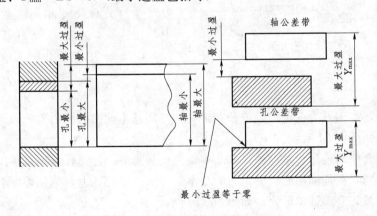

图 8.31　过盈配合

3. 过渡配合

孔与轴装配时，轴的尺寸可能比孔的大，也可能比孔的小，这种配合关系称为过渡配合。过渡配合中，孔的公差带与轴的公差带互相交叠，如图 8.32 所示。过渡配合适用于孔与轴装配后，虽然要求它们之间无相对运动，但需经常拆卸的情况。

过渡配合有最大间隙和最大过盈：

最大间隙：$X_{max} = ES - ei$

最大过盈：$Y_{max} = EI - es$

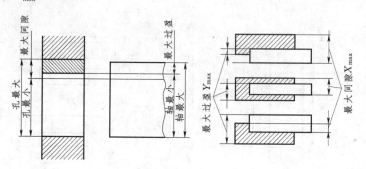

图 8.32　过渡配合

8.4.2.4　配合制

在制造相互配合的零件时，使其中一种零件作为基准件，它的基本偏差固定，通过改变另一零件的基本偏差来获得各种不同配合关系的制度称为配合制。

根据生产实际需要，国家标准规定了两种配合制度：基孔制和基轴制。

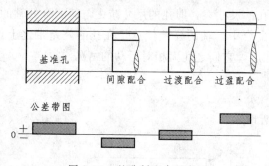

图 8.33　基孔制配合示意图

1. 基孔制

基孔制是基本偏差为一定的孔的公差带，与不同基本偏差的轴的公差带形成各种配合的一种制度，如图 8.33 所示。

基孔制配合中的孔称为基准孔，其基本偏差代号为 H，下极限偏差为零，下极限尺寸与公称尺寸相同。在基孔制配合中，轴的基本偏差 a～h 用于基孔制间隙配合，j～zc 用于基孔制的过渡配合或过盈配合。

2. 基轴制

基轴制是基本偏差为一定的轴的公差带，与不同基本偏差的孔的公差带形成各种配合的一种制度，如图 8.34 所示。

基轴制配合中的轴称为基准轴，其基本偏差代号为 h，上极限偏差为零，上极限尺寸与公称尺寸相同。在基轴制配合中，孔的基本偏差 A～H 用于基轴制间隙配合，J～ZC 用于基轴制的过渡配合或过盈配合。如图 8.35 所示。

基孔制、基轴制示例如图 8.35 所示。

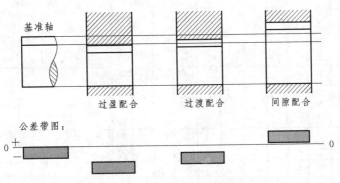

图 8.34　基轴制配合示意图

3. 优先和常用配合

GB/T 1801—2009《极限与配合公差带和配合的选择》根据我国生产的实际情况对于不大于 500mm 的基本尺寸规定了 59 种基孔制常用配合和 47 种基轴制常用配合，其中各有 13 种为优先配合，见表 8.9。

由于孔的加工难度比相同精度要求的轴要大得多，所以轴、孔的配合关系一般为基孔制配合，孔较轴的公差低一等级使

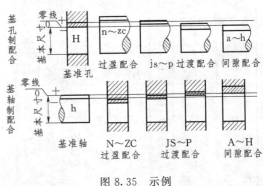

图 8.35　示例

用。同时，为降低加工工作量，在保证使用前提下，尽量选用较大的公差。标准公差等级选用情况见表 8.10。

表 8.9　　　　　　　　　　　　　标准公差等级选用情况

应用	公　差　等　级　(*IT*)																		
	01	0	1	2	3	4	5	6	7	8	9	10	11	12	13	14	15	16	17	18
量块																				
量规																				
配合尺寸																				
特精件配合																				
未注公差																				
原材料公差																				
常用公差	*IT*5						用于精密机械或一般机械的重要部位，如仪器、仪表等													
	*IT*6、*IT*7						用于一般机械或精密机械次要部位，如机床、汽车制造等													
	*IT*8、*IT*9						一般机械的次要部位，如矿山、农业机械等													
	*IT*10～*IT*12						无要求的机械部位，如减速器外壳等													

表 8 - 10   公称尺寸不大于 500mm 优先和常用配合

轴

基准孔	a	b	c	d	e	f	g	h	js	k	m	n	p	r	s	t	u	v	x	y	z
	间隙配合								过渡配合			过盈配合								
H6						H6/f5	H6/g5	H6/h5	H6/js5	H6/k5	H6/m5	H6/n5	H6/p5	H6/r5	H6/s5	H6/t5					
H7						H7/f6	*H7/g6	*H7/h6	H7/js6	*H7/k6	H7/m6	*H7/n6	*H7/p6	H7/r6	*H7/s6	H7/t6	*H7/u6	H7/v6	H7/x6	H7/y6	H7/z6
H8					H8/e7	*H8/f7	H8/g7	*H8/h7	H8/js7	H8/k7	H8/m7	H8/n7	H8/p7	H8/r7	H8/s7	H8/t7	H8/u7				
H8				H8/d8	H8/e8	H8/f8		H8/h8													
H9			H9/c9	*H9/d9	H9/e9	H9/f9		*H9/h9													
H10			H10/c10	H10/d10				H10/h10													
H11	H11/a11	H11/b11	*H11/c11	H11/d11				*H11/h11													
H12		H12/b12						H12/h12													

孔

基准轴	A	B	C	D	E	F	G	H	Js	K	M	N	P	R	S	T	U	V	X	Y	Z
	间隙配合								过渡配合			过盈配合								
h5						F6/h5	G6/h5	H6/h5	Js6/h5	K6/h5	M6/h5	N6/h5	P6/h5	R6/h5	S6/h5	T6/h5					
h6						F7/h6	*G7/h6	*H7/h6	Js7/h6	*K7/h6	M7/h6	*N7/h6	*P7/h6	R7/h6	*S7/h6	T7/h6	*U7/h6				
h7					E8/h7	*F8/h7		*H8/h7	Js8/h7	K8/h7	M8/h7	N8/h7									
h8				D8/h8	E8/h8	F8/h8		H8/h8													
h9				*D9/h9	E9/h9	F9/h9		*H9/h9													
h10				D10/h10				H10/h10													
h11	A11/h11	B11/h11	*C11/h11	D11/h11				*H11/h11													
h12		B12/h12						H12/h12													

注 加 " * " 为优先配合。

基轴制一般仅用于明显经济效果的场合，或不适合采用基孔制的结构设计中。例如与孔配合的零件为轴承标准件时就应采用基轴制；当同一公称尺寸的轴零件与多个不同配合要求的孔进行装配时，应采用基轴制。如图 8.36所示的小轴，它与机座的配合为过渡配合，而与带轮配合为间隙配合。

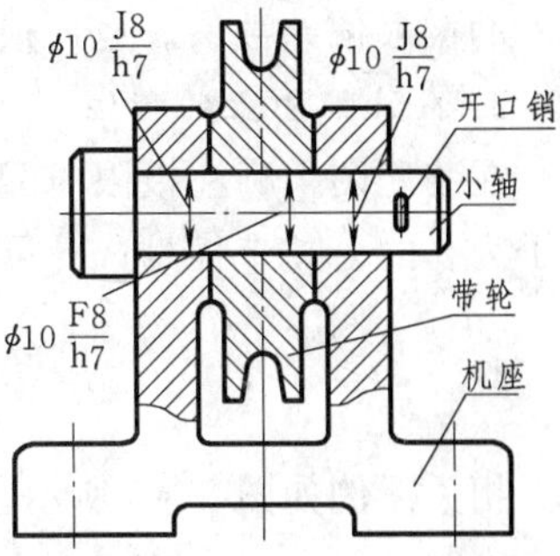

图 8.36　配合代号的标注

8.4.2.5　极限与配合的标注

1. 在零件图中的标注

零件图中尺寸极限的标注有以下三种形式：标注公差带代号；标注极限偏差值；同时标注公差带代号和极限偏差值。

（1）标注公差带代号。这种注法和采用专用量具检验零件统一起来，以适应大批量生产的需要。如图 8.37 所示。

（2）标注极限偏差值。

1）极限偏差数值字高比基本尺寸字高小一号。上、下偏差数值以 mm 为单位分别写在基本尺寸的右上、右下角，并与公称尺寸的数字底线平齐。

2）上、下偏差数值中的小数点要对齐，其后面的位数应相同。

3）上、下偏差数值中若有一个为零时，仍应注出，并与另一个偏差小数点左面的个位数对齐（偏差为正时，"＋"也必须写出）。

4）上下偏差数值相等时，可写在一起，且极限偏差数值字高与公称尺寸字高相同，如 $\phi20\pm0.01$，如图 8.38 所示。

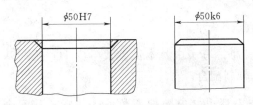

图 8.37　标注公差带代号

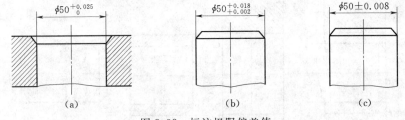

图 8.38　标注极限偏差值

这种注法主要用于小批量或单件生产，以便加工和检验时减少辅助时间。

（3）同时标注公差带代号和极限偏差值。

在零件图上同时注出公差带代号和上、下偏差数值，其中上、下偏差数值加括号供参考，如图 8.39 所示。这种注法主要用于产量不定的场合。

采用这三种标注形式中的任何一种，在零件图上标注都可以。其中公差已经标准化，可根据公称尺寸、公差带代号来查表获

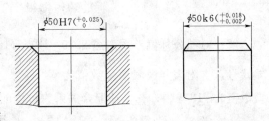

图 8.39　同时标注公差带代号和极限偏差数值

257

尺寸的极限偏差数值。也可根据工程需要直接标注极限偏差数值。

2. 在装配图上的标注

在装配图上标注极限与配合，采用组合式注法，在公称尺寸右边以分式的形式注出，分子为孔的公差带代号；分母为轴的公差带代号，其标注格式如下：

$$公称尺寸\frac{孔的公差带代号}{轴的公差带代号}$$

相关图例如图 8.40 所示。

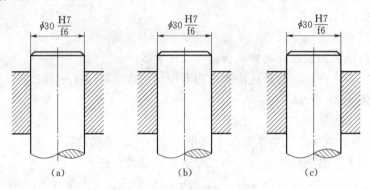

图 8.40 在装配图上的标注

根据装配图上的标注，可以判断其配合制。通常分子中基本偏差代号为 H，则为基孔制配合，分母中的基本偏差代号为 h，则为基轴制配合。

【例 8.3】 图 8.41 中 $\phi18\frac{H7}{p6}$、$\phi14\frac{F8}{h7}$，查表写出其极限偏差数值、并判断其配合关系。

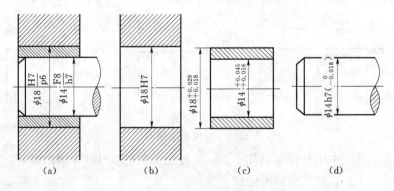

图 8.41 极限与配合在图样上的标注

解：对照公称偏差系列图 8.29 可知，$\phi18\frac{H7}{p6}$ 是基孔制配合，其中 H7 是基准孔的公差代号，查附表其极限偏差数值为 $\phi18^{+0.018}_{0}$；p6 是配合轴的公差代号，查附表其极限偏差数值为 $\phi18^{+0.029}_{+0.018}$；孔、轴配合关系为过盈配合。

$\phi14\frac{F8}{h7}$ 是基轴制配合，其中 h7 是基准轴的公差代号，查附表其极限偏差数值为

$\phi 14_{-0.018}^{0}$；F8 是配合孔的公差代号，查附表其极限偏差数值为 $\phi 14_{+0.016}^{+0.045}$；孔、轴配合关系为间隙配合。

8.4.3 几何公差

在机械制造中，零件加工后存在着尺寸的误差，同时，由于机床精度、加工方法等多种因素，还会产生几何形状误差，以及某些要素的相互位置误差。例如图 8.42（b）中的轴产生了形状误差，发生了弯曲，图 8.42（c）中的轴产生了位置误差，端面发生了倾斜，尽管轴段的截面尺寸都是在尺寸公差的范围内，但是仍然会影响孔、轴进行正常的装配。

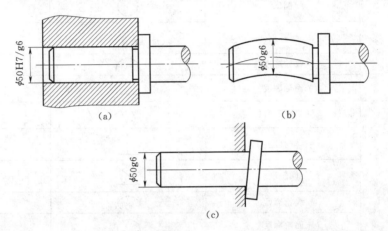

图 8.42　几何误差对孔轴使用性能的影响
（a）理想孔轴的配合；（b）当轴产生形状误差时；（c）当轴产生位置误差时

因此，在零件图样上，不仅需要保证尺寸公差的要求，而且还要保证几何公差的要求，这样才能满足零件的使用性能和装配要求。

8.4.3.1 几何公差的基本概念

1. 几何公差

几何公差是指零件实际形状和实际位置对理想形状和理想位置所允许的最大变动量。

2. 几何要素（简称要素）

几何要素是指零件特征部位的点（球心、圆心等）、线（素线、轴线、中心线等）和面（平面、对称面、圆柱面、球面等）。

3. 公差带

公差带是对形状或实际位置公差允许变动的区域。其主要形式有：两平行直线、两平行平面、两个同心圆、两同轴圆柱、两等距曲线、两等距曲面、一个四棱柱、一个圆柱、一个球等。有关公差带的详细情况可参阅书后的附录。

如图 8.43 所示，圆柱体除了标注直径的尺寸公差 $\phi 12_{-0.017}^{-0.006}$ 外，还需要标注对圆柱轴线的形状提出公差要求 $\boxed{-\ |\ \phi 0.006}$。这

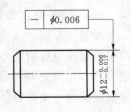

图 8.43　形状与位置公差举例

259

个要求表示圆柱轴线的直线度误差，必须控制在直径为 $\phi0.006mm$ 的圆柱面内。

8.4.3.2 几何公差的特征项目及其符号

《形状和位置公差通则、定义、符号和图样表示法》（GB/T 1182—2008）规定，几何公差的几何特征共有 14 种，见表 8.11。

表 8.11   几何特征及其符号

公　差	几　何　特　征	符　号	有无基准要求
形状公差	直线度	—	无
	平面度	▱	无
	圆度	○	无
	圆柱度	⌀	无
	线轮廓度	⌒	无
	面轮廓度	⌓	无
方向公差	平行度	//	有
	垂直度	⊥	有
	倾斜度	∠	有
	线轮廓度	⌒	有
	面轮廓度	⌓	有
位置公差	位置度	⊕	有或无
	同心度（用于中心点）	◎	有
	同轴度（用于轴线）	◎	有
	对称度	═	有
	线轮廓度	⌒	有
	面轮廓度	⌓	有
跳动公差	圆跳动	↗	有
	全跳动	⤢	有

8.4.3.3 几何公差代号

按照《形状和位置公差通则、定义、符号和图样表示法》（GB/T 1182—2008）规定，在技术图样中可用代号来标注几何公差。无法用代号标注时，允许在技术说明中用文字加以说明。几何公差代号包括：几何公差框格及指引线、几何公差特征项目符号、几何公差数值及其他有关符号、基准符号等。

1. 公差框格和指引线

按照国家标准规定，框格分为两格或多格，用细实线画出，可水平或垂直布置，通常尽量水平放置。指引线也用细实线引出，指向被注位置。框格自左向右填写如下内容：第一格填写几何特征符号；第二格填写几何公差数值及有关符号；第三格及以后备格填写基准代号字母及有关符号。公差框格中的数字和字符其高度应和图样中的尺寸数字高度相同，框格的高度是字高的两倍，其长度可根据需要而定，如图8.44所示。

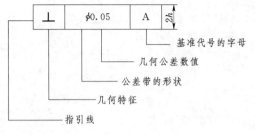

图8.44 几何公差代号

2. 基准符号画法

基准符号用一个基准方格和涂黑（或空白的）基准三角形，用细实线连接而构成，标注形式如图8.45所示。其中，基准方格内注写表示基准名称的大写拉丁字母，水平书写，其高度与图样中的尺寸数字高度相同。基准代号中，涂黑的和空白的三角形含义相同。同一图样中的基准代号必须一致。

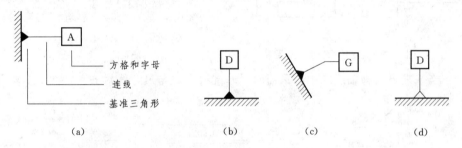

图8.45 基准代号的标注

几何公差代号标注实例，如图8.46所示。

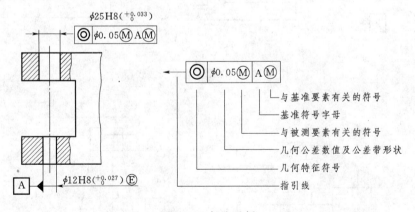

图8.46 标注示例

8.4.3.4 几何公差代号标注和规定

1. 代号中的指引线箭头与被测要素的连接方法

（1）当被测要素为轮廓线或表面时，指引线箭头应指在该要素的轮廓线或其延长线上，且与尺寸线明显地错开，如图 8.47 所示。

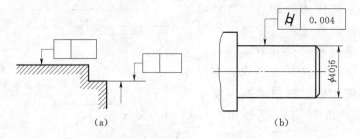

图 8.47 被测要素为轮廓线或表面

（2）当被测要素为轴线、球心的回转面时，指引线箭头应指在该要素的轮廓线或其延长线上，且与尺寸线对齐，如图 8.48 所示。

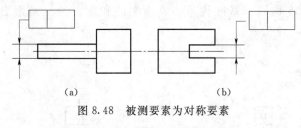

图 8.48 被测要素为对称要素

2. 基准符号与基准要素的连接方法

（1）当基准要素为素线或表面时，基准符号应靠近该要素的轮廓线或其引出线标注，且与尺寸线明显地错开，如图 8.49 所示。

（2）当基准要素为轴线或中心平面时，基准符号应与尺寸线对齐，如图 8.50 所示。

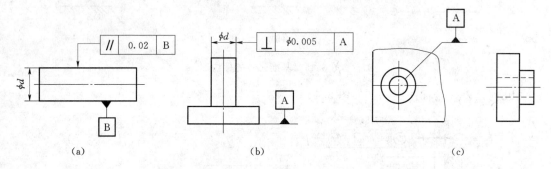

图 8.49 基准要素为素线或表面

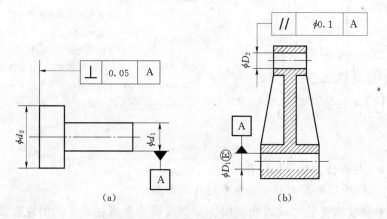

图 8.50 基准要素为轴线或中心平面

3. 有多项几何公差要求时

当同一被测要素有多项几何公差要求时，可采用框格并列注法，如图 8.51 所示。

4. 多个被测要素有相同的几何公差要求时

当多个被测要素有相同的几何公差要求时，可以从框格引出多条指引线分别指向各要素，如图 8.52 所示。

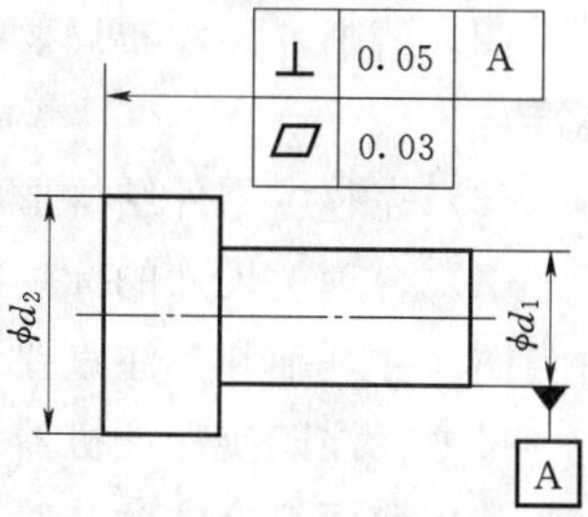

5. 公共基准的标注

由两个或两个以上基准要素组成的基准称为公共基准。标注时，应对两个基准要素分别标注不同的字母，并且在被测要素公差框格中用短横线隔开这两个字母，如图 8.53 所示。

图 8.51　有多项几何公差要求时

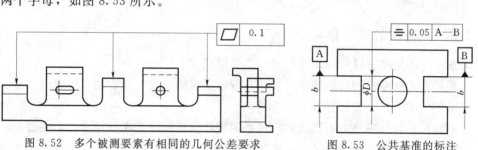

图 8.52　多个被测要素有相同的几何公差要求　　　图 8.53　公共基准的标注

8.4.3.5　几何公差标注示例

【例 8.4】　说明图 8.54 所示气门阀杆零件图的形位公差含义。

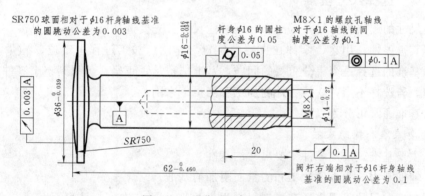

图 8.54　形位公差标注示例

说明：（1）$SR750$ 球面相对于 $\phi16$mm 杆身轴线基准的圆跳动公差为 0.003mm。

（2）阀杆 $\phi16$mm 的圆柱度公差为 0.05mm。

（3）M8×1 螺纹孔轴线相对于 $\phi16$mm 杆身轴线基准的同轴度公差为 $\phi0.1$mm。

（4）阀杆右端面相对于 $\phi16$mm 杆身轴线基准的圆跳动公差为 0.1mm。

☆8.5　零件图的尺寸标注

零件图的尺寸标注应做到以下几点。

（1）准确。图中所有尺寸数字及公差数值都必须正确无误。

（2）清晰。尺寸布局要层次分明，尺寸线整齐，数字、代号清晰，而且必须符合国家标准。

（3）完整。零件结构形状的定形和定位尺寸必须标注完整，而且不重复。

（4）合理。尺寸的标注既要满足设计要求，又要考虑方便制造和测量，关键在于选择恰当的尺寸基准和标注重要尺寸。

尺寸标注既要保证机器满足设计要求的工作性能，又要满足加工制造和监造需要的工艺要求。前面组合体章节对准确、清晰、完整性标注尺寸作了详细说明。本节仅对尺寸合理标注作一些介绍。

合理标注尺寸通常需要专业知识和生产经验相结合，能够了解零件的作用、加工制造工艺及检验方法。

8.5.1 标注的尺寸分类

通常标注的尺寸可以分为主要尺寸和非主要尺寸。

主要尺寸包括零件的规格性能尺寸、有配合要求的尺寸、确定相对位置的尺寸、连接尺寸、安装尺寸等，一般都有公差要求。

非主要尺寸包括零件上不直接影响机器使用性能和安装精度的尺寸。非主要尺寸包括外形轮廓尺寸，无配合要求的尺寸、工艺要求的尺寸如退刀槽、凸台、凹坑、倒角等，一般都不注公差。

8.5.2 选择尺寸基准

标注尺寸的起点称为尺寸基准。合理标注尺寸首先要选择恰当的尺寸基准。尺寸基准主要根据其重要性、用途、零件在机器中位置与作用、加工过程中定位、测量等因素确定。尺寸基准的选择是个十分重要的问题，基准选得是否正确，关系到整个零件尺寸标注是否合理。若选择不当，就给零件的加工和测量带来困难。

尺寸基准通常可分为以下三类。

1. 主要基准和辅助基准

（1）主要基准。决定零件主要尺寸的基准。

（2）辅助基准。为方便加工和测量而附加的基准。

当同一方向尺寸出现多个基准时，辅助基准和主要基准间标注联系尺寸，如图 8.55 所示。

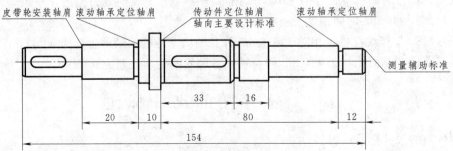

图 8.55　阶梯轴轴向基准示意图

264

2. 设计基准和工艺基准

(1) 设计基准。在设计过程中，根据零件在机器中的工作位置及作用，为保证零件使用性能而确定的基准。它一般是用来确定零件在机器中准确位置的接触面、对称面和回转面的轴线等。

(2) 工艺基准。零件的加工过程中，为方便装夹、定位和测量而确定的基准。

图 8.55 所示轴的轴向尺寸以设计基准进行标注。由于轴上装有传动部件，为了保证传动件的正确啮合，传动件在轴上的轴向定位十分重要，因此应选择轴肩端面作为轴向尺寸的主要设计基准；以尺寸 10 确定左端滚动轴承的定位轴肩，再以尺寸 20 确定凸轮的安装轴肩；尺寸 80 确定右端滚动轴承定位轴肩，并以尺寸 12 确定轴右端面，作为测量辅助基准，以尺寸 154 确定轴的总长；尺寸 33 确定螺纹的起始，并以尺寸 16 决定螺纹的长度。

表 8.12 为按工艺基准的尺寸标注过程。

表 8.12　　　　　　　　　按生产加工过程标注尺寸

序号	标　注　过　程	说　　明
1		取 $\phi32$ 圆钢下料，粗车两端长度为 154、并中心孔
2		粗车右端直径 $\phi24$、长 90，左端直径 $\phi24$、长 55
3		调质后，精车右端直径 $\phi15^{+0.5}_{0}$、$\phi22^{+0.5}_{0}$，$\phi17$，$\phi30$，加工螺纹 $M20\times1.5$，退刀槽、倒角，保证长度尺寸 $80+10=90$
4		零件掉头加工，精车零件左端直径 $\phi22$、$\phi17^{+0.5}_{0}$、$\phi15^{+0.5}_{0}$，各段轴向尺寸分别为 55、50、25

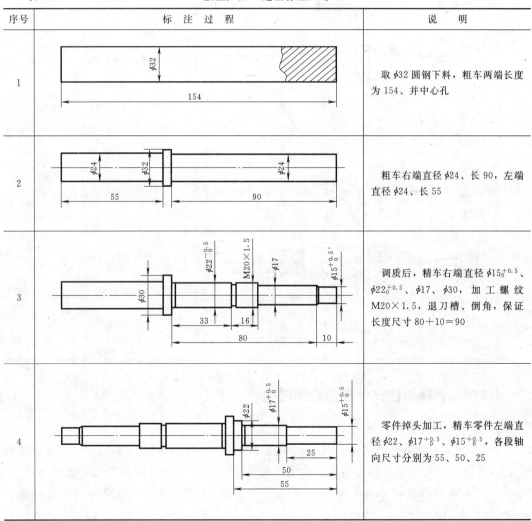

265

序号	标 注 过 程	说 明
5	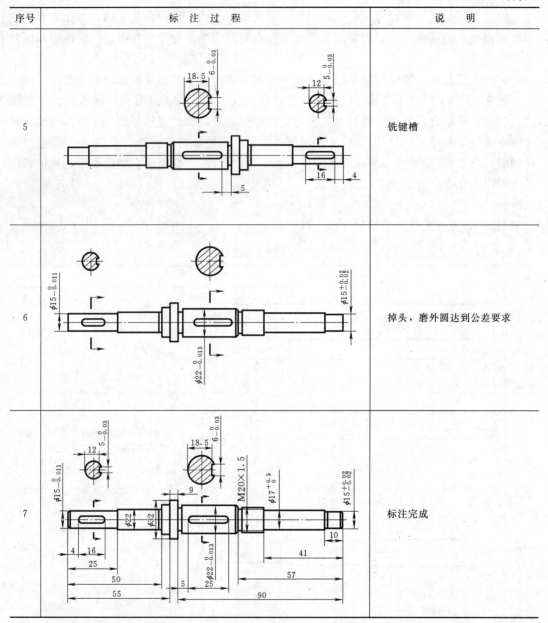	铣键槽
6		掉头，磨外圆达到公差要求
7		标注完成

8.5.3 合理标注尺寸应注意的问题

1. 主要尺寸应直接标注

图 8.56 是一轴承座的尺寸标注。如按图 8.56（b）所示标注尺寸 b、c，由于加工误差，做成以后，尺寸 a 误差可能放大两倍，而尺寸 a 是满足轴装配性能的主要尺寸之一，所以尺寸 a 宜直接从轴承座安装底面基准处直接注出，将使加工精度得到保证，如图 8.56（a）所示。

同样，轴承座通过底板上两个 $\phi 6$ 安装孔与基础地脚螺栓连接，两孔的定位尺寸应该如图 8.56（a）直接注出中心距 k，而不应如图 8.56（b）注两个 e。

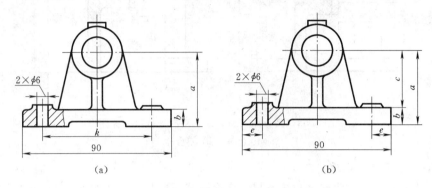

图 8.56　重要尺寸直接标注
(a) 正确；(b) 错误

2. 标注应符合加工顺序

按加工顺序标注尺寸，便于看图、测量，且容易保证加工精度。在图 8.57（a）中，零件尺寸标注按加工顺序注出是合理的，图 8.57（b）的尺寸注法不符合加工顺序，是不合理的。

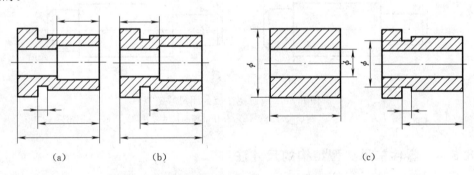

图 8.57　标注尺寸符合加工顺序
(a) 合理；(b) 不合理；(c) 加工过程

3. 标注应便于测量

如图 8.58 所示，在加工阶梯孔时，一般先作出小孔，然后依次加工出大孔。因此，为便于生产加工，轴向尺寸标注时，应从端面开始注出轴向各大孔的深度，便于生产测量。

4. 区分加工和非加工基准进行尺寸标注

如图 8.59（a）所示，铸件的非加工尺寸由 M_1、M_2、M_3 组成，加工尺寸由 L_1、L_2、L_3 组成，加工基准面与非加工基准面分别确定，之间用尺寸 A 相联系。图 8.59（b）所有基准混合，不利于生产，所标注尺寸不合理。

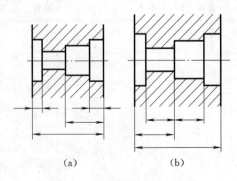

图 8.58　标注尺寸应便于测量
(a) 合理；(b) 不合理

267

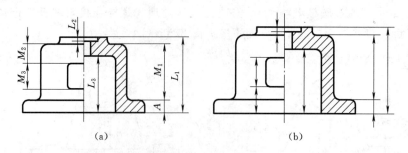

图 8.59　区分加工和非加工基准进行尺寸标注

(a) 合理；(b) 不合理

5. 尺寸标注应避免封闭尺寸链

零件上某一方向尺寸首尾相接，尺寸多余形成封闭尺寸链，如图 8.60 (a) 中尺寸 a、b、c、d 组成封闭尺寸链，这样容易造成生产制造困难，甚至难以实现。通常在精度要求最低或不重要部分的不标注尺寸，重点确保重要部位的尺寸精度要求，这样既满足设计要求，又可降低加工成本，如图 8.60 (b) 所示。

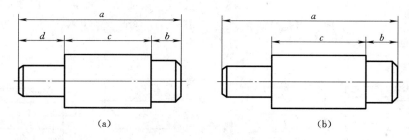

图 8.60　应避免注成封闭尺寸链

（a）封闭尺寸链；（b）有开口环的尺寸注法

8.5.4　零件常见典型结构的尺寸注法

零件上的键槽、退刀槽、锥销孔、螺孔、倒角、销孔、沉孔、中心孔、滚花等结构是零件常见典型结构，其尺寸注法见表 8.13。

表 8.13　　　　　　　　　　　　　零件常见典型结构的尺寸注法

类 型	示 例
键槽	（a）半圆键槽

268

类 型	示 例
键槽	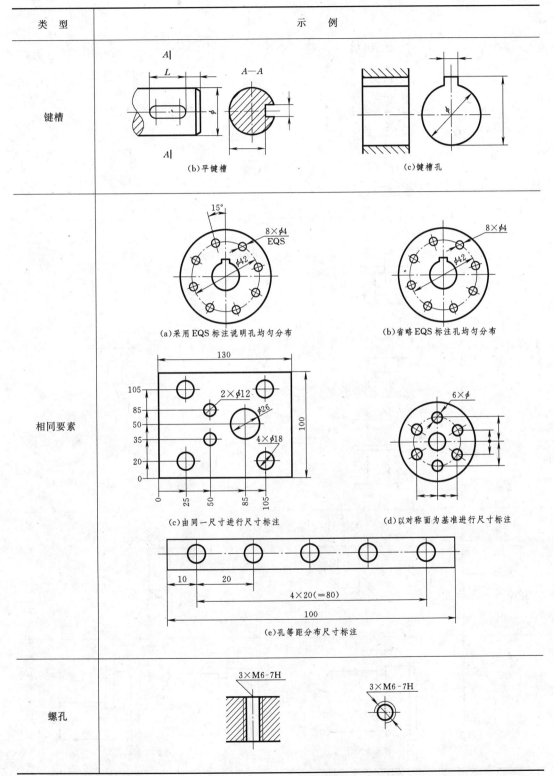
相同要素	
螺孔	

(b)平键槽　　　　　　　　　　　　(c)键槽孔

(a)采用 EQS 标注说明孔均匀分布　　　(b)省略 EQS 标注孔均匀分布

(c)由同一尺寸进行尺寸标注　　　　　(d)以对称面为基准进行尺寸标注

(e)孔等距分布尺寸标注

类　型	示　　例
螺孔	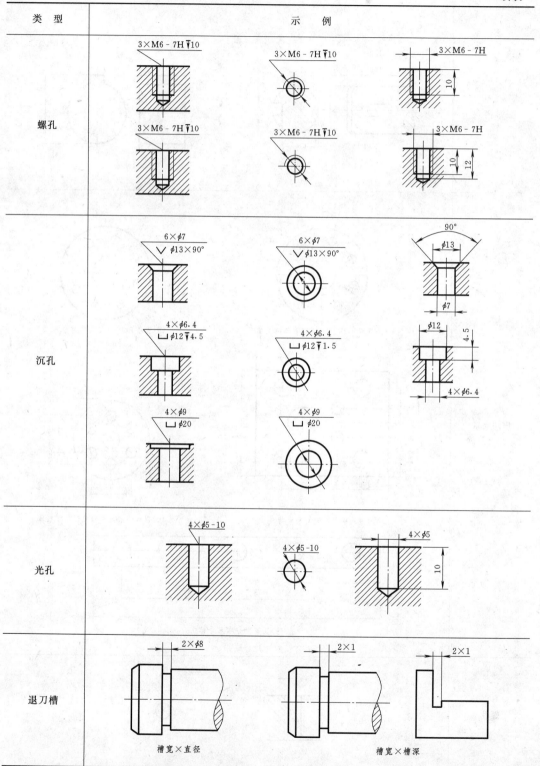
沉孔	
光孔	
退刀槽	

270

类 型	示 例
倒角	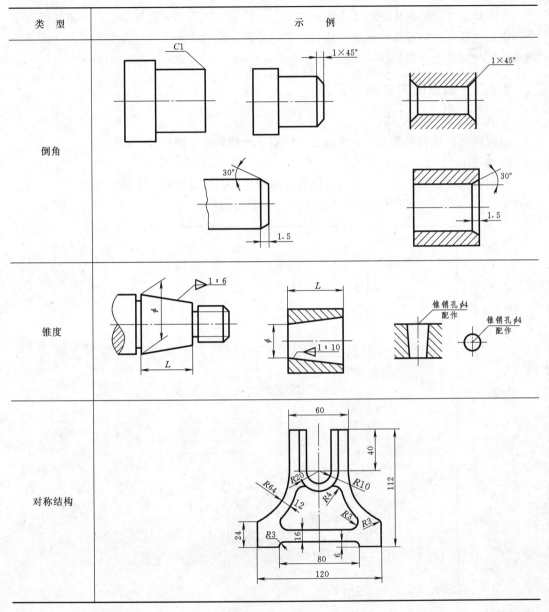
锥度	
对称结构	

8.6 零件图绘制

在机械设计或修配零件时，需要画出零件图。下面以球阀体为例介绍画零件图的方法和步骤。

8.6.1 画图前的准备

（1）了解零件的用途、材料及相应的加工方法。

（2）确定零件图的视图表达方案。

在本章第二节对阀体进行了形体结构分析，已确定视图的表达方案，其中主视图采用全剖视，主要表达内部结构形状；俯视图表达外形；左视图采用 $A—A$ 半剖视，补充表达内部形状及安装底板的形状，如图 8.11 所示。

8.6.2 画图的方法和步骤

1. 定图幅

根据视图数量和图形大小，选择适当图幅、比例，画出图框和标题栏。

2. 布置视图

根据所选各视图的尺寸，画出确定各视图位置的基线（对称中心线、轴线、某一基面的投影线）。各视图要留出标注尺寸的位置，如图 8.61（a）所示。

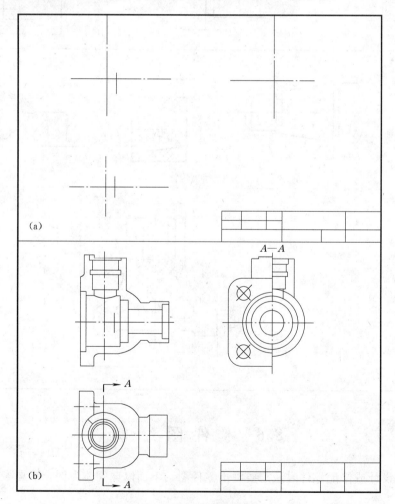

图 8.61　阀体零件图的制图步骤

3. 画底稿

逐个绘制形体视图，先画主要形体，再画次要形体；先定位置，后定形状；先画主要轮廓，后画细节；各部分的视图按视图关系相关联绘制。先画阀体左端方形结构、圆柱面及球面的三个基本视图体，再画螺孔、工艺结构：倒角和退刀槽等，如图 8.50（b）所示。

4. 完成零件图

检查底稿并修改错误，然后描深粗实线并画剖面线，标注尺寸，书写技术要求并填写标题栏，完成零件图，如图 8.62 所示。

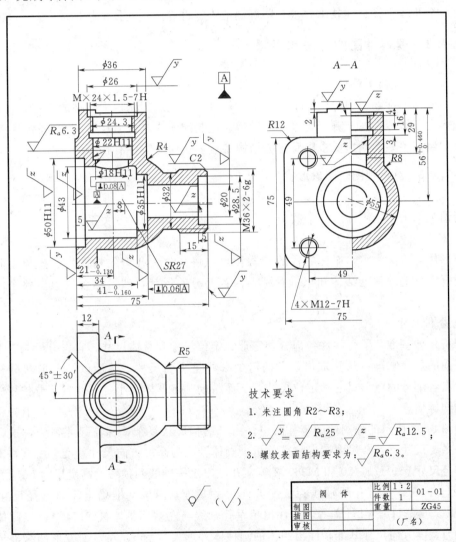

图 8.62 阀体零件图

8.7 读 零 件 图

阅读零件图时，除了看懂零件的形状和大小外，还要注意它的结构特点和生产技术要求，了解零件在机器中的作用。

8.7.1 读零件图的基本要求

（1）了解零件的名称、材料和用途。

（2）根据零件图的表示方案，想象零件的结构形状。

（3）分析零件图标注的尺寸，识别尺寸基准和类别，确定零件各组成部分的定位尺寸和定位尺寸以及工艺结构的尺寸。

（4）分析零件图标注技术要求，明确制造该零件应达到的技术指标。

8.7.2 读零件图的方法和步骤

8.7.2.1 概括了解

在零件图的标题栏中，列出了许多重要信息。首先从标题栏中零件的名称、材料及数量等内容，了解零件属于哪一类零件，然后通过装配图或其他途径了解零件的作用和与其他零件的装配关系、制造要求以及有关结构特点，从而对零件有初步的了解。

8.7.2.2 分析视图，想象形状

1. 视图关系

所谓视图关系指零件图的个数、名称、各个视图之间的视图关系。

2. 想象形状

以形体分析法为主，抓住零件的结构特点，将其分为几个结构图形，想象出几何形状，结合零件上的常见结构知识，看懂零件各部分的形状，然后综合想象出整个零件的形状。

3. 分析尺寸

分析尺寸基准，了解零件各部分的定形、定位尺寸和总体尺寸，宜先分析长、宽、高三个方向的尺寸基准；从基准出发，搞清楚哪些是主要尺寸；然后以结构形状分析为线索，找出各部分的定形尺寸和定位尺寸，从而帮助确定形体大小、形体各部分位置关系及形体结构等信息。

如图 8.62 所示的球阀体的零件图中，由于结构形状复杂，标注尺寸很多，这里仅分析其中主要尺寸，其余尺寸读者自行分析。阀体轴线为高度方向尺寸基准，由该基准确定径向直径尺寸 $\phi50H7$、$\phi20$ 和 $M36 \times 2$ 等，并注出水平轴线到顶端的高度尺寸 $56^{+0.460}_{0}$（在左视图上）；阀体垂直孔的轴线为长度方向尺寸基准，由该基准确定径向直径尺寸 $\phi36$、$M24 \times 1.5$、$\phi22H7$、$\phi18H7$ 等，并注出铅垂孔轴线与左端面的距离 $21^{+0.460}_{0}$；以阀体前后对称面为宽度方向尺寸基准，注出阀体的圆柱体外形尺寸 $\phi55$、左端面方形凸缘外形尺寸 75×75，以及四个螺孔的定位尺寸 $\phi70$；同时还要注出扇形限位块的角度定位尺寸 $45° \pm 30'$（在俯视图上）。通过上述尺寸分析可以看出，阀体中的一些主要尺寸都标注了公差，表明存在配合要求，如上部阶梯孔 $\phi22H7$、$\phi18H7$ 等；阀体空腔右端的阶梯孔放置密封圈，为防止密封圈随阀芯转动，表面粗糙度稍低（$R_a = 12.5\mu m$）。

4. 了解技术要求

读懂视图中各项技术要求，如表面粗糙度、极限与配合、形位公差等内容。这些技术

要求是零件生产和检验的指标。

看懂零件图就是从零件图中了解上述这些内容，有时为了真正看懂零件图，还要参考有关技术资料和相关的零件图、装配图等。看懂零件图与绘制零件图一样重要，对于工程技术人员都是必须具备的能力。

8.7.3 读零件图举例

【例8.5】 图8.63是柱塞泵泵体零件图，以此说明阅读零件图的方法和步骤如下。

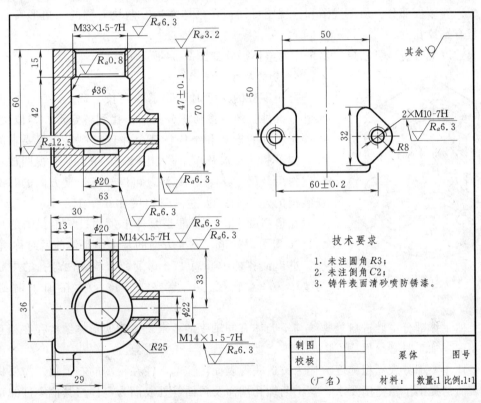

图 8.63 柱塞泵泵体零件图

1. 看标题栏

了解零件的名称、材料、比例等信息，粗略了解零件的用途、大致的加工方法和零件的结构特点。从图8.63可以知道，零件为泵体，属于箱体类零件，其结构特点为可容纳其他零件的空腔结构；材料是铸铁，说明零件毛坯是铸造而成，一般结构较复杂。

2. 分析视图，弄清各视图之间的视图关系及所采用的表达方法

采用了三个基本视图进行视图的表达，主视图为全剖表达零件内部结构，俯视图采取局部剖视表达局部结构和外部轮廓，左视图表达零件外形。

3. 分析视图、想象零件的结构形状

阅读零件图，基本采用组合体章节中学习的形体分析法与线面分析法相结合的方法。先看主要部分，后看次要部分；先看整体，后看细节；先看易懂的部分，后看难懂的部

分；最后综合想象形体。

分析图 8.63 的视图可以知道，泵体零件由主体和两块安装板组成。

（1）主体部分。其外形为柱状形，内腔为圆柱形，用来容纳柱塞泵的柱塞等零件。后面和右边各有一个凸台，均为带内螺纹的进、出油通孔，并与泵体内腔相通。从所标注尺寸可知两凸台都是圆柱形；主体部分内腔为一盲孔，其进口为一段内螺纹，底部为一不通的小沉台，并结合俯视图和尺寸标注可以确定，该内腔为 $R25$ 的圆柱形空腔，为柱塞的工作腔体。

（2）安装板部分。从左视图和俯视图可知，在泵体左边有两块对称的三角形安装板，安装板有螺纹孔。

通过以上分析，可以想象出泵体的整体形状如图 8.64 所示。

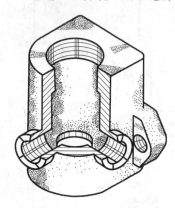

图 8.64　柱塞泵泵体轴测图

4. 分析尺寸和技术要求

分析零件的尺寸时，除了找到长、宽、高三个方向的尺寸基准外，还应按形体分析法，找到各定形、定位尺寸，以确定零件的形状和结构特征，并且对提出公差要求的尺寸，应了解其要求及作用。如图 8.63 中，从俯视图放置方位、作用及尺寸 13、30 标注，可以知道长度方向的基准是安装板的左端面；从主视图的尺寸 60、15、70、47 ± 0.1 可以知道高度方向的基准是泵体上顶面；从俯视图的尺寸 33、36 等可以知道，宽度方向的基准是泵体前后对称面。

进出油孔的中心高 47 ± 0.1 和安装板两螺孔的中心距为 60 ± 0.2，有尺寸公差要求，该尺寸在加工时必须保证。

泵体主体部分空腔进口处螺纹与空腔体有同轴度的要求，说明两形体结构存在相互约束的要求。加工时必须保证，以使柱塞运动时不致发生干涉现象。

泵体主要部分表面粗糙度大体为铸造获得表面粗糙度，注在视图的右上角。需要机加工的表面均提出了粗糙度要求，其中两螺孔端面及顶面等处表面为零件与其他零件的结合面，为防止漏油和结合紧密，表面粗糙度要求较高；而泵体主要部分的内腔是柱塞往复运动的摩擦面，为减少摩擦和贴合密封，该处粗糙度要求最高。

【例 8.6】　图 8.65 为阀盖零件图。

（1）概括了解。从标题栏可知，阀盖按 1：1 绘制，与实物大小一致。材料为铸钢。从图中可以看出，阀盖的方形凸缘不是回转体，但其他部分都是回转体，为轮盘类零件。阀盖的制造过程是先铸造成毛坯，经时效处理后进行切削加工而成。

（2）分析视图间的联系和零件的结构形状。阀盖零件图采用了两个基本视图，主视图按加工位置将阀盖水平置放，符合加工位置和在装配图中的工作位置。主视图采用全剖视，表达了阀盖左右两端的阶梯孔和中间通孔的形状及其相对位置，同时表达了右端的圆形凸缘和左端的外螺纹。左视图用外形视图清晰地表达了带圆角的方形凸缘、四个通孔的形状和位置及其他的可见轮廓形状外形。

（3）分析尺寸和技术要求。阀盖以轴线作为径向尺寸基准，由此分别注出阀盖各部分

同轴线的直径尺寸 $\phi 28.5$、$\phi 20$、$\phi 35$、$\phi 41$、$\phi 50h11$（$_{-0.16}^{\ 0}$）、$\phi 53$，以该轴线为基准还可注出左端外螺纹的尺寸 $M36 \times 2 - 6g$。以该零件的上下、前后对称平面为基准分别注出方形凸缘高度方向和宽度方向的尺寸 75，以及四个通孔的定位尺寸 49。

以阀盖的重要端面作为轴向尺寸基准，即长度方向的尺寸基准。主视图右端凸缘端面注有 R_a 值为 $12.5\mu m$ 的表面粗糙度，由此注出 $4_{\ 0}^{+0.18}$、$44_{-0.39}^{\ 0}$、$5_{\ 0}^{+0.18}$、6 等尺寸。其他尺寸请读者自行分析。

阀盖是铸件，需进行时效处理，以消除内应力。铸造圆角 $R1 \sim R3$ 表示不加工的过渡圆角。注有公差代号和偏差值的 $\phi 50h11$（$_{-0.16}^{\ 0}$），说明该零件与阀体左端的孔 $\phi 50H11$（$_{\ 0}^{+0.16}$）配合，如图 8.54 所示。由于该两表面之间没有相对运动，所以表面粗糙度要求不严，R_a 值为 $12.5\mu m$。长度方向的主要基准面与轴线的垂直度位置公差为 0.05mm。

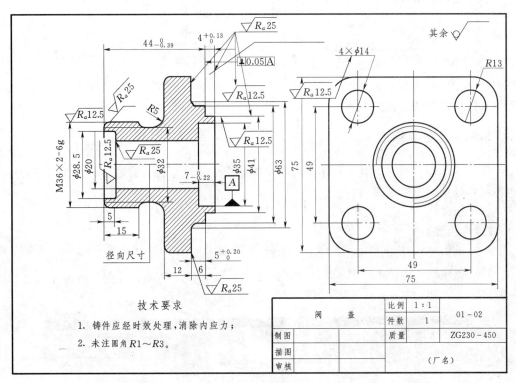

图 8.65　阀盖

8.8　AutoCAD 绘制零件图的技术要求标注

一张完整的零件图，除了有合适的视图表达、准确的尺寸标注、图框、标题栏外，还应标有加工零件所需的尺寸公差、几何公差及技术要求。如图 8.66 所示是一张典型的轴类图。仔细查看该图，除了基本的尺寸标注外，该图还标有重要尺寸的公差以及部分几何公差。这些公差应该如何标注呢？

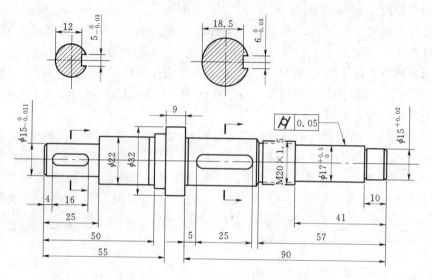

图 8.66　轴类图

　　零件图上尺寸公差的标注，一般有两种方式：一种是通过文字标注的方式；另一种是应用标注样式中的"公差"来标注。前一种使用方法更加常用。

8.8.1　文字标注

　　按照尺寸标注的一般方法，在多行文字编辑中输入尺寸公差的数值，利用"堆叠"按钮来完成尺寸公差的设置。

　　例：预标注 $\phi 15_{-0.03}^{0}$ 尺寸及其公差。

【操作步骤】

　　(1) 单击尺寸标注，启用多行文字编辑。

　　(2) 在编辑框内输入"$\phi 150\char`^-0.03$"，选中 $0\char`^-0.03$，单击"堆叠"按钮完成，如图 8.67 所示。

Φ150^-0.03

图 8.67　用多行文字编辑标注尺寸及公差

8.8.2　尺寸公差标注

　　如果图样上尺寸公差的样式不多，可采用创建尺寸公差样式的方法。

　　同样以 $\phi 15_{-0.03}^{0}$ 为例，标注其尺寸及公差。

【操作步骤】

　　(1) 创建新的标注样式"公差 1"。

→单击"标注"工具栏的"标注样式" 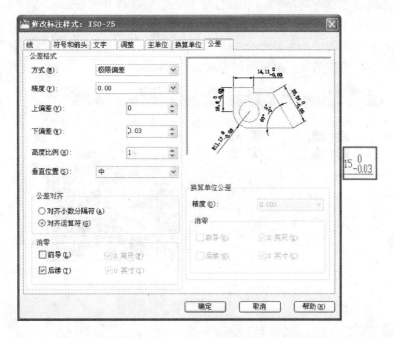，打开"标注样式管理器"对话框；

→单击"新建"按钮，输入"公差1"；

→单击"继续"，打开"新建标注样式：公差1"对话框，如图8.68所示。

图 8.68　公差标注

（2）设置公差内容。

→在"新建标注样式：公差1"对话框中，单击"公差选项卡"；

→设置公差内容，如公差格式部分，方式为"极限偏差"，上下偏差值分别为"0"和"0.03"，垂直位置为"中"，最后也可以得到 $\phi 15_{-0.03}^{0}$ 的标注。

8.8.3　几何公差标注

几何公差表示零件特征的形状、轮廓、方向、位置和跳动的允许偏差，在机械图样中也是不可缺少的。几何公差标注的方法有两种：一种是用"公差"命令标注几何公差，其缺点是引线及箭头要用相应的绘图命令绘制，不方便；另一种是用"快速引线"命令标注几何公差，这是一种较好的方法。下面用"快速引线"命令来演示几何公差的标注。

【操作步骤】

（1）"快速引线"设置。

→单击"标注"工具栏的"快速引线" ；

→在命令行输入"s"，回车，打开"引线设置"对话框，点选"公差"；

→在"引线设置"对话框中，单击"引线和箭头"选项卡，点选"直线"，选择箭头样式，单击"确实"按钮。

（2）几何公差内容填写。

→在将要标注几何公差的轮廓线上指定引线的第一个点；

→在绘图屏幕的合适位置指定引线的第二个点，第三个点，从而自动打开"几何公差"对话框，如图8.69所示；

→在"几何公差"对话框内，单击符号黑框，可以打开"特征符号"选项框，共有14项，输入正确的几何公差项目，并在"公差1"白框内可输入公差值，如图8.69所示。

如果有公差包容条件，可单击公差值后面的黑框打开"附加符号"对话框，选择相对应的包容符号。如果有基准，也可在对应的白框内填写。

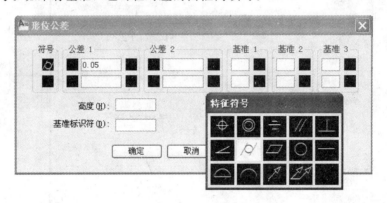

图8.69 形位公差

8.8.4 图块

在绘制零件图时，可将常用的图形创建成图块，如表面结构要求图块、基准图块、剖切符号等。图块可多次调用，免去重复绘制。特别的，对于有数字或文字属性的图形要制成属性块，在每次插入时可修改属性值。AutoCAD中的图块可分为内部块和外部块。

1. 创建内部图块

（1）功能：创建内部块只能在原图中被调用，而不能被其他图形使用。

（2）命令调用方式：

➤ 菜单命令：绘图/块/创建块。

➤ 命令行：输入Block。

➤ 工具栏：绘图工具栏的"创建块" 。

2. 创建外部块

（1）功能：将选定的实体作为一个外部图形文件，单独保存在磁盘上，成为外部块。外部块与其他图形文件并无区别，同样可以被打开、编辑，也可以被其他图形文件作为图块调用。

（2）命令调用方式：

命令行：输入wblock。

3. 创建属性快

（1）功能：在一般情况下，定义的块只包含图形信息，而有些情况下需要定义块的非图形信息，如定义表面结构要求的数值等。这类信息是可变的量，可以在需要的时候在图形中显示出来，通过创建属性块来实现。

（2）命令调用方式：

➢ 菜单命令：绘图/块/定义属性。

➢ 命令行输入：attdef。

4. 图块创建实例

下面以绘制表面结构要求符号为例来演示图块的创建过程。

【分析】表面结构要求符号包括表面结构要求基本符号以及表面结构要求数值，所以创建表面结构要求符号块也应该有两大步骤。

【操作步骤】

（1）绘制表面结构要求基本符号。

→单击多边形工具⬠，按照国家标准绘制正三角形；

→单击分解工具，将正三角形分解成独立的三条边；

→单击复制工具，将其中一边复制，粘贴在相应位置，并执行直线命令，做出长边横线，形成如图 8.70 所示的表面结构要求基本符号。

（2）定义表面结构要求符号图块属性。

→选择菜单命令"绘图"/"块"/"定义属性"；

→打开"属性定义"对话框，如图 8.71 所示；

→在"标记"处输入"CCD"；

→在"提示框"内输入"表面结构要求是："；

→在"值"输入框中输入"3.2"，其他默认，单击"确定"，返回绘图区；

→在绘图区，选择文字放置的位置，单击左键，完成图块属性定义，如图 8.72 所示。

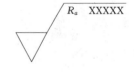

图 8.70　绘制表面结构
要求基本符号

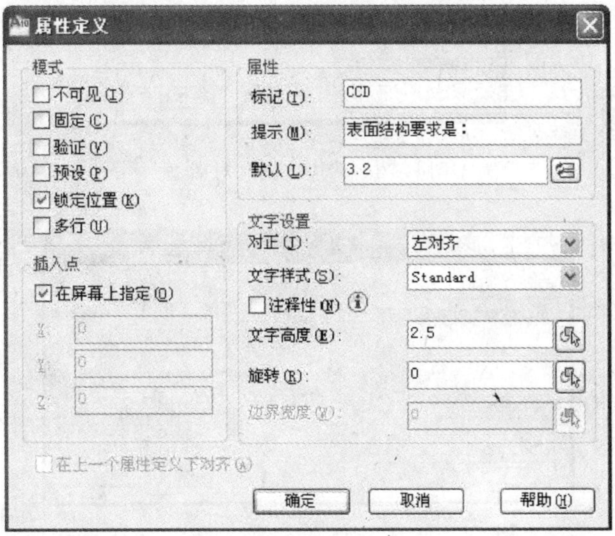

图 8.71　"属性定义"对话框

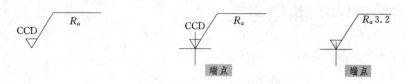

图 8.72 定义表面结构要求符号图块属性

(3) 创建带属性的块。

→单击绘图工具栏中的"创建块" ，打开"块定义"对话框；

→在"名称"输入框中输入"表面结构要求"；

→单击"拾取点"按钮，返回绘图区；

→选择表面结构要求符号的插入点，如图 8.73 所示，返回"块定义"对话框，其他默认；

→单击"确定"按钮，打开"编辑属性"对话框，如图 8.74 所示，填入合适的表面结构要求数值，单击"确定"按钮，完成带属性块的创建。

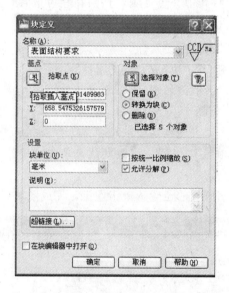

图 8.73 "块定义"对话框

图 8.74 "编辑属性"对话框

282

5. 插入图块

已经创建好的图块如果要应用，可用"插入块" 工具来实现，如图 8.75 所示。在"插入"对话框中，需要指定插入图块的"名称"，如"表面结构要求"（已定义的图块）；"插入点"的位置，已指定为"在平面上指定"。而"缩放比例"及"旋转"等看具体需要而定。

图 8.75 "插入"对话框

第9章 装 配 图

机器和部件都是由若干个零件按一定装配关系和技术要求装配起来，用以实现设计功能。表达机器或部件中各零件的连接、装配关系的图样，称为装配图，如图 9.1 所示滑动轴承座的装配图。

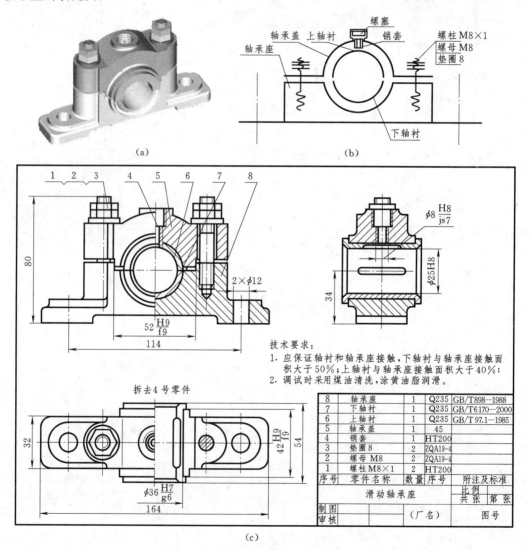

技术要求：
1. 应保证轴衬和轴承座接触，下轴衬与轴承座接触面积大于 50％；上轴衬与轴承座接触面积大于 40％；
2. 调试时采用煤油清洗，涂黄油脂润滑。

8	轴承座	1	Q235	GB/T898—1988
7	下轴衬	1	Q235	GB/T6170—2000
6	上轴衬	1	Q235	GB/T 97.1—1985
5	轴承盖	1	45	
4	销套	1	HT200	
3	垫圈 8	2	ZQA19-4	
2	螺母 M8	2	ZQA19-4	
1	螺柱 M8×1	2	HT200	
序 号	零件名称	数量	序号	附注及标准

滑动轴承座	比例	
	共 张 第 张	
制 图		
审 核	（厂名）	图号

(c)

图 9.1 滑动轴承座装配图
(a) 滑动轴承座轴测图；(b) 装配示意图；(c) 设计装配图

装配图是生产过程中的重要技术文件，它主要表达机器和部件的结构、形状、装配关系、工作原理和技术要求等内容，它是机器和部件安装、调试、操作、检修的重要依据。

通常设计制造机器或部件的过程：构思并确定设计方案（必要时作出轴测图、结构图或装配示意图等）→画出设计装配图（必要时加画装配工艺图）→从装配图拆画零件图→按照零件图加工零件→按照装配图将零件装配成机器或部件。

根据不同的需要，装配图可分为设计装配图、装配工艺图和装配示意图三种。

1. 设计装配图

设计装配图是工程技术人员表达设计意图的图样，图 9.1（c）就是属于这种图样；它不仅要表达机器或部件的装配关系、尺寸及技术要求等，还要尽可能表达各零件的形状，以便于拆画零件图。

设计装配图是设计、制造、检验、安装、使用和维修及技术交流过程中重要的工程图样，是对设计者设计思想的表达图样。

2. 装配工艺图

装配工艺图是设计装配图的简化图，对各零件的形状不一定表达清楚，主要用于指导人们将成品零件按要求进行装配。

3. 装配示意图

装配示意图则更简化，用一些简单线条代替实物形状，例如图 9.1（b）所示的轴承座装配图中螺柱、轴承盖等都是采用示意表达，通常在初步设计时用于构思及讨论方案，或用于指导由各零件图拼画装配图。

本章主要介绍设计装配图及由装配图拆画零件图的相关规定和绘制方法。

9.1 装配图的内容

结合图 9.1 滑动轴承座的装配图，可以看到一张完整的装配图应具有以下几方面的内容。

9.1.1 一组视图

用于正确、完整、清晰地表达装配体的工作原理、主要零件的结构形状、零件与零件之间的装配关系。

图 9.1 滑动轴承装配图的主视图采用半剖视图表达轴承座的外部轮廓、工作原理和主要零件的装配关系及形状；通过左视采用全剖视图表达组成部件的内部轮廓及相互装配关系；通过俯视图表达轴承座的外部轮廓、螺柱连接情况和各部件前后装配位置。

9.1.2 必要的尺寸

根据装配图的作用，在装配图上只需标注机器或部件规格性能的尺寸、装配尺寸、安装尺寸、总体外形尺寸和其他一些重要尺寸。

9.1.3 技术要求

采用文字和符号等形式，表达机器或部件的加工、装配方法、检验要点和安装调试手段、表面油漆及包装运输等技术要求。技术要求应该工整地注写在视图的右方或下方。

9.1.4 零件的序号、明细栏和标题栏

装配图所有零部件均编有序号，便于查找、阅读生产图样以及生产图样的管理，并且按序号将零件名称、材料、数量等情况填写在明细表和标题栏的规定栏目内。

9.2 装配图的表达方法

零件图主要用于指导零件的制造，而装配图则主要用于指导零件的装配。因此装配图的表达方法，除了采用如视图、剖视图、断面图及局部放大图等各种表达方法外，国家标准《机械制图》中还规定了装配图的一些规定画法和特殊的表达方法，以清晰、完整、准确地表达机器或部件的工作原理及各零件之间的装配关系为原则。

9.2.1 装配图画法的基本规定

1. 相邻零件轮廓线的画法

两相邻零件的接触面和具有基本尺寸相同的轴及孔的配合面只画一条线，如图 9.2 中 1 处所示。相邻两零件不接触或不配合的表面，即使间隙很小，也必须画两条线，如图 9.2 中 3 处所示的螺钉处光孔面和端盖阶梯轴处。

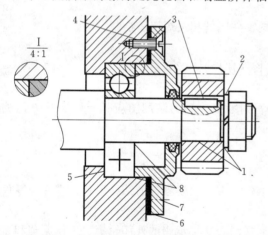

图 9.2 装配图中规定和简化画法

1—接触面；2—局部剖视；3—不接触；4—螺钉不剖；
5—简化画法；6—狭小剖面；7—螺钉位置；8—配合面

2. 装配图中剖面符号的画法

装配图中的剖视或剖面，应使用国标规定的剖面符号。

不同零件，它们的剖面符号必须不一样。相邻两零件的剖面线方向一般应相反，当三个零件相邻时，其中必有两个零件的剖面线方向一致，但间隔不相等，或剖面线相互错开，如图 9.2 中局部放大图所示。装配图中同一零件在不同剖视图中的剖面线方向应一致、间隔相等。

薄壁零件（如垫片）被剖，其厚度不大于 2mm 时允许用涂黑表示被剖部分，如图 9.2 中 6 所示。

用焊接、胶合和镶嵌等方法制成的构件，如果材料相同，则以同一整体画相同的剖面符号；但如果材料不同，仍画不同的剖面符号，如图 9.3 所示。

3. 实心杆件及标准件的画法

当剖切平面通过实心杆类零件（如轴、连杆、拧杆、球、手柄、钩子等）及标准件（螺栓、螺母、垫圈、螺帽、链、销等）零件的轴线剖开实体时，这些零件只画出外形，不画剖面线，如图 9.2 中 4 所示。

必要情况下，对于如凹槽、键槽、销孔等零件常见的局部构造结构，常采用局部剖表达，如图 9.2 中 2 所示。

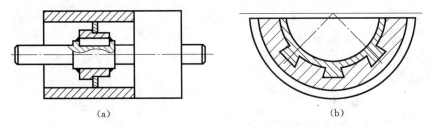

(a)   (b)

图 9.3　装配图中结合件规定画法

(a) 材料相同；(b) 材料不相同

9.2.2　装配图的特殊表达方法

装配图中为了清楚表达机器或部件的装配关系及形状和结构特点，还可以采用以下特殊表达方法。

1. 沿结合面剖切或拆卸画法

在装配图的某一视图中，当某些零件遮住了所需表达的其他部分时，可拆卸这些零件后，再进行绘制，并在其视图上标注"拆去××零件"，这种画法通称为拆卸画法。如图 9.1 (c) 中俯视图采用移除上部 4 号零件的拆卸半剖画法表达轴承座内部结构。如果沿某些零件的接合面剖切，对于横向剖切的实心零件，如轴、螺栓、销等，应画出剖面线，而拆卸结合处不需要画剖面线。

2. 假想画法

在装配图中，可用双点画线绘制出运动零件的假想轮廓，以表达该零件的运动极限位置，以帮助该图，如图 9.4 (a) 用双点划线表示手柄的另一个极限位置，可以获得手柄的运动范围；或用双点划线画出部件相邻的零件的假想轮廓，以表达出它们之间的装配关系。图 9.4 (b) 用双点划线表示轴承座联接的基础。

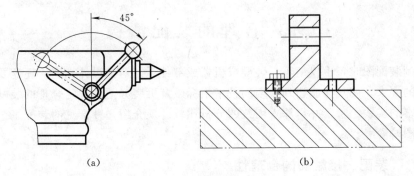

(a)   (b)

图 9.4　装配图的假想画法

(a) 运动范围表达；(b) 假想联接体

3. 展开画法

装配图中对交错叠放的传动系中各轴，假想将各轴按传动顺序，沿轴线复合剖开，并旋转到同一平面上，所得的剖视图叫展开图。这种展开画法多用于表达机床的主轴箱、进给箱、汽车的变速箱等装置的装配图，以表达各轴之间的装配关系和工作原理，如图 9.5 所示。

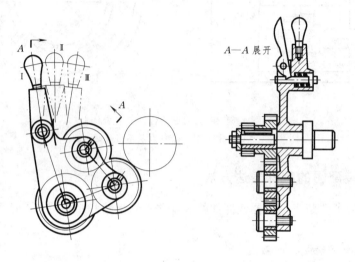

图 9.5　装配图的展开画法

4. 简化画法

装配图中，对于零件的工艺结构，如圆角、倒角、退刀槽等细节结构可省略不画，在发生位置通过标注表达这些细节结构；对于装配图中标准件可按前面第七章中约定方法简化绘制，如图 9.2 中的 5 所示。

装配图中，对若干相同的联接组件，如螺栓联接组件等，可只详细画其中一组为代表，其余用点画线表示其位置即可，如图 9.2 中的 7 所示。

5. 局部放大画法

装配图上，对薄垫片、小间隙、小锥度等，允许将其适当夸大画出，以便于画图和看图，如图 9.2 中的 6 所示。

9.3　合理的装配结构

在绘制装配图时，不仅使零件装配成机器或部件后能达到设计性能，还需要考虑符合装配工艺的要求，使其性能达到预期的技术指标以及拆装方便。确定合理的装配结构，必须具有丰富的实践经验，并作深入细致的分析比较。现介绍几种常见的装配工艺结构，以供画装配图时参考。

9.3.1　装配、接触面的合理性

1. 相邻两零件同一方向只允许一处接触面

两个零件接触时，在同一方向上只能有一个接触面，否则会给零件制造和装配等工作造成困难，如图 9.6（a）、（c）所示。图 9.6（b）、（d）是不正确的，这样会造成加工困难和实现困难。

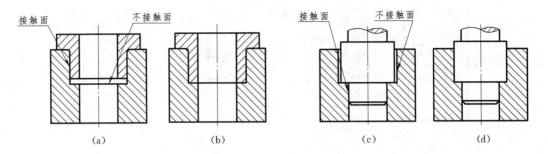

图 9.6　两零件接触时，同一方向只能有一对接触面

(a)、(c) 正确；(b)、(d) 错误

2. 相邻零件转角结构

相邻两零件常在转角处加工成倒角、倒圆和切槽等结构，以保证轴肩和孔端面紧密贴合，但也应防止在装配过程中出现干涉现象。如图 9.7 所示的转角结构能够保证两个零件接触面在轴向接触良好。

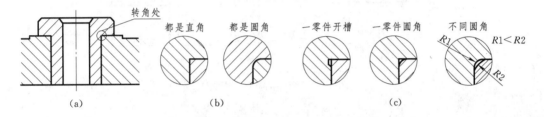

图 9.7　转角处结构

(a) 转角处结构的剖视图；(b) 错误；(c) 正确

3. 减少加工面积

为保证两零件接触良好，降低加工费用及节省材料，应尽量减少加工面积；如图 9.8 所示箭头部位，这些凹槽结构可以较好地减少加工面积。

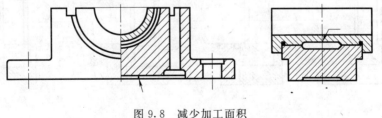

图 9.8　减少加工面积

9.3.2　轴承装配结构的合理性

1. 滚动轴承定位

滚动轴承定位在轴肩或孔肩，轴肩或孔肩的高度须小于轴承内圈或外圈的厚度，以便拆卸，如图 9.9 (a)、(d) 所示。

其实大多数零部件都应该考虑加工和装拆的方便，如图 9.10 (a) 中的圆筒没有办法

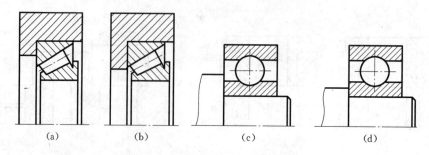

图 9.9　轴承的端面定位结构合理性

(a)、(d) 正确；(b)、(c) 错误

拆解，若在外盖上加工螺钉孔就可以方便拆解了，如图 9.10（b）所示。

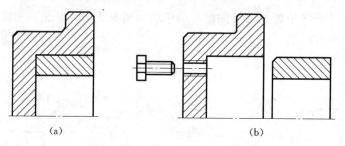

图 9.10　零件的拆解结构布置

(a) 错误；(b) 正确

2. 轴承的密封结构

轴承由于长时间转动通常采取密封处理，其常见密封结构如图 9.11 所示，其中的毡圈槽、毡圈、油沟、皮碗等构件已标准化，具体见相关手册。

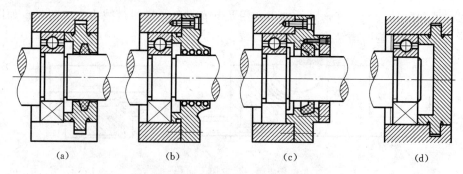

图 9.11　轴承的密封结构

(a) 毡圈式；(b) 油沟式；(c) 皮碗式；(d) 闷盖式

9.3.3　螺纹紧固件装配结构的合理性

1. 沉台和凸台

为了保证螺纹紧固件与被连接件表面间接触良好，需要对这些接触表面进行加工，通常在被连接件上设计成沉台或凸台结构，以减少加工面积，从而满足与螺纹紧固件装配要

求，如图 9.12 所示。

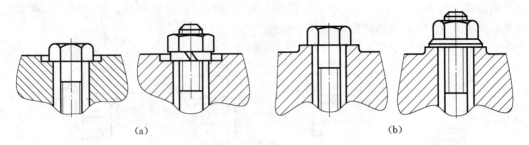

图 9.12　装配零件的沉台和凸台结构

(a) 沉台结构；(b) 凸台结构

2. 被连接工件通孔结构

为了连接装配方便，以及被连接件贴合在一起，通孔应比螺纹紧固件直径要大，如图 9.13 (a)、(b) 所示；而为了使螺纹连接件能够拧紧，以及满足加工螺纹的工艺性，则要求在螺杆上加工出退刀槽或螺纹孔加工出凹坑、倒角等结构，如图 9.13 (c)、(d)、(e) 所示。

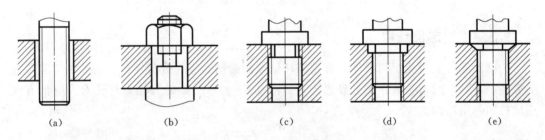

图 9.13　螺纹连接的合理结构

3. 螺纹紧固件的装配空间

为了装拆需要，零件结构应留有足够装配空间。如图 9.14 (a) 中，由于零件结构高度 L 小于螺栓长度 H，螺栓装拆无法进行；又如图 9.15 (a) 中，应预留扳手工作的活动空间，否则不可能装拆螺栓。

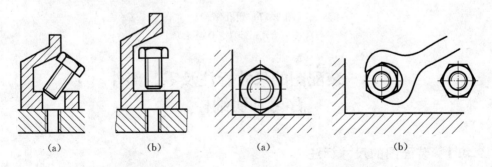

图 9.14　零件结构留有足够装配空间　　　　图 9.15　结构应留有装配工具工作空间

(a) 不合理；(b) 合理　　　　　　　　　　　(a) 不合理；(b) 合理

4. 螺纹紧固件的防松装配

机器在工作时，由于冲击、振动等作用，可使螺纹紧固出现松动、甚至脱落。在装配中常采用图 9.16 所示的螺纹防松结构、装置。

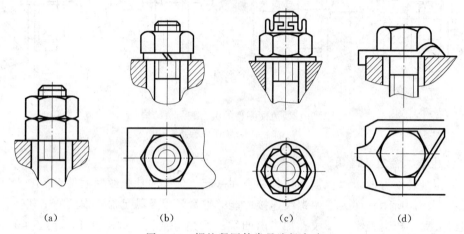

图 9.16　螺纹紧固件常见防松方法
(a) 双螺母；(b) 弹簧垫圈；(c) 开口销；(d) 止动垫圈

9.3.4　销定位结构

为确保零件重新装配的精度，常用圆柱销或圆锥销对零件进行定位，为了加工和装拆的方便，零件上的销孔最好加工成通孔，如图 9.17 所示；如果只能做盲孔时，应留有气逸出口和起销结构。

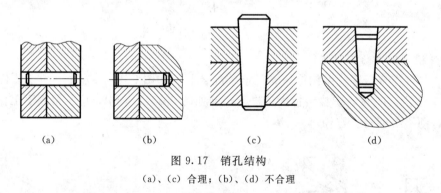

图 9.17　销孔结构
(a)、(c) 合理；(b)、(d) 不合理

9.4　装配图的尺寸标注及零、部件
序号和明细栏

9.4.1　装配图的尺寸标注

装配图是控制装配质量、指导零部件之间装配关系的图样。由于装配图和零件图作用的侧重点不同，装配图不需要标注所有零件的尺寸，而只需标注机器或部件规格性能的尺

寸、装配尺寸、安装尺寸、总体外形尺寸和其他一些重要尺寸。

1. 性能（规格）尺寸

机器或部件性能（规格）的尺寸，是设计和选用该机器或部件的依据，如图 9.22（c）中所示气阀，上、下接口内螺纹参数 2 - M14×1.5 为该气阀的规格尺寸，它表达与之相配接的管道螺纹规格要求。

2. 装配尺寸

表达零件之间装配关系的尺寸，一般包括以下两种。

（1）配合尺寸。表示两零件间具有配合性质的一些重要尺寸，如图 9.1（c）中的 $\phi 8\dfrac{\text{H8}}{\text{js7}}$、$\phi 25\text{H8}$ 等。

（2）相对位置尺寸。表示装配时，需要保证的零件间或部件间比较重要的相对位置，如图 9.20（f）中标注的两齿轮轴间距要求 42H8。

3. 安装尺寸

机器或部件安装时所需要的尺寸，如图 9.1（c）中轴承底座上孔的中心距 114 等。

4. 外形尺寸

机器或部件整体轮廓的大小尺寸，即总长、总宽和总高。它为包装、运输和安装时所占的空间大小、位置提供了依据，如图 9.1（c）中总长 164、总宽 54、总高 80 等尺寸。

5. 其他重要尺寸

零件运动的极限尺寸、主要零件的重要尺寸等，如图 9.1（c）中轴承座轴衬的外部卡槽长度 $52\dfrac{\text{H9}}{\text{f9}}$ 等。

以上五类尺寸并不是孤立的，有时几种含义兼有，依具体情况进行装配图的尺寸标注。

9.4.2 装配图中零部件序号和明细栏

为了便于图样管理、阅读及组织生产图样，在装配图上必须对每种零件或部件统一编写序号，并按序号填写明细栏，以说明机器组成的各零件或部件的名称、数量、材料等。

1. 零、部件序号的编制与标注

（1）装配图中每个零件或部件只编注一个序号，即相同的零件或部件只给一个序号，且在装配图中只标注一次。

（2）图形轮廓外编写序号，应填写在指引线的横线上或小圆中，横线或小圆用细实线画出。序号的字号要比尺寸数字大一号或两号，也可不画横线或圆，在指引线另一端附近注写序号，序号比尺寸数字大两号，如图 9.18（a）、（b）所示。

（3）指引线从所指零件的可见轮廓线内引出，互相不能相交，当指引线通过有剖面线的区域时，不应与剖面线平行，必要时，可将指引线弯折一次；在末端画一小圆点，遇到剖面涂黑的外薄壁零件将小圆点改用箭头指向涂黑的剖面，如图 9.18（b）、（c）所示。

（4）一组紧固件以及装配关系清楚的零件组，可以采用公共指引线进行标示，如图

9.18（a）、（b）所示。

（5）零部件序号应沿水平或垂直方向按顺时针（或逆时针）方向排序，并顺序排列整齐，如图 9.1（c）所示。

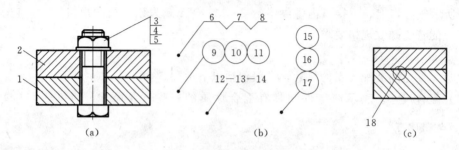

图 9.18　装配图序号标注

2. 明细栏

明细栏是装配图中全部零部件的详细目录，GB 10609.1—89《技术制图　标题栏》及 GB 10609.2—89《技术制图　明细栏》已规定标题栏和明细表的标准格式和栏目。明细栏直接画在标题栏上方，与标题栏同宽，序号由下向上按顺序填写，如位置不够可在标题栏左边画出，外框为粗实线，内格为细实线，图 9.19 格式可供学习时使用。

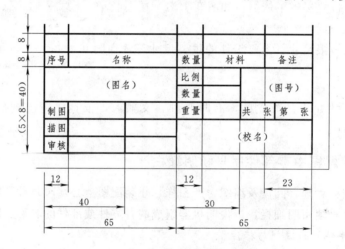

图 9.19　装配图标题栏明细表

对于标准件和常用件，应在备注中附注或在代号一栏中写明其标准代号、工艺说明或相关技术参数（如齿轮的模数 m、齿数 z）等。

9.5　由零件图绘制装配图

根据机器所有的零件图，依据机器的工作原理，拼画装配图。下面以齿轮泵、气阀为例，说明由零件图画装配图的方法和步骤。

由图 9.20（a）所示齿轮泵的工作原理图可以知道，齿轮泵泵体内腔装配有一对相互啮合的齿轮，当主动齿轮轴逆时针带动从动齿轮顺时针方向转动，这对传动齿轮通过齿间空腔，把右边低压进口侧的油移送到左边高压侧，由于齿轮相互啮合的作用，齿间空腔中的油被挤压出，完成一次作业循环。齿间空腔体积变化实现油介质的动力搬运，这样油被源源不断地运到油泵左侧出油口，使出口处的油压升高、压出，并被送至需要用油的部位。

9.5.1 确定表达方案

通过分析机器或零件的结构、工作原理及装配关系，确定装配图合理的表达方案。具体原则是：在清楚地表达出机器或部件的结构、装配关系、工作原理和主要零件的结构形状等前提下，视图应尽量简单明了。

1. 装配体主视图的选择

选择主视图要考虑的因素很多，如需要尽可能多地表达装配体的内外部装配关系及主要的工作原理，兼顾到其他视图的表达，以充分表达机器形状特征和装配关系的方向作为主视图的投影方向，并选择适当的表达方法，将其各组成零件之间的装配关系、结构、工作原理表达出来。

以油泵为例，选择其工作位置的主动轴轴线为装配主线，以此作为主视图的投影方向，采用沿主动轴线作全剖视图作主视图；为了兼顾表达定位销的装配关系，在主视图中对销位置采用旋转剖视进行表达。这样获得的主视图，表达了传动齿轮用轴连接的情况、从动齿轮与传动齿轮啮合的情况、螺栓组件连接的情况以及销定位的情况等装配关系，较好反映了油泵的主要装配原理，因此该方案选择是合理的。

2. 其他视图选择

其他视图的数量及表达方式视具体机器或剖件而定。例如对于油泵，为了表达泵体、泵盖等主要零件形状，需要选取左视图，由于传动齿轮组件结构简单，装配关系已经表达清楚，将它们拆去后再沿泵体和左垫片结合面剖切成半剖视图；为了表达泵盖的顶面形状及其内部溢流安全结构，选择局部俯视图；另外，再对进出油口和溢流出口结构选择两个局部剖视图进行表达。这样，共选取了主、俯、左三个基本视图及在基本视图上的局部剖视图的方法使机油泵的装配关系得到清楚表达。

9.5.2 选比例、定图幅

根据机器或零件大小、复杂程度和表达方案，合理布局，选取制图比例，基于阅读的直观性，最好选用1:1的制图。

布局时应考虑留有标注尺寸、注写符号、写技术要求和空间，不要太拥挤，也不要太松散。

9.5.3 画底稿

画底稿是画装配图的关键步骤，应特别慎重，底稿以"轻描、淡写、准确"为原则。

1. 规划布置视图

先分析机器和零件确定表达方案，综合考虑尺寸、零件编号、标题栏和明细表位置，进行宏观规划布置图幅。确定并绘制各视图的对称中心线，基准线和作图基线，如图9.20（c）所示。

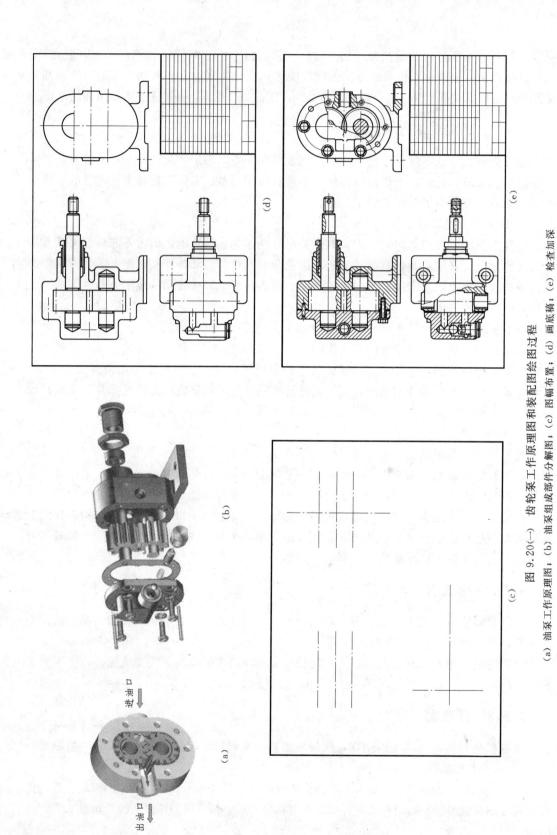

图 9.20(一) 齿轮泵工作原理图和装配图绘图过程

(a) 油泵工作原理图；(b) 油泵组成部件分解图；(c) 图幅布置；(d) 画底稿；(e) 检查加深

进油口

出油口

(a)

(b)

(c)

(d)

(e)

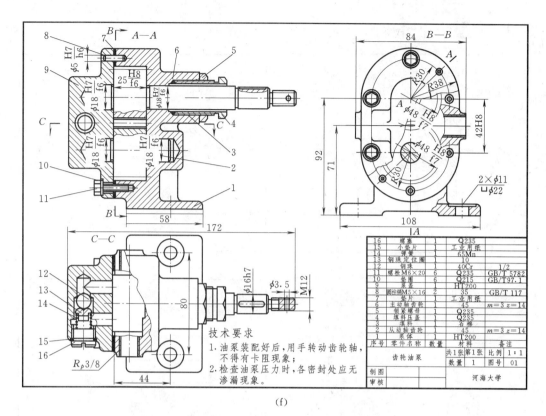

技术要求
1. 油泵装配好后,用手转动齿轮轴,不得有卡阻现象;
2. 检查油泵压力时,各密封处应无渗漏现象。

16	螺盖	1	Q235	
15	小垫片	1	工业用纸	
14	弹簧	1	65Mn	
13	钢珠定位圈	1	10	
12	钢珠	1	40Cr	1/2
11	螺栓M6×20	6	Q235	GB/T 5782
10	垫圈	6	Q215	GB/T97.1
9	泵盖	1	HT200	
8	圆柱销M5×16	2	35	GB/T 117
7	垫片	1	工业用纸	
6	主动齿轮	1	45	$m=3\ z=14$
5	锁紧螺母	1	Q235	
4	填料压盖	1	Q235	
3	填料	1	石棉	
2	从动轴齿轮	1	45	$m=3\ z=14$
1	泵体	1	HT200	
序号	零件名称	数量	材料	备注

齿轮油泵　共1张第1张　比例 1:1
数量 1　图号 01
制图　审核　河海大学

(f)

图 9.20（二）　齿轮泵工作原理图和装配图绘图过程

（f）油泵装配图

2. 画底稿

画底稿应掌握"先主后次"的原则。作图过程中具体问题具体分析,对所给的装配体,在"先主后次"的大原则下灵活运用"先大后小"、"先内后外"的方法进行制图。所谓"先大后小",指对于装配体先绘制大框架、粗概的轮廓,再细节、局部;所谓"先内后外",指对于有的装配体,先画其内部的主要关键零部件,例如图 9.20（d）所示,应先画油泵内部的啮合齿轮结构,再画其他结构,接着画出泵体、泵盖等其他结构。经常是两种方法交错使用。

3. 检查加深

绘图过程中应随时修正错误（例如零件干涉碰撞、间隙过大等）或更新设计方案,有必要把装配示意图、零件草图和正在画的装配图同步进行修改;并将零件序号记录在零件草图上,以便在下一步参考零件草图从装配图拆画零件图时整理出合格的图样资料。

如图 9.20（e）所示,底稿线完成后,结合形体投影进行详细检查,确定无误后进行加深。画剖面线,标注尺寸和公差,然后编写零件部件的序号,书写技术要求,填写标题栏及明细栏。

9.5.4　完成全图

签名及填写日期,完成全图,如图 9.20（f）所示为完成的机油泵装配图。

【例 9.1】 已知气阀各零件图如图 9.21 所示，绘制气阀装配图。

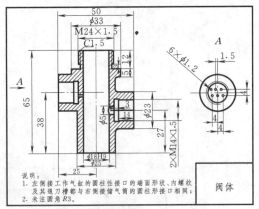

说明：
1. 左侧接工作气缸的圆柱性接口的端面形状、内螺纹及其退刀槽都与右侧接储气筒的圆柱形接口相同；
2. 未注圆角 R3。

阀体

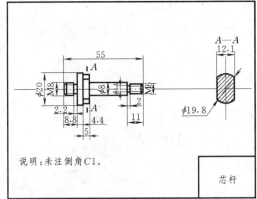

说明：未注倒角 C1。

芯杆

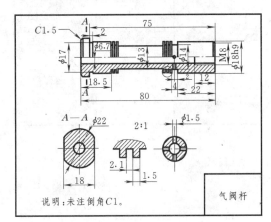

说明：未注倒角 C1。

气阀杆

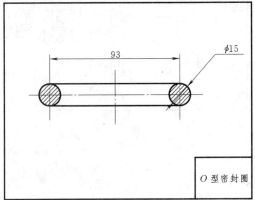

O 型密封圈

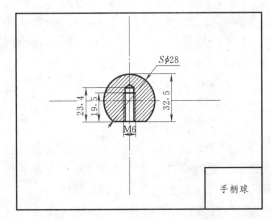

手柄球

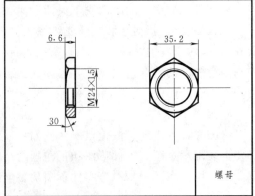

螺母

图 9.21　气阀

分析：

气阀是安装在管路中，用于高压气管路断通的关键部件，它的阀芯是圆柱状滑阀杆。

1. 气阀的装配关系

由气阀结构分解图［图 9.22（a）］可知，阀杆和阀体呈间隙配合装配在一起，密封

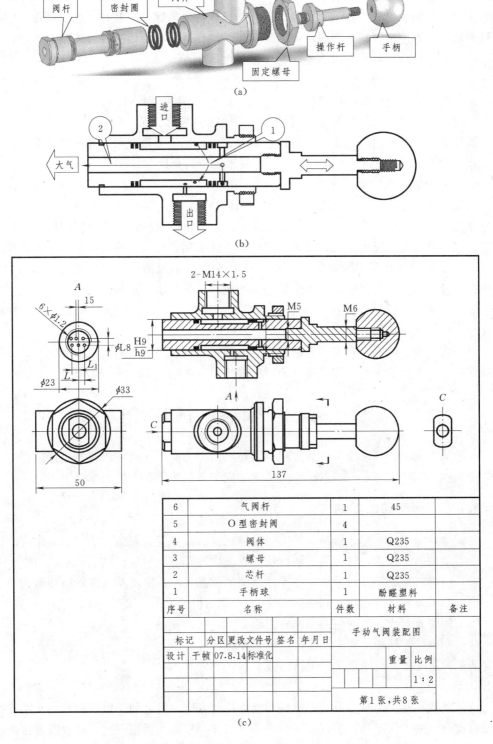

图 9.22 气阀装配图制图过程

(a) 气阀结构展开分解图；(b) 气阀工作原理图；(c) 气阀装配图

圈固定在阀杆的卡槽上，使得阀杆及阀体之间形成密封空腔；阀杆的左端为圆柱截切残体，用以阀杆的右向限位及紧定操作；阀杆与操作杆通过螺纹连接在一起，操作杆左端为圆柱截切残体，用以阀杆左向限位及紧定操作；操作杆与手柄通过螺纹连接在一起；固定螺母与阀体右端凸台，使阀体固定在操作平台上。

2. 气阀的工作原理

操作杆带动阀杆向右动作到极限位置［图 9.22 (b)］，则进口高压气进入阀杆、阀体之间的密封空腔，经由出口到高压用气装置，如图中路径 1 所示。

操作杆带动阀杆向左动作到极限位置，则进口高压气密封截断，高压用气装置通过图中路径 2，经由阀杆中心空腔连通到大气，使压力得到释放。

3. 气阀视图表达方案的确定

把气阀按工作位置水平放置，即阀体内阀杆、操作杆、固定螺母及手柄等零件沿轴线水平放置。主视图采用全剖视图，主要表达气阀主要零件阀杆、阀体、操作杆及密封圈等零件之间的装配关系及主要工作原理；俯视图主要表达各气阀的外观形状及固定螺母、操作杆及手柄等零件之间的装配位置关系；采用 A 向局部视图表达进口处轮廓及其内部 6 个小孔的分布位置；右视图采用移除手柄后的视图，进一步表达阀体轮廓，同时把阀体上固定螺母轮廓、操作杆端部限位凸块的轮廓表达出来；采用 C 向局部视图表达阀杆端部限位凸块的轮廓，如图 9.22 (c) 所示。

视图表达方法确定后，按本节讲解的具体画图步骤着手画装配图，即选比例、定图幅→画底稿→检查加深→签名及填写日期，完成全图，如图 9.22 (c) 所示。

9.6　装配图阅读和拆画零件图

在机器的安装、维修以及调试过程中往往要阅读装配图，而在机器的设计过程中，常由装配图拆画零件图。本节将讨论如何阅读装配图及从装配图上拆画零件图。

9.6.1　阅读装配图的方法和步骤

在设计、制造、装配、检验、使用、维修调试和技术交流等生产活动中，阅读装配图是十分重要的基本技能，目的是了解设备的以下内容。

(1) 明确机器或部件的结构，各零件之间的装配关系及主要零部件的结构形式。

(2) 明确各零件的作用，机器或部件的功用、性能和工作原理。

(3) 明确机器或部件的使用和调整方法。

(4) 明确各零件的结构形状及拆、装顺序和方法。

装配图通常按下面四个步骤进行阅读。

1. 概括了解

从标题栏和有关说明书中，了解机器或部件的名称、用途和工作原理，并从零件明细栏及对应图上的零件序号，了解零件和标准件名称、数量和所在位置。对视图进行初步分析，根据图纸上的视图、剖视图、断面图的配置和标注，找出投影方向、剖切位置，了解每个视图的表达重点和意图。

2. 了解装配关系和工作原理

将装配体分成几条装配主干轴线，了解每个主干轴线上组成零件的装配关系和装拆顺序。深入分析机器或部件的装配关系和工作原理，弄清零件之间的相互位置、定位关系、连接方式、配合要求和密封结构等内容。

3. 分析零件

根据零件的编号，投影的轮廓，剖面线的方向、间隔（如同一零件在不同视图中剖面线方向与间隔必须一致）以及某些规定画法（如实心零件不剖）等内容，获得零件的投影，了解各主要零件结构形状和与之相关零件的连接关系。这一过程可以应用形体分析法及线面分析法相结合进行分析，逐步读懂。

4. 归纳总结

在以上细节分析的基础上，获得装配体总体功能和各主要零件的形状及结构等印象，结合尺寸的标注、技术要求，对装配体的工作原理、装配关系及拆装顺序等作进一步理解，获得装配体的总体认识。

上述仅介绍了看装配图的方法和步骤，实际上看图的步骤往往交错进行，要提高识别装配图的阅读能力，必须不断的实践来提高。

【例 9.2】 图 9.23 为机用台虎钳的装配图，现以该装配图为例，说明阅读装配图的具体方法与步骤。

1. 概括了解

根据标题栏和明细表等分析了解台虎钳作用与用途。

由图 9.23 可知机用台虎钳是机床上一种通用夹紧装置。该台虎钳由 11 种零件组成。

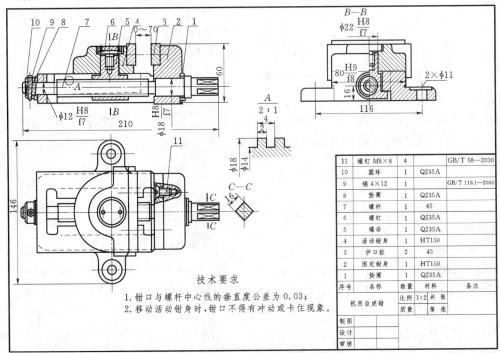

11	螺钉 M8×8	4		GB/T 68—2000
10	圆环	1	Q235A	
9	销 4×12	1		GB/T 119.1—2000
8	垫圈	1	Q235A	
7	螺杆	1	45	
6	螺钉	1	Q235A	
5	螺母	1	Q235A	
4	活动钳身	1	HT150	
3	护口板	2	45	
2	固定钳身	1	HT150	
1	垫圈	1	Q235A	
序号	名称	数量	材料	备注

技术要求

1.钳口与螺杆中心线的垂直度公差为 0.03；
2.移动活动钳身时，钳口不得有冲动或卡住现象。

图 9.23　机用台虎钳装配图

2. 分析视图

该台虎钳装配图共有 5 个图形，先从主视图入手，弄清它们之间的投影关系和每个图形所表达的内容。

主视图符合其工作位置，是通过台虎钳前后对称面剖切画出的全剖视图，表达了螺杆 7 装配干线上各零件的装配关系、联接方式和传动关系。同时表达了螺钉 6、螺母 5 和活动钳身 4 的结构以及台虎钳的工作原理。

俯视图主要反映机用台虎钳的外形，并用局部剖视图表达了护口板 3 和固定钳身 2 的连接方式。

左视图采用半剖视图，剖切平面通过两个安装孔，除了表达固定钳身 2 的外形外，主要补充表达了螺母 5 与活动钳身 4 的连接关系。

局部放大图反映了螺杆 7 的牙型。

移出断面表达螺杆头部与扳手（未画出）相接的形状。

3. 工作原理及装配关系

如图 9.23 所示，台虎钳传动关系是：旋动螺杆 7，螺母 5 沿螺杆轴线作直线运动，螺母 5 带动活动钳身 4、护口板 3 移动，实现夹紧或放松工件。

进一步分析零件之间的配合关系、连接方式和接触情况，更全面地了解部件整体结构。从图 9.23 中可以看出，螺杆 7 装在固定钳身 2 的孔中，通过垫圈 8、圆环 10 和销 9 使螺杆 7 只能旋转但不能沿轴向运动；螺母 5 装在活动钳身 4 的孔中并通过螺钉 6 轻压在固定钳身 2 的下部槽上；活动钳身 4 上的宽 80 的通槽与固定钳身 2 上部两侧面配合，以保证活动钳身移动的准确性；活动钳身和固定钳身在钳口部位均用两个螺钉 11 连接护口板，护口板上制有牙纹槽，用以防止夹持工件时打滑。至此，台虎钳的工作原理和各零件间的装配关系更加清楚。

4. 分析零件结构形状

应先在各视图中分离出该零件的范围和对应关系，利用剖面线的倾斜方向和间距、零件的编号、装配图的规定画法和特殊表达方法（如实心轴不剖的规定等），以及借助三角板和分规等查找其投影关系。以主视图为中心，按照先易后难，先看懂联接件、通用件，再读一般零件。如先读懂螺杆及其两端相关的各零件，再读螺母、螺钉，最后读懂活动钳身及固定钳身。

5. 分析尺寸

分析装配图每一个尺寸的作用（即五类尺寸），搞清部件的尺寸规格，零件间的配合性质和外形大小等。

如图中 0~70 为性能尺寸，表示钳口的张开度。$\phi 12H8/f7$ 和 $\phi 18H8/f7$ 是螺杆 7 与固定钳身 2 的配合尺寸；80H9/f9 是活动钳身 4 与固定钳身 2 的配合尺寸；$\phi 22H8/f7$ 是螺母 5 与活动钳身 4 的配合尺寸。$2\times\phi 11$ 和 116 为安装尺寸。210、60、146 为总体尺寸。

6. 综合归纳

在上述分析的基础上，进一步分析装配体的工作原理、装配关系、零件结构形状和作用以及装拆顺序、安装方法。由此，可得机用台虎钳立体图如图 9.24 所示。

9.6.2 由装配图拆画零件图

在设计过程中，根据机器或部件的使用要求、工作性能先画出装配图，再根据装配图设计零件，拆画出零件图，简称"拆图"。拆图时，通常先画主要零件，然后根据装配关系逐一拆画有关零件，以保证各零件的形状、尺寸等能协调一致。画零件图的方法已在前面章节中作了介绍，这里着重介绍拆图时应注意的一些问题。

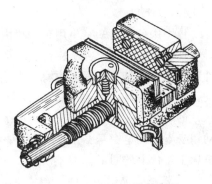

图 9.24 机用台虎钳轴测图

1. 零件视图表达方案的选定

拆画零件图时，零件的表达方案应根据零件本身的结构特点重新考虑，不可机械地照抄装配图。因为装配图的表达方案是从整个装配体来考虑的，无法符合每个零件的要求。如装配体中的轴套类零件，在装配图中可能有各种位置，但画零件图时，通常以轴线水平放置，长度方向为画主视图的方向，以便符合加工位置，便于看图。

2. 完善零件的结构形状

在装配图中，对某些零件的局部结构，并不一定都能表达完全，在拆画零件图时，应根据零件功用加以补充、完善。在装配图上，零件的细小工艺结构，如倒角、圆角、起模斜度、退刀槽等往往被省略，拆图时，应将这些结构补全并标准化。

3. 零件图上的尺寸标注

在折图时，零件图上的尺寸可用以下方法确定：

（1）直接抄注装配图上已标出的尺寸。除了装配图上某些需要经过计算的尺寸外，其他已注出的零件的尺寸都可以直接抄录到零件图中；装配图上用配合代号注出的尺寸，也可查出偏差数值，注在相应的零件图上。

（2）查手册确定某些尺寸。对零件上的标准结构，如螺栓通孔、销孔、倒角、键槽、退刀槽等，均应从有关标准中查得。

（3）计算某些尺寸数值。某些尺寸可根据装配图所给定的尺寸通过计算而定，如齿轮的分度圆、齿顶圆直径等。

（4）在装配图上按比例量取尺寸。零件上大部分不重要或非配合的尺寸，一般都可以按比例在装配图上直接量取，并将量得的数值取整数。

在标注过程中，首先要注意对有装配关系的尺寸，必须协调一致；其次，每个零件应根据它的设计和加工要求选择好尺寸基准，将尺寸注得正确、完整、清晰、合理。

4. 零件图上的技术要求

零件各表面的表面粗糙度，应根据该表面的作用和要求来确定。有配合要求的表面要选择适当的精度及配合类别。根据零件的作用，还可加注其他必要的要求和说明。通常，技术要求制定的方法是查阅有关的手册或参考同类型产品的图样加以比较来确定。

下面仍以机用台虎钳为例，详细说明由其装配图（图 9.23）拆画固定钳身零件图的具体方法。

1. 分析

由图中分析可知：机用台虎钳由固定钳身 2、护口板 3、活动钳身 4、螺杆 7 和螺母 5 等零件组成。固定钳身 2 在台虎钳中起支承护口板 3、活动钳身 4、螺杆 7 和螺母 5 等零件的作用，螺杆 7 与固定钳身 2 的左、右端分别以 $\phi12H8/f7$ 和 $\phi18H8/f7$ 间隙配合。活动钳身 4 与螺母 5 以 $\phi22H8/f7$ 间隙配合。固定钳身 2 的左、右两端是由 $\phi12H8$ 和 $\phi18H8$ 水平的两圆柱孔组成，它支承螺杆 7 在两圆柱孔中转动，其中间是空腔，使螺母 5 带动活动钳身 4 沿固定钳身 2 作直线运动；固定钳身 2 的前、后有两个凸台，用于机用台虎钳在机床工作台上的固定。

2. 根据装配图拆画固定钳身零件图

从装配图中分离出固定钳身 2 的轮廓，如图 9.25 所示。想象出固定钳身的立体图如图 9.26 所示。

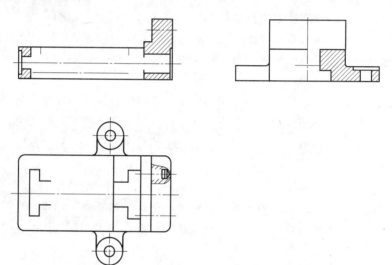

图 9.25　从装配图中拆出固定钳身的粗概草图

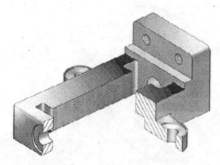

图 9.26　固定钳身的立体图

选择固定钳身零件图的视图表达方案：主视图按装配图中主视图的投射方向，并沿前、后对称中心线进行全剖视画出；左视图采用 $C—C$ 半剖视；俯视图表达固定钳身的外形，并采用局部剖视表达螺孔的结构；最后补全视图中的漏线，并加注各项技术要求。拆画出的固定钳身零件图，如图 9.27 所示。

【例 9.3】　由转子泵的装配图（图 9.28）拆画出泵体 1 的零件图。

从装配图中拆分出泵体的轮廓，如图 9.29（a）所示。该零件为盘盖类零件，主视图采用 $A—A$ 旋转剖，表达盖体内部结构；然后补全视图中的漏线，右视图按装配图 9.28 中右视图拆画；补全尺寸、表面粗糙度、技术要求，完成该零件的绘制，如图 9.29（b）所示。

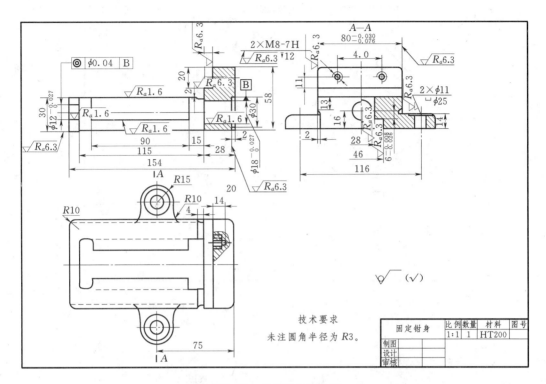

图 9.27 固定钳身零件图

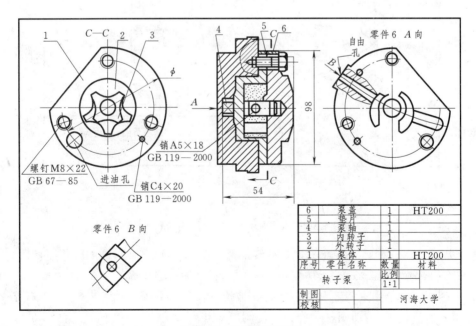

图 9.28 转子泵装配图

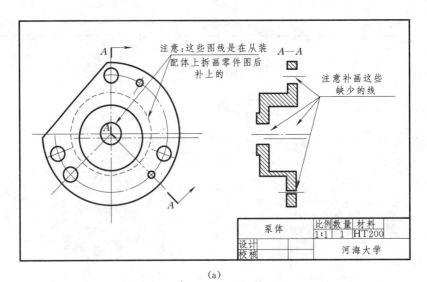

图 9.29 转子泵泵体零件拆画图

（a）从装配图中拆分出泵体的轮廓；（b）完成零件的绘制

【例 9.4】 阅读蝴蝶阀装配图，并从装配图（图 9.30）拆画阀体和阀盖零件图。

1. **蝴蝶阀的工作原理和装配关系**

蝴蝶阀在管道上用来截断和调节气流、液流的设备。当外力推动齿杆 13 左右移动时，与齿杆啮合的齿轮 10 带动阀杆 3 旋转，使阀门 2 开启或关闭。

齿杆沿轴线作往复运动，由于紧定螺钉 12 的末端圆柱体嵌入在齿杆的槽中，防止齿杆发生转动和限定齿杆左右运动的极限位置，以保证齿杆上的齿与齿轮正确啮合。图中阀

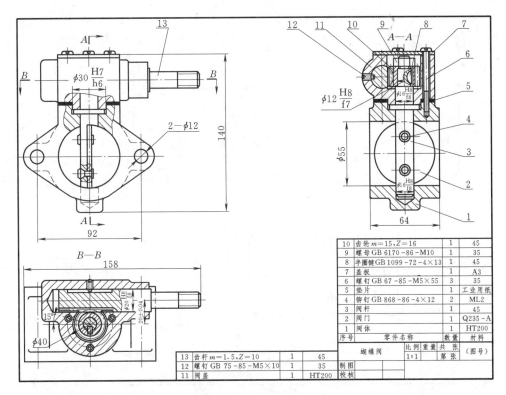

10	齿轮 $m=15,Z=16$	1	45
9	螺母 GB 6170－86－M10	1	35
8	半圆键 GB 1099－72－4×13	1	45
7	盖板	1	A3
6	螺钉 GB 67－85－M5×55	3	35
5	垫片	1	工业用纸
4	铆钉 GB 868－86－4×12	2	ML2
3	阀杆	1	45
2	阀门	1	Q235－A
1	阀体	1	HT200
序号	零件名称	数量	材料

蝴蝶阀	比例	重量	共 张
	1:1		第 张	(图号)
制图			
校核			

13	齿杆 $m=1.5,Z=10$	1	45
12	螺钉 GB 75－85－M5×10	1	35
11	阀盖	1	HT200

图 9.30　蝴蝶阀装配图

门处于开启位置，当齿杆向右移动时，使齿轮作顺时针旋转，带动阀杆旋转，使阀门从开启变为关闭位置。

　　阀下端的圆柱凸台嵌入阀体的座孔中，实现阀盖 11 与阀体 1 的定位装配，该处设计配合为间隙配合，以保证阀盖与阀体上的阀杆孔同心且可拆卸；阀杆的轴向定位，是靠阀杆轴肩的上、下表面分别与阀盖的圆柱凸台下端面及阀体上座孔的上端面接触实现限位；为防止阀杆轴肩被压得太死而无法活动，采用垫片 5 来微调节。

　　2. 拆画零件阀体 1 和阀盖 11

　　(1) 拆画零件阀体 1。首先从装配图中拆分出阀体 1 的主要轮廓，并补齐所缺的线条，如图 9.31（a）所示。由于该零件为箱体类零件，视图仍采用装配图表达方案，其中主视图采用半剖视图表达外廓和内部结构，左视图采用全剖，表达内部形状和构造情况；俯视图主要表达外廓形状；补全尺寸、表面粗糙度、公差配合及形位公差等，拆画出的阀体 1 的零件图如图 9.31（b）所示。

　　(2) 拆画零件泵盖 11。首先从装配图中拆分出阀盖 11 的主要轮廓，并补齐所缺的线条，如图 9.32（a）所示。零件为箱体类零件，视图仍采用装配图表达方案，主视图表达外廓；左视图采用全剖，表达内部形状和结构情况；俯视图采用局部剖视表达外廓形状和内部局部形状结构；补全尺寸、表面粗糙度、公差配合及形位公差等，拆画阀盖 11 的零件图如图 9.32（b）所示。

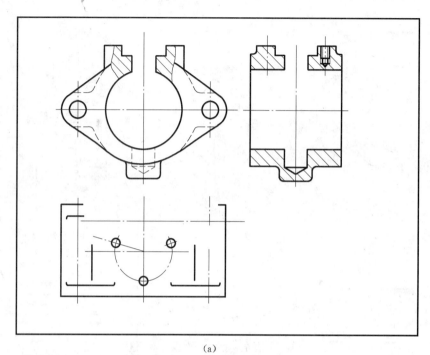

(a)

(b)

图 9.31 阀体零件拆画图

（a）从装配图中拆出的阀体拆画图；（b）阀体 1 拆画零件图

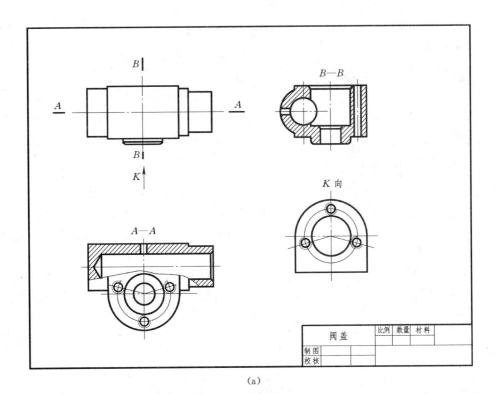

(a)

(b)

图 9.32　阀盖零件拆画图

(a) 阀盖 11 拆画图；(b) 阀盖 11 拆画零件图

☆ 第 10 章　焊　接　图

在各种设备及机械的制造过程中，经常需要将两个或多个零件连接起来或将板材卷曲成一定形状，制成容器和管道，连接方法通常为焊接。近年来随着焊接工艺日益成熟，焊接成为较常用的连接方法，主要通过电弧灼烧或火焰加热使焊件形成局部高温，使局部呈现熔化或半熔化状态，并填充助焊金属或辅以加压等助焊条件，从而使连接件熔合、冷却后连接在一起。

焊接具有工艺简单、连接可靠、节省金属、劳动强度低等优点，因此广泛应用于工业生产中，大多数板材及线材制品均可采用该方法形成不可拆卸连接。近年来随着焊接工艺不断的改进，大型工件连接逐步采用焊接替代铆接，采用堆焊替代铸造。

本章主要介绍常用的焊接方法、焊缝形式、焊缝的规定画法、焊缝符号及标记方法、工件焊接图的阅读。

10.1　焊接方法及焊缝形式

10.1.1　焊接方法

金属焊接方法有 40 种以上，主要分为熔化焊、压焊和钎焊三大类。

熔化焊是在焊接过程中将工件接口加热至熔化状态，不加压力完成焊接的方法。熔化焊采用气体保护来提高焊接质量，防止缺陷产生，如用氩气、二氧化碳等气体隔绝大气，以保护焊接时的电弧和熔池。

压焊（固态焊接）是在加压条件下，使两工件在固态下实现原子间的结合。常用的压焊工艺是电阻对焊，当电流通过两工件的连接端时，该处因电阻很大而温度上升，当加热至塑性状态时，在压力作用下将两工件连接成为一体。

钎焊是使用比工件熔点低的金属材料作钎料，将工件和钎料加热到高于钎料熔点、低于工件熔点的温度，利用液态钎料填充接口间隙，冷却后实现工件焊接的方法。

10.1.2　焊接接头的基本形式 ❶

零件熔接处的接缝熔合物为焊缝。常见的焊缝形式有对接焊缝、角焊缝及塞焊缝三种形式，如图 10.1 所示。国家标准规定，常用焊接接头形式有对接接头、T 形接头、角接接头、搭接接头等四种，如图 10.1 所示。

---

❶ GB 985—2008《气焊、手工电弧焊及气体保护焊焊缝坡口的基本形式与尺寸》。

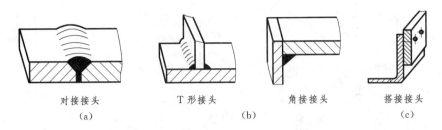

对接接头　　　　　T 形接头　　　　　角接接头　　　　　搭接接头

（a）　　　　　　　　（b）　　　　　　　　　　　　　　（c）

图 10.1　常用的焊缝形式及接头形式

（a）对接焊缝；（b）角焊缝；（c）塞焊缝

10.2　焊缝的规定画法及其标注

10.2.1　焊缝的规定画法

在画焊接图时，焊缝可见面可用波纹线表示，焊缝不可见面用粗实线表示，焊缝的断面需要涂黑（当图形较小时，可不画出焊缝断面的形状），图 10.2 所示为四种常见焊接接头的画法。当焊接件上的焊缝比较简单时，只需画出焊缝的简化图，如图 10.3（a）所示，并进行标注即可。

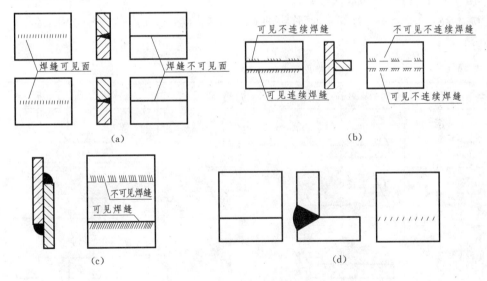

图 10.2　焊缝画法

（a）对接焊缝的画法；（b）角接焊缝的画法；（c）搭接焊缝的画法；（d）角接焊缝的画法

当标注焊缝符号不能充分表达设计要求，并需保证某些尺寸时，可将该焊缝部位放大表示并进行标注，如图 10.4 所示。

10.2.2　焊缝的标注

在图样上，焊缝需按规定的格式和符号进行标注或说明。

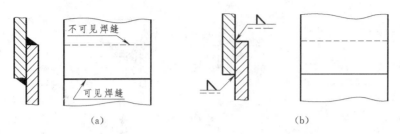

图 10.3 焊缝的简化画法

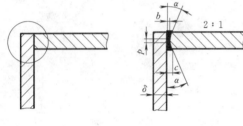

图 10.4 焊缝局部放大的画法

GB 324—2008《焊缝符号表示法》规定，焊接符号一般由基本符号与指引线组成。基本符号采用标准图示和缩写代码来标示焊接接头或钎焊接头的完整信息，包含接头类型、焊缝坡口形状、焊缝类型、焊缝尺寸等内容。必要时还可以加上辅助符号、补充符号和焊缝尺寸符号。焊接符号的比例、尺寸和在图样上的标注方法，按技术制图有关规定进行。

10. 2. 2. 1 焊缝的基本符号

基本符号是表示焊缝横截面形状的符号，常见焊缝的基本符号及其标注示例见表 10.1。

表 10. 1　　　　　　　　　　　常见焊缝的基本符号及标注示例

名　称	焊　缝　形　式	基　本　符　号	标　注　示　例
I 形焊缝		‖	
V 形焊缝		V	
单边 V 形焊缝		V	
角焊缝		◺	
带钝边 U 形焊缝		∪	

名　称	焊缝形式	基本符号	标注示例
封底焊缝			
点焊缝			
塞焊缝			

10. 2. 2. 2　焊缝指引线

焊缝指引线一般由一条箭头线和两条基准线（一条为细实线，另一条为虚线）组成，用细线绘制，如图 10.5 所示。

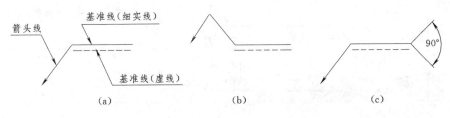

图 10.5　指引线

1. 箭头线

用来将整个符号指到图样上的有关焊缝部位。必要时，允许箭头线弯折一次，如图 10.5（b）所示。如有需要，可在实基准线的另一端画出尾部，如图 10.5（c）所示，以注明其他附加内容。

2. 基准线

基准线的上面和下面用来标注有关的焊缝符号。基准的虚线画在基准线实线的上侧或下侧。基准线一般应与图样的底边相平行。

3. 基本符号相对于基准线的位置

根据 GB 324—2008 规定，标注时应遵循以下规则。

（1）如果箭头指向焊缝的施焊面，则基本符号标注在基准线的实线侧，如图 10.6（a）所示。

（2）如果箭头指向焊缝的施焊背面，则基本符

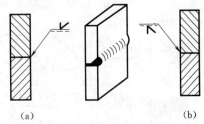

图 10.6　焊接标示位置图

313

号标注在基准线的虚线侧，如图 10.6（b）所示。

（3）标注对称焊缝及双面焊缝时，基准线的虚线可省略不画，如图 10.7 所示。

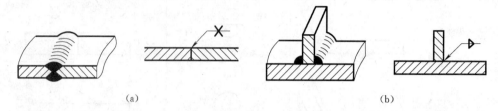

图 10.7　焊接标注图

（a）对称焊缝；（b）双面焊缝

10.2.2.3　辅助符号

辅助符号是用于表示焊缝表面形状特征的符号。它随基本符号标注在相应的位置上，若不需要确切地说明焊缝的表面形状时，可以不用辅助符号。辅助符号及其标注的示例见表 10.2。

表 10.2　　　　　　　　　　　　　辅助符号及标注示例

名　称	符　号	形式及标注示例	说　明
平面符号	⎯⎯		表示 V 形对接焊缝表面齐平（一般通过加工实现）
凹面符号	⌣		表示角焊缝表面凹陷
凸面符号	⌢		表示 X 形焊对接焊缝表面凸起

10.2.2.4　补充符号

补充符号是用于补充说明焊缝的某些特征而采用的符号。根据需要随基本符号标注在相应的位置上。补充符号及标注示例见表 10.3。

表 10.3　　　　　　　　　　　　　补充符号及标注示例

名　称	符　号	形式及标注示例	说　明
带垫板符号	▭		表示 V 形焊缝的背面底部有垫板
三面焊缝符号	⊐		工件三面施焊，开口方向与实际方向一致

名　称	符　号	形式及标注示例	说　明
周围焊缝符号	◀		表示在现场沿工件周围施焊
现场符号	○		
尾部符号	＜	5 ◣ 250　＜4	表示有4条相同的角焊缝

10.2.2.5　焊缝尺寸符号及其标注方法

焊缝尺寸在需要时才标注，随基本符号标注在规定的位置上。焊缝尺寸符号及数据的标注方法如图10.8所示，常用的焊缝尺寸符号见表10.4。

$$P \cdot H \cdot K \cdot d \overset{a \cdot b}{(基本符号)} n \times 1(e)$$

$$P \cdot H \cdot K \cdot d \underset{a \cdot b}{(基本符号)} n \times 1(e) \qquad N$$

图 10.8　焊缝尺寸的标注

表 10.4　　　　　　　　　　　　　常用的焊缝尺寸符号

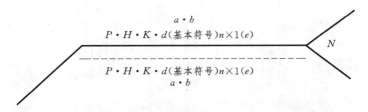

名　称	符号	示意图及标注	名　称	符号	示意图及标注
工件厚度	δ		焊缝段数	n	
坡口角度	a		焊缝间距	e	
根部间隙	b		焊缝长度	l	
钝边高度	p		焊角尺寸	K	
坡口深度	H				
熔核直径	d		相同焊缝数量符号	N	
焊角尺寸	k				

（1）焊缝横截面上的尺寸标在基本符号的左侧。

（2）焊缝长度方向的尺寸标在基本符号的右侧。

（3）坡口角度、坡口面角度、根部间隙等标注在基本符号的上侧或下侧。

（4）相同焊缝数量符号标在尾部。

（5）当需要标注的尺寸数据较多，可在数据前面增加相应的尺寸符号。

（6）通常焊缝位置的尺寸标注不在焊缝符号中给出，而直接标注在图样上。

（7）基本符号右侧无任何标注且无其他说明，表明焊缝在工件的整个长度上是连续的。在基本符号左侧无任何标注又无其他说明，表明对接焊缝要完全焊透。

10.2.3 焊缝尺寸的确定

为了保证焊接质量，获得较好的焊缝，对不同的焊接方法，不同的焊件厚度及不同材质需要选用不同的坡口形状，应合理选择坡口角度、钝边高、根部间隙等结构尺寸。表10.5列出了关于手工电弧焊接中，碳钢、低合金钢材料的常用的不同焊件厚度及不同接头形式与坡口形状之间的情况。如需进一步了解，可查阅相关标准❶。

表 10.5 坡口形状的基本形式与尺寸

接头形式	坡口尺寸	说　明	接头形式	坡口尺寸	说　明
对接接头		板厚≤6 时一般不开坡口；但对主要结构，板厚＞3 就开需坡口	T 形接头		板厚 20～30 时，对普通结构不开坡口
		板厚为 3～26 时，采用 V 形坡口。V 形坡口容易加工，但焊后易变形			板厚在 4～60 时，对承受载荷的结构，则应按板厚及对结构的强度要求分别选用 V 形、K 形、双 U 形坡口
		板厚为 20～60 时，采用 X 形坡口。X 形比 V 形变形小，主要用于要求变形小的结构			
		板厚为 20～60 时，采用 U 形坡口，但该种坡口加工难，故用于重要结构。单 U 形比双 U 形坡口焊后变形小			

---

❶ GB/T 985.2—2008《埋弧焊焊缝坡口的基本形式和尺寸》。

接头形式	坡口尺寸	说　明	接头形式	坡口尺寸	说　明
角接接头		角接接头一般用于不重要的结构中；根据板厚，角接接头可分别选用不开坡口、开单边 V 形、V 形及 K 形四种；但实际情况中，开坡口的角接接头应用较少	搭接接头		板厚≤12 时，不开坡口；其重叠部分为板厚的 3～5 倍，并采用双面焊；该结构承载小
					当重叠面积较大时，可根据需要分别选用圆孔内塞焊和长孔内角焊；主要适用于被焊结构狭小处及密封结构。其孔径 $d \geqslant (0.8 \sim 2)\delta$，且 $d \geqslant 10L$；孔数根据强度要求计算确定

10.2.4　常见焊缝标注方法示例

常见焊缝标注方法示例见表 10.6。

表 10.6　　　　　　　　　　　常见焊缝标注方法示例

接头形式	焊缝形式	标注示例	说　明
对接接头			V 形焊缝；坡口角度为 α；根部间隙为 b；○表示环绕工件周围施焊
T 形接头			$\frac{K}{\triangleright}$表示双面角焊缝；n 表示有 n 段焊缝；l 表示焊缝长度；e 为焊缝间距

接头形式	焊缝形式	标注示例	说明
T形接头	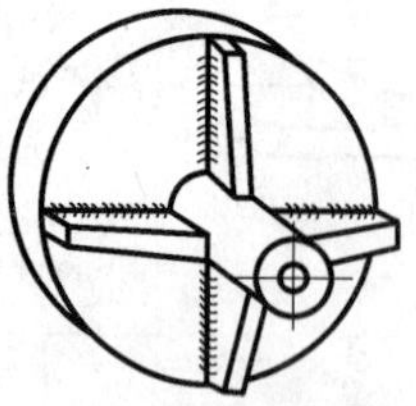	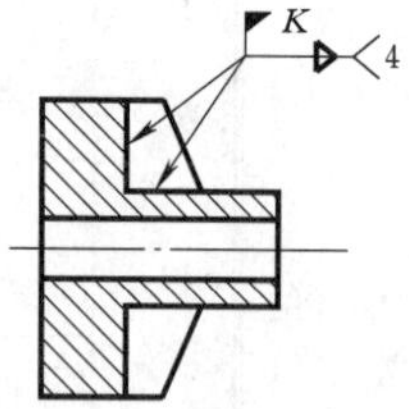	⌐表示在现场装配时进行焊接；K 为焊角尺寸；表示双面角焊缝；4 表示有 4 条相同的焊缝
角接接头	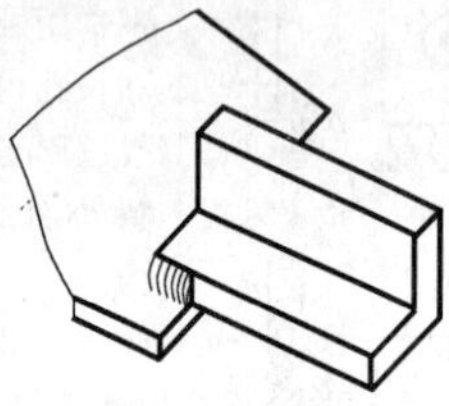	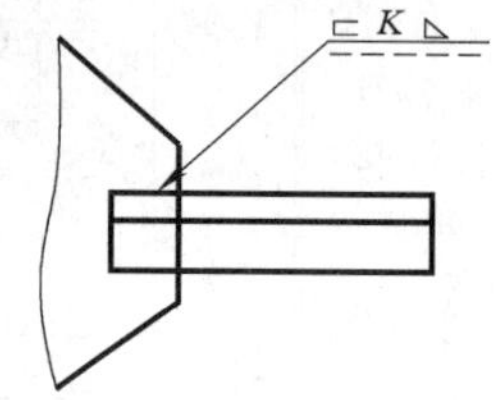	⌐表示按开口方向三面焊缝；表示单面角焊缝；K 为焊角尺寸
	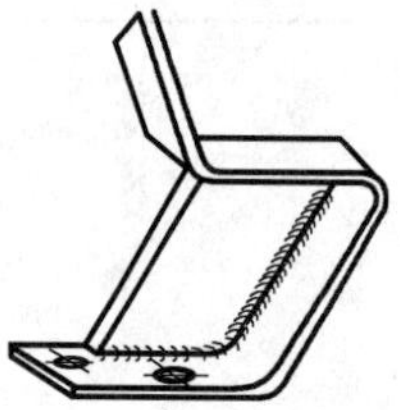	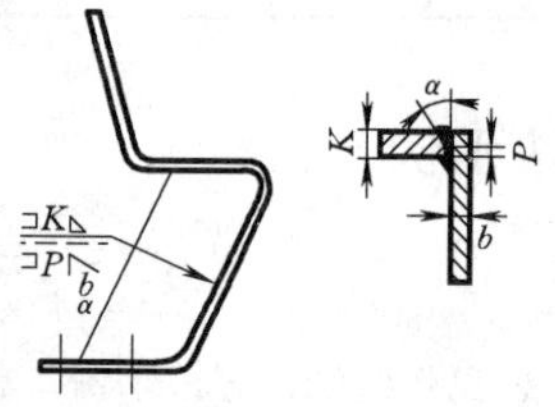	⌐为三面焊缝；表示箭头侧为角焊缝；为箭头另一侧为单边 V 形焊缝
搭接接头	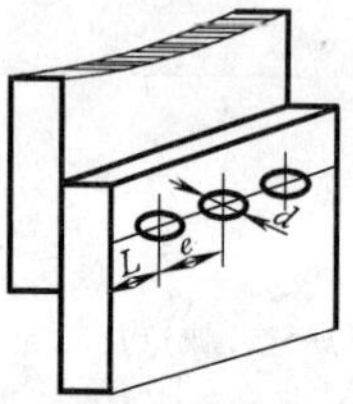	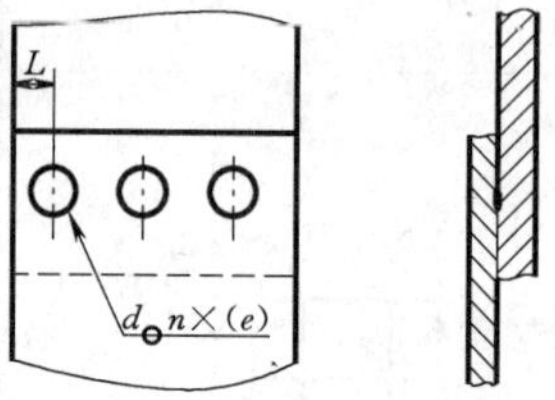	d 为熔核直径；表示点焊缝；e 为焊点间距；n 表示 n 个焊点；L 为焊点与板边的距离

10.3 图样中焊缝的表达方法及其举例

10.3.1 图样中焊缝的表达方法

（1）在能清楚地表达焊缝技术要求的前提下，一般在图样中只用焊缝符号直接标注在视图的轮廓线上，如图 10.9 所示。

（2）如需要，也可在图样中采用图示法画出焊缝，并应同时标注焊缝符号，如图 10.10 所示。

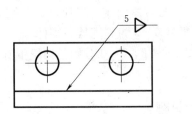
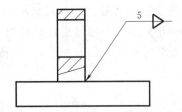

图 10.9　焊缝符号直接标注在轮廓线上

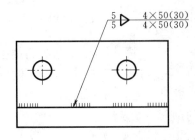

或

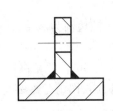

图 10.10　图示法画焊缝

10.3.2　举例

【例 10.1】　阅读图 10.11，岔管各组合件的焊接装配图。

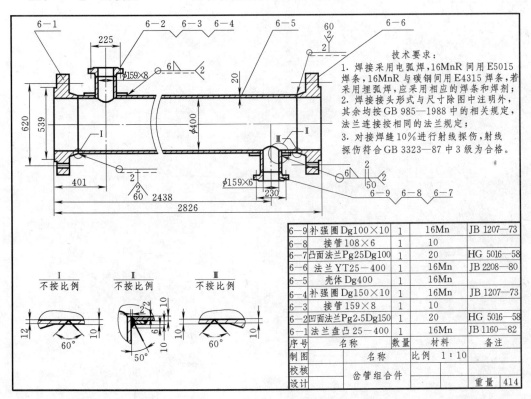

图 10.11　管壳装配图

319

岔管为管道中常见组合件，其组成件焊接装配图如图 10.11 所示。从主视图可以看出，整个岔管组件由 9 个零件通过焊接而成。零件 6—5 为管壳体，零件 6—1、6—6 分别为管壳法兰盘，零件 6—2、6—3、6—4 及 6—7、6—8、6—9 分别是两组带有管法兰及补强圈的接管。

主视图上，焊缝符号 $\underset{\smile}{\circ} ─ ─ ─ ─ ─ \underset{6}{\angle} \underset{2}{\big<}$ 表示补强圈 6—4 与管壳 6—5 之间采取沿补强圈周围进行焊接，$\angle$ 表示角焊缝，其焊角高度为 6mm，图上有两处相同的焊接部位；焊缝

符号 $\underset{\smile}{\circ} ─ ─ ─ \overset{60}{\underset{2}{\vee}}$ 表示管壳与法兰盘之间为环向焊缝，Y 形坡口，焊缝坡口角度为 60°，焊

根间隙为 2mm，钝边高为 2mm；焊缝符号 $\circ \overset{6}{\angle} \overset{2}{\underset{50}{\angle}} \underset{}{\big<}_2$ 表示所指处为加强圈、接管与管壳沿接管环向焊接，焊缝为环向角焊缝，加强环与接管及管壳开Ⅰ型坡口，坡口间隙为 2mm，坡口角度为 50°，焊角高度为 6mm，并且与之相同的焊缝，在图上有两处。

焊缝的局部放大图清楚地表达了焊缝的剖面形状及尺寸。

☆☆第11章 立体表面的展开

在生产和工程中，经常用到各种板材制造管道、容器等部件，如图 11.1 所示的水轮机蜗壳的生产制造。这类部件通常先在板材上画出表面展开图，然后下料成型后，再用咬缝或焊接方法，制造出所需的形体结构。

图 11.1　蜗壳的生产制造过程

这种将立体表面按其形状和实际大小，展平在一个平面上的方法，称为立体表面的展开。展开后所得的图样，称为展开图。

立体表面分为可展与不可展两类。平面立体表面都展开成以棱线为旋转轴的平面图形，如图 11.2（a）所示。曲面立体的表面是否可展，取决于表面构成情况。通常相邻两条素线彼此平行或相交的曲面，如柱面和锥面等立体，是可展曲面，如图 11.2（b）所示。相邻两条素线成交叉两直线或母线是曲线的曲面，如球面、环面等立体，是不可展曲面，只能获得其近似展开图，如图 11.2（c）所示。

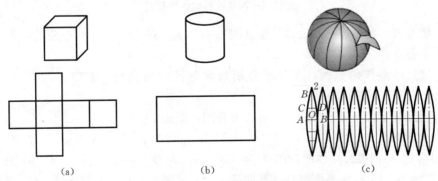

图 11.2　立体表面的展开

（a）平面立体展开图；（b）曲面立体展开图；（c）曲面立体近似展开图

展开图的绘制方法有图解法和计算法。

(1) 图解法。根据展开原理，图解线段的实长、曲线的展开实长及其相互位置关系等，从而获得立体表面展开实形的一种作图方法。图解法具有作图简捷、直观等优点，目前应用广泛。

(2) 计算法。通过直线和曲线的解析表达式，获得展开图中各点的坐标、线段实长等，然后绘出下料图形的方法。随着计算机技术的发展，计算法表现出准确、快捷、修改方便等优点，已得到日益广泛的应用。

11.1 图 解 法 展 开

11.1.1 平面立体的表面展开

平面立体的表面展开图，就是分别求出属于立体表面的所有多边形的实形，并将它们依次连续地画在一个平面上。

1. 斜截四棱柱管的展开

图 11.3 (a) 为斜截四棱柱管的立体图。从其两视图投影 [图 11.3 (b)] 中可以知道：外表面各多边形均与投影面平行，可以直接得到立体外表面各多边形的实形，具体作图步骤如下。

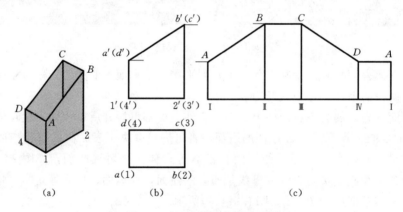

图 11.3　四棱柱斜截体展开图

(1) 将外表面各多边形的底边，按其实长展开成一条水平线，其中关键点为Ⅰ、Ⅱ、Ⅲ、Ⅳ、Ⅰ各点。

(2) 过这些点作铅垂线，在其上分别量取各棱线的实长，即得诸端点 A、B、C、D、A。

(3) 用直线依次连接各端点，即可得展开图，如图 11.3 (c) 所示。

2. 四棱台的展开

图 11.4 (a) 四棱台立体图，图 11.4 (b) 为其两面投影。从图 11.4 (a) 中可以知道，吸气罩是由四个梯形平面围成，其前后、左右外表面多边形分别相等，但由于其外表面倾斜于 H 投影面，不能直接得到外表面梯形实形，需要通过图解法获得其实形。将梯

322

形分成两个三角形，分别求三角形三边实长，拼合两三角形实形即可以得到梯形实形。作图步骤如下。

（1）在图 11.4（b）的俯视图上，把前面的梯形分成 abd 与 bcd 两个三角形，右边梯形分成 bfe 与 bce 两个三角形。其中 ab、dc、bf、ce 分别等于相应线段的实长。

（2）如图 11.4（c）所示，应用直角三角形法求出三角形边长 BC、BD、BE 的实长 B_1C_1、B_1D_1、B_1E_1。

（3）取 $AB=ab$；$BD=B_1D_1$；$AD=BC=B_1C_1$；$DC=dc$，画出三角形 ABD 和三角形 BDC，得前面梯形 $ABCD$。同理可作出右面梯形 $BCEF$。由于后面和左面两个梯形分别是它们的全等图形，可同样作出。这样四棱台外表面的展开图如图 11.4（d）所示。

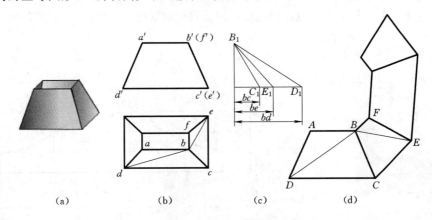

(a)　　　　　(b)　　　　　(c)　　　　　(d)

图 11.4　四棱台展开图

11.1.2　可展曲面的展开

11.1.2.1　柱面展开

1. 圆管的展开

圆管沿转向轮廓展开为矩形，其高为管高 H，长为圆管周长 πD，其展开图如图 11.5（c）所示。

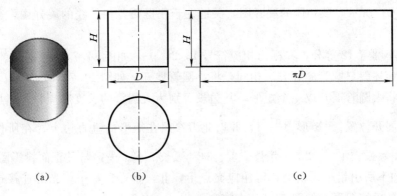

(a)　　　　　(b)　　　　　(c)

图 11.5　圆管展开图

2. 斜口圆管的展开

如图 11.6 (a) 所示斜口圆管，其外表面展开取决于顶部椭圆截口的展开曲线。由其视图投影可以知道，该曲线上各点在底部对应点的上方的确定位置，只要在底部断口展开的直线上方，描出顶部对应点，即为斜口展开的曲线。当然，描取无限多个点是没有意义的，可以根据精度要求选择若干关键点进行描点作图，具体作图步骤如下。

(1) 在俯视图上，将圆周分成若干等份（图为 12 等份），得分点 1，2，3，…，并确定各分点对应的主视图投影 $1'a'$，$2'b'$，…，如图 11.6 (b) 所示。

(2) 展开底圆得一水平线，其长度为 πD，并将该直线分成同样等份，得 Ⅰ，Ⅱ，… 各分点。

(3) 过 Ⅰ，Ⅱ，…，各分点作铅垂线，并截取相应素线长 $ⅠA = 1'a'$，$ⅡB = 2'b'$，…，得到 A，B，C，…，各分点。

(4) 光滑连接 A，B，C，…，各分点。

(5) 斜口圆管的展开图，如图 11.6 (c) 所示。

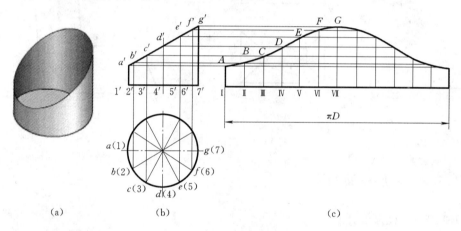

图 11.6　斜口圆管展开图

3. 直角三通管的展开

如图 11.7 (a) 所示，异径直角三通管的大小两个圆管的轴线垂直相交，其视图投影如图 10.7 (b) 所示。该立体的展开图，关键在于获得两者相贯线的展开图，具体作图步骤如下。

(1) 将小圆管 12 等分，并标出相应符号 1，2，…，如图 11.7 (b) 所示。

(2) 与前述斜口圆管展开方法相同，将小圆管展开，如图 11.7 (c) 所示。

(3) 先将大圆管展开成一个矩形，其边长分别为大圆管的长度和周长。然后作一水平对称线 Ⅰ Ⅶ 展开位置$\left(距矩形边 \dfrac{\pi D}{4}\right)$，并以此为参照在矩形的垂直边上，在所作水平线的上下量取 12＝弧长 $1''2''$、23＝弧长 $2''3''$、34＝弧长 $3''4''$、…，与过正面投影图上 $1'$、$2'$、$3'$、$4'$各点向下所引铅垂线相交，得相应交点 Ⅰ，Ⅱ，Ⅲ，Ⅳ，…。光滑连接这些点，即得相贯线展开后的图形，如图 11.7 (d) 所示。

在实际生产中，先将小圆管展开，然后弯成圆管附着在大圆管上划线并开口，最后把两管焊接起来。

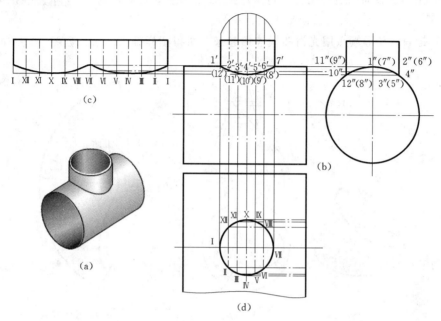

图 11.7　相贯圆筒展开图

（a）立体视图；（b）视图投影；（c）小圆柱体展开图；（d）大圆柱体展开图

11.1.2.2　正圆锥面的展开

正圆锥表面展开图为一扇形，根据圆锥几何参数直接作图，如图 11.8 所示。所作扇形边长等于素线实长，扇形圆弧长度等于圆锥底圆周长 πD，扇形中心角 $\alpha = 180° \times D/R$。

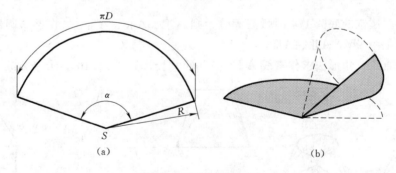

图 11.8　圆锥面展开图

11.1.2.3　斜截口正圆锥管的展开

图 11.9（a）为斜截口正圆锥管，关键在于得到斜截口顶面曲线的展开图。与斜口圆柱面展开图方法类似，其展开图作图步骤如下。

（1）把水平投影圆周 12 等分，并得到 V 面对应投影 $s'1'$，$s'2'$，…。

（2）确定 $s'1'$、$s'2'$ 等直线与斜口截面相交点 $a1'$、$b1'$ 等到顶点 S 的实长。如图 10.9（b）所示，过交点 $a1'$、$b1'$ 等作水平线，其与圆锥转向轮廓线 $s'1'$ 交于点 $a1'$、$b1'$ 等，由圆锥性质可以知道 $s'a1'$，$s'b1'$，… 为所求实长。

（3）在圆锥表面的展开图上，将扇形弧长 12 等分，并在相应棱线上截取 $SA = s'a1''$，$SB = s'b1''$，…，确定斜口顶面端点 A、B 等。

（4）把 A、B 等端点用光滑曲线连接起来，所得图样即为所求，如图 11.9（c）所示。

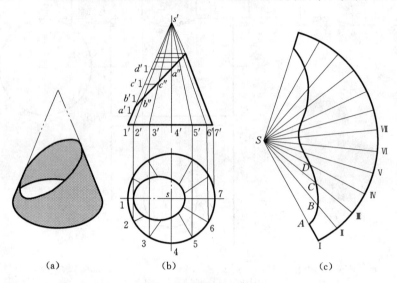

(a)　　　　　(b)　　　　　(c)

图 11.9　斜口圆锥面展开图

11.1.2.4　方圆过渡管的展开

图 11.10（a）所示立体，其上部为圆形管口，下部为方形管口，中间部分由四个相同的等腰三角形和四个相同的 1/4 局部斜锥面组成，关键是把 1/4 局部斜锥面展开。作图步骤如下。

（1）将斜圆锥的底圆 1/4 圆弧三等分，则 $A\text{I}$、$A\text{II}$、$A\text{III}$、$A\text{IV}$ 是斜圆锥面上的素线，其中 $A\text{I} = A\text{IV}$，$A\text{II} = A\text{III}$。

（2）用直角三角形法求作素线 $A\text{I}$，$A\text{II}$ 的实长，如图 11.10（b）所示。

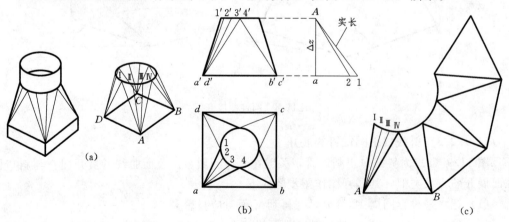

(a)　　　　　(b)　　　　　(c)

图 11.10　方圆过渡套管展开图

(a) 立体图；(b) 视图；(c) 展开图

326

（3）作展开图，作三角形 AB Ⅳ实形；再以Ⅳ、A 为圆心，以 34 的弧长（可以弦长代替弧长近似作图）和 A Ⅱ为半径作图确定三角形 A Ⅲ Ⅳ；同理作出三角形 A Ⅱ Ⅲ、A Ⅰ Ⅱ，把Ⅰ、Ⅱ、Ⅲ、Ⅳ用光滑曲线连接起来，即可得 1/4 斜锥面的展开图。

（4）同理，作出其余部分。

方圆过渡管的展开图如图 11.10（c）所示。

11.1.3　不可展曲面的近似展开

不可展曲面只能采取近似方法得到展开图，也就是把不可展曲面划分为若干小块，使小曲面接近小块可展曲面，如平面、柱面或锥面。所得展开图样为不可展曲面的近似展开图，划分越多越接近立体原形。

1. 近似柱面展开

以球面为例，过球心作铅垂面把球分为若干等份。柳叶状球面可近似看成柱面，将柱面展开图样作为球面的近似展开，如图 11.11（a）所示。

具体作图步骤：

（1）将球的 H 面投影等分为若干份（本例 12 等分），每一等分球外表面由外切圆柱面近似代替，如图 11.11（b）所示。

（2）将球的 V 面投影轮廓线分为若干等份（本例 3 等分），得等分点 $1'$、$2'$、$3'$、$4'$。

（3）过 $2'$、$3'$、$4'$ 各点分别作正垂线，得到近似柱面的对应 H 面投影 aa、bb、cc。

（4）将 14、$1'4'$ 展成直线Ⅰ Ⅳ$\left(\text{实长为} \dfrac{\pi D}{2}\right)$，并在此线上确定Ⅰ、Ⅱ、Ⅲ、Ⅳ等分点。

（5）过Ⅱ、Ⅲ、Ⅳ分别作Ⅰ Ⅳ的垂线，以 aa、bb、cc 定出柱面上的点 A、B、C。

（6）用光滑曲线将 A、B、C 各点连起来，并根据对称性得到下半部球面展开图，如图 11.11（c）所示。

同理，作其他等分球面展开图，得到球面的部分近似柱面展开图，如图 10.11（c）所示。

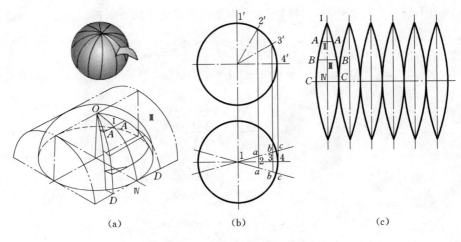

（a）　　　　　　（b）　　　　　　（c）

图 11.11　球面近似柱面展开

2. 近似锥面展开

用水平面将球分成若干等份［图 11.12（a）中为 7 等分］，除编号为Ⅰ的部分球面可以近似为柱面展开外，其余部分可以近似为内接正圆锥面或截头正圆锥面展开。按前面锥面展开步骤，逐项展开，得到展开图如图 11.12（b）所示。

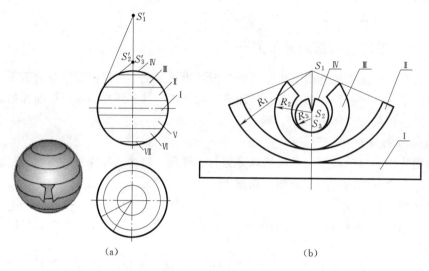

（a）　　　　　　　　　　　　（b）

图 11.12　球面近似锥面展开

3. 圆环面展开

图 11.13（a）所示为渐变弯管，采用多节斜口圆管拼接实现近似展开，如图 11.13（b）所示。本例采用四节斜口圆管拼接而成，四节圆管均为两端斜口圆管段。由其 V 面投影可以知道，这四节可拼接成一个直圆管，如图 11.13（c）所示。

弯头各节斜口的展开曲线可按上例斜口圆管展开图的画法作出，取圆周 12 等点 1，2，…，作图如图 11.13（d）所示。

在实际生产中，若用板材制作弯管，不必画出完整的弯管正面投影，只需要求出斜口角度，画出下端半节的展开图，再以它为样板画出其余各节的下料曲线。

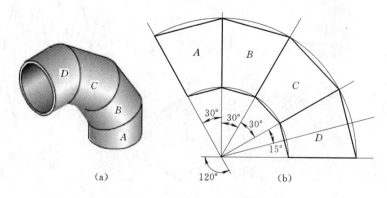

（a）　　　　　　　　　　　　　　（b）

图 11.13（一）　弯管展开图

（a）等径弯管立体图；（b）等径弯管视图

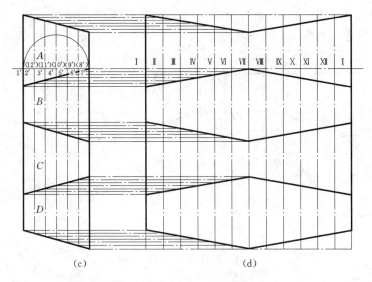

图 11.13（二）　弯管展开图

（c）等径弯管拼合图；（d）等径弯管展开图

11.2　计算法展开图绘制

计算法是在分析机件形体的基础上，建立机件展开曲线的解析表达式，并计算点的坐标、线段实长等参数，直接输出图样和切割下料。随着计算机技术的成熟，采用计算法作展开图成为便捷和有效的方法，如 Solidwork、Pro/E 等软件在建模完成后，可直接生成钣金图样等。

一般来说，作图数据可采用手工计算或编程序计算，然后采用手工作图或绘图软件（如 AutoCAD）作图，或高级语言如 3D‑Master、Pro/E 等软件进行数控编程，实现计算机直接作图或直接切割下料。

11.2.1　解析表达式的建立

计算法展开画法关键是获得展开曲线的解析表达式。现在以圆管相贯残体展开为例，介绍解析表达式的建立过程。

图 11.14（a）为圆管相贯残体的视图投影，已知立体几何要素 D、L 和 R。该残体展开曲线的任一个点 I，对应一个固定的角 φ。残体下部轮廓展开图的解析式为 (x, z)，根据视图投影尺寸间的几何关系，解析式为：

$$\begin{cases} z = L - R\cos\left[\arcsin\left(\dfrac{\Delta y}{R}\right)\right] = L - R\cos\left[\arcsin\left(\dfrac{D}{2R}\sin\varphi\right)\right] \\ x = \dfrac{\varphi D}{2} \\ 0° \leqslant \varphi \leqslant 360° \end{cases}$$

把顶圆分成若干等份，每一等份有一个 φ 值代入上式，计算出相应点的坐标（x，z），得到其展开图，如图 11.14（b）所示。

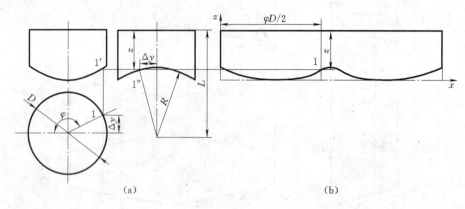

图 11.14　斜口圆管的计算法展开图

11.2.2　复杂形体的计算法展开的数据计算及处理方法

复杂形体在工程中十分多见，如潜艇外壳的水滴型、水电厂引水管道的岔管、弯管、水轮机蜗壳及专业压力容器等，如图 11.15 所示。工程中一般根据其理论设计计算模型获得展开轮廓的解析式，并结合实际生产、制造条件对边界进行简化、近似处理，来实现复杂形体的展开，如前面提到的弯管由若干斜口圆柱组合而成。

下面通过水电厂引水岔管的展开图作图过程，来介绍相关复杂形体的数据计算和处理方法。

图 11.15　复杂形体表面轮廓
(a) 潜艇外廓；(b) 引水岔管；(c) 化工容器

【例 11.1】　引水岔管是水电厂多台机组取水管道的分流节点，其空间结构较为复杂，一般采用板材卷制、拼接而成，其工程图片如图 11.15（b）所示，视图投影如图 11.16 所示，其相关几何参数见表 11.1，试作其展开图。

表 11.1			岔 管 结 构 参 数 表																		
主管展开坐标值		α(°)	0	10	20	30	40	50	60	70	80	90	100	110	120	130	140	150	160	170	180
		x	1439	1359	1279	1199	1119	1039	959	879	799	719	1	560	480	400	320	240	160	80	0
		y	677	679	684	693	706	721	738	758	779	800	779	758	738	721	706	693	684	679	677
支管展开坐标值	小口径端	α(°)	0	10	20	30	40	50	60	70	80	90	100	110	120	130	140	150	160	170	180
		y	677	679	684	693	706	721	738	758	779	800	779	758	738	721	706	693	684	679	677
		x	1097	1039	981	921	862	802	742	681	620	559	497	436	374	312	250	187	125	62	0
	大口径端	α(°)	0	10	20	30	40	50	60	70	80	88.39	100	110	120	130	140	150	160	170	180
		x	1157	1099	1045	995	948	902	857	812	765	728	632	551	470	390	311	233	155	77	0
		y	883	851	805	744	668	577	471	350	215	98	105	113	121	129	135	141	146	148	149

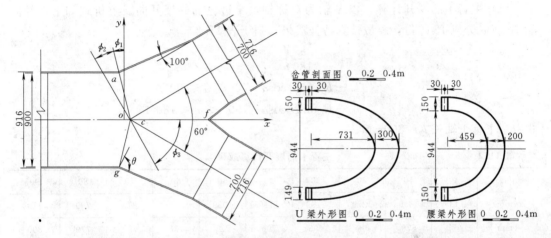

图 11.16　岔管视图

参考《小型水电站金属结构计算手册》获得以下与形体相关的几何参数值及轮廓展开解析式。

1. 相贯分界线特征几何参数

（1）相贯线上 a、g、c 三点的坐标分别由下列式计算：

1) $\begin{cases} x_a = R_0\left[\dfrac{1 - \sin(\theta + \varphi)}{\cos(\theta + \varphi)}\right] = -93.18\,(\mathrm{mm}) \\ y_a = R_0 = 485\,(\mathrm{mm}) \end{cases}$

2) $\begin{cases} x_g = R_0\left[\dfrac{1 - \sin(\theta - \varphi)}{\cos(\theta - \varphi)}\right] = 153.24\,(\mathrm{mm}) \\ y_g = -R_0 = -458\,(\mathrm{mm}) \end{cases}$

3) $\begin{cases} x_c = \dfrac{1}{2}(x_a + x_g) = 30.03\,(\mathrm{mm}) \\ Y_c = 0 \end{cases}$

式中　R_0——主管 I 计算半径，$R_0 = 458\,\mathrm{mm}$；

　　　　θ——支管 II 与支管 III 的锥底角，$\theta = 83°$；

φ——分岔管角度的半值，$\varphi = 30°$。

（2）相贯线与 y 轴夹角：

1）ac 线与 y 轴夹角 $\varphi_1 = \arctan\left(\dfrac{x_g - x_a}{2R_0}\right) = 15.06$（°）

2）ac 线与Ⅱ锥管的底面夹角 $\varphi_2 = \varphi - \varphi_1 = 14.94$（°）

3）相贯线 cf 与Ⅱ锥管底夹角 $\varphi_3 = 90 - (\varphi_1 + \varphi_2) = 60$（°）

4）相贯线 ac 与Ⅱ锥管轴交点 e 处，锥截面半径：

$$R_e = R_1\left[1 - \frac{x_c(\cos\varphi + \sin\varphi\tan\varphi_2)\cos\theta}{R_0}\right] = 461.44\,(\text{mm})$$

5）Ⅱ、Ⅲ锥管底半径 $R_1 = R_0/\sin\theta = 457.75$（mm）

2. 岔管的展开

（1）主管Ⅰ的展开计算。以 y 轴为对称轴，半边轮廓的展开曲线解析式如下，并间隔 10°将 α 分成 18 等份，离散计算特征成果，列于表 11.2。

$$\begin{cases} x = R_0\pi\left(1 - \dfrac{\alpha}{180}\right) \\ y = \begin{cases} l_0 - R_0\tan\varphi_1\cos\alpha & (0° \leqslant \alpha \leqslant 90°) \\ l_0 + R_0\tan\varphi_1\cos\alpha & (90° < \alpha \leqslant 180°) \end{cases} \end{cases}$$

式中　主管Ⅰ轴长 $l_0 = 800\text{mm}$。

表 11.2　　　　　　　　　　　　　主管Ⅰ的展开计算成果

α(°)	0	10	20	30	40	50	60	70	80	90
x(mm)	1439	1359	1279	1199	1119	1039	959	879	799	719
y(mm)	677	679	684	693	706	721	738	758	779	800
α(°)	100	110	120	130	140	150	160	170	180	
x(mm)	639	560	480	400	320	240	160	80	0	
y(mm)	779	758	738	721	706	693	684	679	677	

（2）锥支管的展开计算：

1）相贯线交点 c 所对应的正截面圆心角 α'_c：

$$\alpha'_c = \arccos\left(\frac{x_c - 0.5T\tan\varphi_1}{R_1}\sin\varphi\right) = 88.39(°)$$

式中　T——肋厚，$T = 30\text{mm}$。

2）小口径端的展开。锥支管Ⅱ、Ⅲ体形及几何尺寸相同。小口径端的展开曲线解析式如下，并间隔 10°将 α 分成 18 等份，离散计算特征成果，列于表 11.3。

$$\begin{cases} x = \dfrac{R_2}{\cos\theta}\sin(\Delta - \gamma) \\ y = \dfrac{R_2}{\cos\theta}[1 - \cos(\Delta - \gamma)] + \dfrac{R_1 - R_2}{\cos\theta} \end{cases}$$

$$R'_1 = R_1\left(1 - \frac{T}{2H\cos\varphi_3}\right) = 457.76\,(\text{mm})$$

$$H = R_1 \tan\theta$$

$$\gamma = \alpha \cos\theta$$

式中　R_1'——大口径端的计算半径；

R_2——小口径端的计算半径，$R_2 = 358\text{mm}$；

Δ——展开图上的扇形圆心角，$\Delta = 21.94°$。

表 11.3 　　　　　　　　　　　小口径端展开计算成果

$\alpha(°)$	0	10	20	30	40	50	60	70	80	90
x(mm)	1097	1039	981	921	862	802	742	681	620	559
y(mm)	1061	1039	1017	997	978	960	944	929	915	902
$\alpha(°)$	100	110	120	130	140	150	160	170	180	
x(mm)	497	436	374	312	250	187	125	62	0	
y(mm)	891	881	873	865	859	855	851	849	849	

（3）相贯线 $ac(gc)$、cf 的展开。大口径端与主管及另一支锥管相贯。相贯线展开曲线解析式如下，并间隔 10°将 α 分成 18 等份，离散计算特征成果，列于表 11.4。

1）$0° \leqslant \alpha \leqslant \alpha_c'$ 时：

$$\begin{cases} x = \dfrac{R_1'}{\sin\theta}\left[\tan\theta - \dfrac{\cos\alpha}{\cot\varphi_3 + \cot\theta\cos\alpha}\right]\sin(\Delta - \gamma) \\ y = \dfrac{R_1'}{\cos\theta} - \dfrac{R_1'}{\sin\theta}\left[\tan\theta - \dfrac{\cos\alpha}{\cot\varphi_3 + \cot\theta\cos\theta}\right]\cos(\Delta - \gamma) \end{cases}$$

2）$\alpha_c' < \alpha \leqslant 180°$ 时：

$$\begin{cases} x = \dfrac{R_c}{\sin\theta}\left[\tan\theta + \dfrac{\cos\alpha}{\cot\varphi_2 - \cot\theta\cos\alpha}\right]\sin(\Delta - \gamma) \\ y = \dfrac{R_e}{\cos\theta} + x_c\dfrac{\cos\varphi + \sin\varphi\tan\varphi_2}{\sin\theta} - \dfrac{R_e}{\sin\theta}\left[\tan\theta + \dfrac{\cos\alpha}{(\cot\varphi_2 - \cot\theta\cos\theta)}\right]\cos(\Delta - \gamma) \end{cases}$$

表 11.4 　　　　　　　　　　　相贯线展开计算成果

$\alpha(°)$	0	10	20	30	40	50	60	70	80	88.39
$\gamma(°)$	0	1.22	2.44	3.66	4.87	6.09	7.31	8.53	9.75	10.77
x(mm)	1157	1099	1045	995	948	902	857	812	765	728
y(mm)	883	851	805	744	668	577	471	350	215	98
$\alpha(°)$	100	110	120	130	140	150	160	170	180	
$\gamma(°)$	12.19	13.41	14.62	15.84	17.06	18.28	19.50	20.72	21.94	
x(mm)	632	551	470	390	311	233	155	77	0	
y(mm)	105	113	121	129	135	141	146	148	149	

（4）综合主管Ⅰ、小口径端和相贯线的展开计算成果，按一定的作图比例，按数据找到相应关键点的坐标（x，y），并把各点连成光滑曲线，得到岔管展开图，如图 11.17

所示。

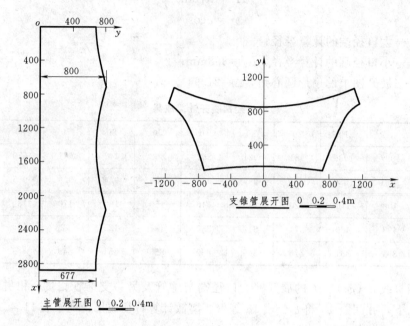

主管展开图 0 0.2 0.4m

支锥管展开图 0 0.2 0.4m

图 11.17 岔管展开图

334

附　　录

摘录标准中部分零件结构以及相应的标准尺寸如下，供学习、参考。

一、螺纹

1. 普通螺纹（GB/T 193—2003，GB/T 196—2003）

标　记　示　例

粗牙普通螺纹，公称直径 10mm，右旋，中径公差代号 5g，顶径公差带代号 6g，短旋合长度的外螺纹，其标记为：M10-5g6g-S。

细牙普通螺纹，公称直径 10mm，螺距 1mm，左旋，中径和顶径公差带代号都是 6H，中等旋合长度的内螺纹，其标记为：M10×1LH-6H。

附表1　　　　　　　　　　　直 径 与 螺 距 系 列　　　　　　　　　　单位：mm

公称直径 D、d			螺 距 P		公称直径 D、d			螺 距 P	
第一系列	第二系列	第三系列	粗牙	细 牙	第一系列	第二系列	第三系列	粗牙	细 牙
2			0.4	0.25	16			2	1.5, 1, (0.75), (0.5)
	2.2		0.45			17			1.5, (1)
2.5			0.45	0.35			18		2, 1.5, 1, (0.75), (0.5)
3			0.5	0.35	20			2.5	2, 1.5, 1, (0.75), (0.5)
	3.5		(0.6)	0.5		22			2, 1.5, 1, (0.75), (0.5)
4			0.7	0.5	24			3	2, 1.5, 1, (0.75)
	4.5		(0.75)	0.5			25		2, 1.5, (1)
5			0.8	0.5			26		1.5
		5.5		0.5		27		3	2, 1.5, 1, (0.75)
6			1	0.75, (0.5)			28		2, 1.5, 1
	7		1	0.75, (0.5)	30			3.5	(3), 2, 1.5, 1, (0.75)
8			1.25	1, 0.75, (0.5)			32		2, 1.5
	9		(1.25)	1, 0.75, (0.5)		33		3.5	(3), 2, 1.5, (1), (0.75)
10			(1.5)	1.25, 1, 0.75, (0.5)			35		1.5
	11		(1.5)	1, 0.75, (0.5)	36			4	3, 2, 1.5, (1)
12			1.75	1.5, 1.25, 1, (0.75), (0.5)		38			1.5
	14		2			39		4	3, 2, 1.5, (1)
		15		1.5, (1)			40		(3), (2), 1.5

注　1. 优先选用第一系列，其次是第二系列，第三系列尽可能不用。

　　2. 括号内的螺距尽可能不用。

　　3. M14×1.25 仅用于火花塞。

　　4. M35×1.5 仅用于滚动轴承锁紧螺母。

2. 非螺纹密封的管螺纹（摘自 GB/T 7307—2001）

标 记 示 例

管子尺寸代号为 3/4 左旋螺纹：G3/4 - LH（右旋不标）；

管子尺寸代号为 1/2A 级外螺纹：G1/2A；

管子尺寸代号为 1/2B 级外螺纹：G1/2B。

附表 2   单位：mm

尺寸代号 in	每25.4mm内的牙数 n	螺距 P	基本直径			外 螺 纹				内 螺 纹			
			大径 $d=D$	中径 $d_2=D_2$	小径 $d_1=D_1$	大径公差 T_d		大径公差 $T_{d_2}^*$		大径公差 $T_{D_2}^*$		大径公差 T_{D_1}	
						下偏差	上偏差	下偏差		上偏差	下偏差	上偏差	下偏差	上偏差
								A级	B级					
1/16	28	0.907	7.723	7.142	6.561	-0.214	0	-0.107	-0.214	0	0	+0.107	0	+0.282
1/8	28	0.907	9.728	9.147	8.566	-0.214	0	-0.107	-0.214	0	0	+0.107	0	+0.282
1/4	19	1.337	13.157	12.301	11.445	-0.250	0	-0.125	-0.250	0	0	+0.125	0	+0.445
3/8	19	1.337	16.662	15.806	14.950	-0.250	0	-0.125	-0.250	0	0	+0.125	0	+0.445
1/2	14	1.814	20.955	19.793	18.631	-0.284	0	-0.142	-0.284	0	0	+0.142	0	+0.541
5/8	14	1.814	22.911	21.749	20.587	-0.284	0	-0.142	-0.284	0	0	+0.142	0	+0.541
3/4	14	1.814	26.441	25.279	24.117	-0.284	0	-0.142	-0.284	0	0	+0.142	0	0.541
7/8	14	1.814	30.201	29.039	27.877	-0.284	0	-0.142	-0.284	0	0	+0.142	0	+0.541
1	11	2.309	33.249	31.770	30.291	-0.360	0	-0.180	-0.360	0	0	+0.180	0	+0.640
1 1/8	11	2.309	37.897	36.418	34.939	-0.360	0	-0.180	-0.360	0	0	+0.180	0	+0.640
1 1/4	11	2.309	41.910	40.431	38.952	-0.360	0	-0.180	-0.360	0	0	+0.180	0	+0.640
1 1/2	11	2.309	47.803	46.324	44.845	-0.360	0	-0.180	-0.360	0	0	+0.180	0	+0.640
1 3/4	11	2.309	53.746	52.267	50.788	-0.360	0	-0.180	-0.360	0	0	+0.180	0	+0.640
2	11	2.309	59.614	58.135	56.656	-0.360	0	-0.180	-0.360	0	0	+0.180	0	+0.640
2 1/4	11	2.309	65.710	64.231	62.752	-0.434	0	-0.217	-0.434	0	0	+0.217	0	+0.640
2 1/2	11	2.309	75.184	73.705	72.226	-0.434	0	-0.217	-0.434	0	0	+0.217	0	+0.640
2 3/4	11	2.309	81.534	80.055	78.576	-0.434	0	-0.217	-0.434	0	0	+0.217	0	+0.640
3	11	2.309	87.884	68.405	84.926	-0.434	0	-0.217	-0.434	0	0	+0.217	0	+0.640

* 对于薄壁管件，此公差适用于平均中径，该中径是测量两个互相垂直直径的算术平均值。

3. 梯形螺纹（摘自 GB/T 5796.2—1986）

标 记 示 例

单线梯形螺纹，公称直径 40mm，螺距 7mm，右旋，其代号为：Tr40×7。

多线梯形螺纹，公称直径 40mm，导程 14mm，螺距 7mm，左旋，其代号为：Tr40×14（P7）LH。

附表3　　　　　　　　　　　　直径与螺距系列　　　　　　　　　　单位：mm

公称直径 d		螺距 P								公称直径 d		螺距 P									
第一系列	第二系列	8	7	6	5	4	3	2	1.5	第一系列	第二系列	14	12	10	9	8	7	6	5	4	3
8									1.5		30			10				6			3
	9							2	1.5	32				10				6			3
10								2	1.5		34			10				6			3
	11						3	2		36				10				6			3
12							3	2			38			10			7				3
	14						3	2		40				10			7				3
16						4		2			42			10			7				3
	18					4		2		44			12				7				3
20						4		2			46		12			8					3
	22	8			5		3			48			12			8					3
24		8			5		3				50		12			8					3
	26	8			5		3			52			12			8					3
28		8			5		3				55	14			9						3

注　1. 优先选用第一直径系列。
　　2. 每个直径系列螺距中应优先选择粗黑框内的螺距。
　　3. 特殊情况可选用邻近直径系列螺距。

二、常用的标准件

1. 六角头螺栓—A 级和 B 级（GB/T 5782—2000）、六角头螺栓全螺纹—A 级和 B 级（GB/T 5783—2000）

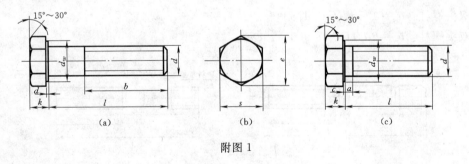

附图 1

标　记　示　例

螺纹规格 $d=$ M16、公称长度 $l=$ 90mm、性能等级为 8.8 级、表面氧化、A 级的六角头螺栓，其标记为：螺栓 GB/T 5782 M16×90。

附表 4 单位：mm

螺纹规格 d			M3	M4	M5	M6	M8	M10	M12	M16	M20	M24	M30
a_{max}			1.5	2.1	2.4	3	4	4.5	5.3	6	7.5	9	10.5
b	$l\leqslant250$		12	14	16	18	22	26	30	38	46	54	66
	$125<l\leqslant200$		18	20	22	24	28	32	36	44	52	60	72
	$l>200$		31	33	35	37	41	45	49	57	65	73	85
c	min		0.15	0.15	0.15	0.15	0.15	0.15	0.15	0.2	0.2	0.2	0.2
	max		0.4	0.4	0.5	0.5	0.6	0.6	0.6	0.8	0.8	0.8	0.8
$d_{w\,min}$	产品等级	A	4.57	5.88	6.88	8.88	11.63	14.63	16.6	22.49	28.19	33.61	
		B	4.45	5.74	6.74	8.74	11.47	14.47	16.47	22	27.7	33.2	42.75
e_{min}	产品等级	A	6.01	7.66	8.79	11.05	14.38	17.77	20.03	26.75	33.53	39.98	
		B	5.88	7.50	8.63	10.89	14.20	17.59	19.85	26.17	32.95	39.55	50.85
k 公称			2	2.8	3.5	4	5.3	6.4	7.5	10	12.5	15	18.7
s_{max}			5.5	7	8	10	13	16	18	24	30	36	46

l 公称（系列值）：6、8、10、12、16、20、25、30、35、40、45、50、55、60、65、70、80、90、100、120、130、140、150、160、180、200、220、240、260、280、300、320、340、360、380、400、420、440、460、480、500

注 1. A级用于 $d\leqslant24$ 和 $l\leqslant10d$ 或 $l\leqslant150$mm（按较小值）的螺栓；B级用于 $d>24$ 和 $l>10d$ 或 $l>150$mm（按较小值）的螺栓。
2. 螺纹末端应倒角，对 GB/T 5782，$d\leqslant$M4 时，可为辗制末端；对 GB/T 5783，$d\leqslant$M4 为辗制末端。
3. 螺纹规格 d 为 M1.6～M64。

2. 双头螺柱

双头螺柱：$b_m=1d$（GB/T 897—1988）；

双头螺柱：$b_m=1.25d$（GB/T 898—1988）；

双头螺柱：$b_m=1.5d$（GB/T 899—1988）；

双头螺柱：$b_m=2d$（GB/T 900—1988）。

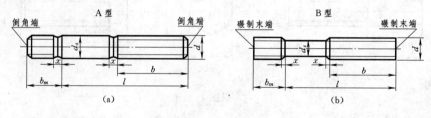

附图 2

标 记 示 例

两端均为粗牙普通螺纹，$d=12$mm，$l=80$mm，性能等级为 4.8 级、B 型、$b_m=1d$

的双头螺柱的标记为：螺柱 GB/T 897 M12×80。

旋入机体一端为粗牙普通螺纹，旋螺母一端为螺距 $P=2mm$ 的细牙普通螺纹，$d=12mm$，$l=80mm$，性能等级为 4.8 级、A 型、$d_m=1d$ 的双头螺柱的标记为：螺柱 GB/T 897 AM10 - M12×2×80。

旋入机体一端为过渡配合螺纹的第一种配合，旋螺母一端为粗牙普通螺纹，$d=10mm$，$l=50mm$，性能等级为 8.8 级、镀锌、B 型、$b_m=1d$ 的双头螺柱的标记为：螺柱 GB/T 897 GM10 - M10×50 - 8.8 - Zn/B。

附表 5 　　　　　　　　　　　　　　　　　　　　　　　　　　　　　　单位：mm

螺纹规格 d		M5	M6	M8	M10	M12	M16	M20	M24	M30	M36	M42
b_m	GB/T 897—1988	5	6	8	10	12	16	20	24	30	36	42
	GB/T 898—1988	6	8	10	12	15	20	25	30	38	45	52
	GB/T 899—1988	8	10	12	15	18	24	30	36	45	54	65
	GB/T 900—1988	10	12	16	20	24	32	40	48	60	72	84
d_s		5	6	8	10	12	16	20	24	30	36	42
x		1.5P	1.5P	1.5P	1.5P	1.5P	1.5P	1.5P	1.5P	1.5P	1.5P	1.5P
$\dfrac{l}{b}$		$\dfrac{16\sim12}{10}$	$\dfrac{20\sim22}{10}$	$\dfrac{20\sim22}{10}$	$\dfrac{25\sim28}{14}$	$\dfrac{25\sim30}{16}$	$\dfrac{30\sim38}{20}$	$\dfrac{35\sim40}{25}$	$\dfrac{45\sim50}{30}$	$\dfrac{60\sim65}{40}$	$\dfrac{65\sim75}{45}$	$\dfrac{65\sim80}{50}$
		$\dfrac{25\sim50}{16}$	$\dfrac{25\sim30}{16}$	$\dfrac{25\sim30}{16}$	$\dfrac{30\sim38}{16}$	$\dfrac{32\sim40}{20}$	$\dfrac{40\sim55}{30}$	$\dfrac{45\sim65}{35}$	$\dfrac{55\sim75}{45}$	$\dfrac{70\sim90}{50}$	$\dfrac{80\sim110}{60}$	$\dfrac{85\sim110}{70}$
			$\dfrac{32\sim75}{18}$	$\dfrac{32\sim90}{22}$	$\dfrac{40\sim120}{26}$	$\dfrac{45\sim120}{30}$	$\dfrac{60\sim120}{38}$	$\dfrac{70\sim120}{46}$	$\dfrac{80\sim120}{54}$	$\dfrac{95\sim120}{60}$	$\dfrac{120}{78}$	$\dfrac{120}{90}$
					$\dfrac{130}{32}$	$\dfrac{130\sim180}{36}$	$\dfrac{130\sim200}{44}$	$\dfrac{130\sim200}{52}$	$\dfrac{130\sim200}{60}$	$\dfrac{130\sim200}{72}$	$\dfrac{130\sim200}{84}$	$\dfrac{130\sim200}{96}$
										$\dfrac{210\sim250}{85}$	$\dfrac{210\sim300}{91}$	$\dfrac{210\sim300}{109}$
l 系列		16, (18), 20, (22), 25, (28), 30, (32), 35, (38), 40, 45, 50, (55), 60, (65), 70, (75), 80, (85), 90, (95), 100, 110, 120, 130, 140, 150, 160, 170, 180, 190, 200, 210, 220, 230, 240, 250, 260, 280											

注　P 是粗牙螺纹的螺距。

3. 开槽圆柱头螺钉（摘自 GB/T 65—2000）

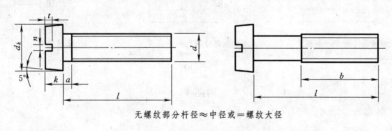

无螺纹部分杆径≈中径或＝螺纹大径

附图 3

标 记 示 例

螺纹规格 d＝M5、公称长度 l＝20mm、性能等级为 4.8 级、不经表面处理的开槽圆柱头螺钉，其标记为：螺钉 GB/T 65 M5×20。

螺纹规格 d		M3	M4	M5	M6	M8	M10
a_{max}		1	1.4	1.6	2	2.5	3
b_{min}		25	38	38	38	38	38
d_k	max	5.5	7	8.5	10	13	16
	min	5.32	6.78	8.28	9.78	12.73	15.73
k	max	2	2.6	3.3	3.9	5	6
	min	1.86	2.46	3.12	3.6	4.7	5.7
n 公称		0.8	1.2	1.2	1.6	2	2.5
t_{min}		0.85	1.1	1.3	1.6	2	2.4
l 公称（系列值）		\multicolumn{6}{l}{4、5、6、8、10、12、(14)、16、20、25、30、35、40、45、50、(55)、60、(65)、70、(75)、80}

注　1. l 公称值尽可能不采用括号内的规格。

　　2. 当 $l \leqslant 40$ 时，螺钉制出全螺纹。

　　3. 螺纹规格 d 为 M1.6～M10，公称长度 l 为 2～80。

4. 开槽沉头螺钉（GB/T 68—2000）、十字槽沉头螺钉（GB/T 819.1—2000）、十字槽半沉头螺钉（GB/T 820—2000）

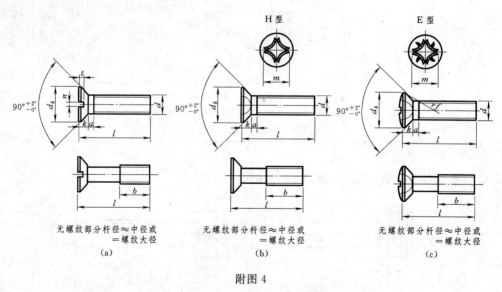

附图 4

标　记　示　例

螺纹规格 d＝M5、公称长度 l＝20mm、性能等级为 4.8 级，不经表面处理的开槽沉头螺钉，其标记为：螺钉 GB/T 68 M5×20。

螺纹规格 d＝M5、公称长度 l＝20mm、性能等级为 4.8 级、不经表面处理的 H 型十字槽半沉头螺钉，其标记为：螺钉 GB/T 820 M5×20。

螺纹规格 d		M2	M2.5	M3	M4	M5	M6	M8	M10
a_{max}		0.8	0.9	1	1.4	1.6	2	2.5	3
b_{min}		25	25	25	38	38	38	38	38
a_k 实际值	max	3.8	4.7	5.5	8.4	9.3	11.3	15.8	18.3
	min	3.5	4.4	5.2	8.04	8.94	10.87	15.37	17.78
k_{max}		1.2	1.5	1.65	2.7	2.7	3.3	4.65	5
$r_f \approx$		4	5	6	9.5	9.5	12	16.5	19.5
n 公称		0.5	0.6	0.8	1.2	1.2	1.6	2	2.5
r	min	0.4	0.5	0.6	1	1.1	1.2	1.8	2
	max	0.6	0.75	0.85	1.3	1.4	1.6	2.3	2.6
H 型十字槽 m 参考	GB/T 819.1	1.9	2.9	3.2	4.6	5.2	6.8	8.9	10
	GB/T 820	2	3	3.4	5.2	5.4	7.3	9.6	10.4
l 公称（系列值）		2.2，3，4，5，6，8，10，12，（14），16，20，25，30，35，40，45，50，（55），60，（65），70，（75），80							

注　1. l 公称值尽可能不采用括号内的规格。

　　2. 当 d≤3，l≤30，及当 d＞3 时，杆部制出全螺纹。

　　3. 螺纹规格 d 为 M1.6～M10。

　　4. GB/T 819.1 公称长度 l 为 3～60、l≤45 时，杆部制出全螺纹。

5. 开槽紧定螺钉

锥端	平端	凹端	长圆柱端
（GB/T 71—1985）	（GB/T 73—1985）	（GB/T 74—1985）	（GB/T 75—1985）

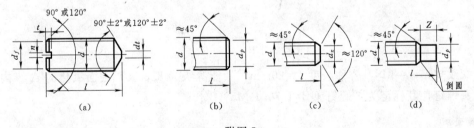

(a)	(b)	(c)	(d)

附图 5

　　螺纹规格 d＝M5、公称长度 l＝20mm、性能等级为 14H 级、表面氧化的开槽锥端紧定螺钉，其标记为：螺钉 GB/T 71 M5×12

　　螺纹规格 d＝M8、公称长度 1～20mm、性能等级为 14H 级、表面氧化的开槽长圆柱端紧定螺钉，其标记为：螺钉 GB/T 75 M8×20

螺纹规格 d		M2	M2.5	M3	M4	M5	M6	M8	M10	M12
$d_f \approx$		螺 纹 小 径								
d_t	min	—	—	—	—	—	—	—	—	—
	max	0.2	0.25	0.3	0.4	0.5	1.5	2	2.5	3
d_p	min	0.75	1.25	1.75	2.25	3.2	3.7	5.2	6.64	8.14
	max	1	1.5	2	2.5	3.5	4	5.5	7	8.5
d_z	min	0.75	0.95	1.15	1.75	2.25	2.75	4.7	5.7	7.7
	max	1	1.2	1.4	2	2.5	3	5	6	8
n 公称		0.25	0.4	0.4	0.6	0.8	1	1.2	1.6	2
t	min	0.64	0.72	0.8	1.12	1.28	1.6	2	2.4	2.8
	max	0.84	0.95	1.05	1.42	1.63	2	2.5	3	3.6
z	min	1	1.25	1.5	2	2.5	3	4	5	6
	max	1.25	1.5	1.75	2.25	2.75	3.25	4.3	5.3	6.3
l 公称（系列值）		2，2.5，3，4，5，6，8，10，12，（14），16，20，25，30，35，40，45，50，（55），60								

注 1. l 公称值尽可能不采用括号内规格。

2. GB/T 71 中，螺纹规格 $d \leqslant$ M5 螺钉不要求锥端平面（d_t），可以倒角。

6. 内六角圆柱头螺钉（GB/T 70.1—2000）

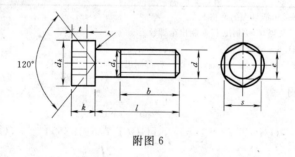

附图 6

标 记 示 例

螺纹规格 d＝M5，公称长度 l＝20mm，性能等级为 8.8 级，表面氧化的 A 级内六角圆柱头螺钉，其标记为：螺钉 GB/T 70.1 M5×20

螺纹规格 d	M3	M4	M5	M6	M8	M10	M12	(M14)	M16	M20	M24
P（螺纹）	0.5	0.7	0.8	1	1.25	1.5	1.75	2	2	2.5	3
b 参考	18	20	22	24	28	32	36	40	44	52	60
$d_{k max}$	5.5	7	8.5	10	13	16	18	21	24	30	36
k_{max}	3	4	5	6	8	10	12	14	16	20	24

螺纹规格 d	M3	M4	M5	M6	M8	M10	M12	(M14)	M16	M20	M24
t_{min}	1.3	2	2.5	3	4	5	6	7	8	10	12
s 公称	2.5	3	4	5	6	8	10	12	14	17	19
e_{min}	2.87	3.44	4.58	5.72	6.86	9.15	11.43	13.72	16.00	19.44	21.73
d_{smax}	$=d$										
r_{min}	0.1	0.2	0.2	0.25	0.4	0.4	0.6	0.6	0.6	0.8	0.8
l 范围	5~30	6~40	8~50	10~60	12~80	16~100	20~120	25~140	25~160	30~200	40~200
l 系列	5、6、8、10、12、16、20、25、30、35、40、45、50、55、60、65、70、80、90、100、110、120、130、140、150、160、180、200										

注 括号内规格尽可能不采用。

7. Ⅰ型六角螺母—A 级和 B 级（GB/T 6170—2000）与六角薄螺母—A 级和 B 级—倒角（GB/T 6172.1—2000）

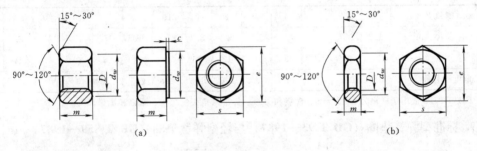

附图 7

标 记 示 例

螺纹规格 D＝M12、性能等级为 8 级、不经表面处理、产品等级为 A 级的 1 型六角螺纹，其标记为：螺母 GB/T 6170 M12

附表 10   单位：mm

螺纹规格 D			M2	M2.5	M3	M4	M5	M6	M8	M10	M12	M16	M20	M24	M30
c_{max}			0.2	0.3	0.4	0.4	0.5	0.5	0.6	0.6	0.6	0.8	0.8	0.8	0.8
$d_{w min}$			3.1	4.1	4.6	5.9	6.9	8.9	11.6	14.6	16.6	22.5	27.7	33.3	42.8
e_{min}			4.32	5.45	6.01	7.66	8.79	11.05	14.38	17.77	20.03	26.75	32.95	39.55	50.85
m	GB/T 6170	max	1.6	2	2.4	3.2	4.7	5.2	6.8	8.4	10.8	14.8	18	21.5	25.6
		min	1.35	1.75	2.15	2.9	4.4	4.9	6.44	8.04	10.37	14.1	16.9	20.2	24.3
	GB/T 6172	max	1.2	1.6	1.8	2.2	2.7	3.2	4	5	6	8	10	12	15
		min	0.95	1.35	1.55	1.95	2.45	2.9	3.7	4.7	5.7	7.42	9.10	10.9	13.9
s		max	4	5	5.5	7	8	10	13	16	18	24	30	36	46
		min	3.82	4.82	5.32	6.78	7.78	9.78	13.73	5.73	17.23	23.67	29.16	35	45

注 A 级用于 $D \leqslant 16$ 的螺母，B 级用于 $D > 16$ 的螺母。

8. 平垫圈—A 级（GB/T 97.1—2002）与平垫圈倒角型—A 级（GB/T 97.2—2002）

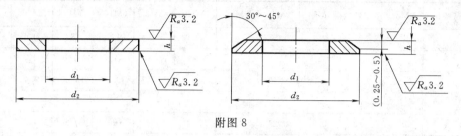

附图 8

标 记 示 例

标准系列、规格为 8mm、性能等级为 140HV 级、不经表面处理、产品等级为 A 级的平垫圈，其标记为：垫圈 GB/T 97.18

附表 11　　　　　　　　　　　　　　　　　　　　　　　　　　　　　　　单位：mm

规格（螺纹大径）	2	2.5	3	4	5	6	8	10	12	14	16	20	24	30
内径 d_1 公称（min）	2.2	2.7	3.2	4.3	5.3	6.4	8.4	10.5	13	15	17	21	25	31
外径 d_2 公称（max）	5	6	7	9	10	12	16	20	24	28	30	37	44	56
厚度 h 公称	0.3	0.5	0.5	0.8	1	1.6	1.6	2	2.5	2.5	3	3	4	4

注　GB/T 97.2 适用于规格为 5～36mm、A 级和 B 级、标准六角头的螺栓、螺钉和螺母。

9. 标准型弹簧垫圈（GB/T 93—1987）与轻型弹簧垫圈（GB/T 859—1987）

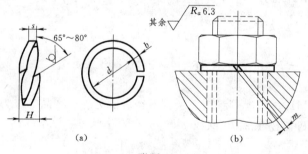

(a)　　　　　　　　　　　　　(b)

附图 9

标 记 示 例

规格 16mm，材料为 65Mn、表面氧化的标准型弹簧垫圈，其标记为：垫圈 GB/T 93 16

附表 12　　　　　　　　　　　　　　　　　　　　　　　　　　　　　　　单位：mm

规格（螺纹大径）		2	2.5	3	4	5	6	8	10	12	16	20	24	30	36	42	48
d_{min}		2.1	2.6	3.1	4.1	5.1	6.1	8.1	10.2	12.2	16.2	20.2	24.5	30.5	36.5	42.5	48.5
H_{max}	GB/T 93	1.25	1.63	2	2.75	3.25	4	5.25	6.5	7.75	10.25	12.5	15	18.75	22.5	26.25	30
	GB/T 859			1.5	2	2.75	3.25	4	5	6.25	8	10	12.5	15			

规格（螺纹大径）		2	2.5	3	4	5	6	8	10	12	16	20	24	30	36	42	48
$s(b)$ 公称	GB/T 93	0.5	0.65	0.8	1.1	1.3	1.6	2.1	2.6	3.1	4.1	5	6	7.5	9	10.5	12
s 公称	GB/T 859			0.6	0.8	1.1	1.3	1.6	2	2.5	3.2	4	5	6			
$0 < m \leqslant$	GB/T 93	0.25	0.33	0.4	0.55	0.65	0.8	1.05	1.3	1.55	2.05	2.5	3	3.75	4.5	5.25	6
	GB/T 859			0.3	0.4	0.5	0.55	0.65		1.25	1.6	2	2.5	3			
b 公称	GB/T 859			1	1.2	1.5	2	2.5	3	3.5	4.5	5.5	7	9			

注 GB/T 859 规格为 3～30mm。

10. 圆柱销（GB/T 119.1—2000）——不淬硬钢和奥氏体不锈钢

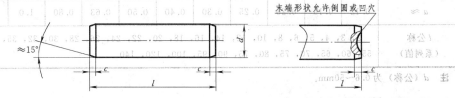

附图 10

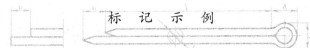

标 记 示 例

公称直径 $d = 8$mm，公差为 m6，公称长度 $l = 30$mm，材料为钢，不经淬火，不经表面处理的圆柱销，其标记为：销 GB/T 119.1 8 m6×30

公称直径 $d = 8$mm，公差为 m6，公称长度 $l = 30$mm，材料为 A1 组奥氏体不锈钢，表面简单处理的圆柱销，其标记为：销 GB/T 119.1 8 m6×30 - A1

附表 13　　　　　　　　　　　　　　　　　　　　　　　　　　　　单位：mm

d(m6, h8)	1	1.2	1.5	2	2.5	3	4	5	6	8	10	12
$a \approx$	0.12	0.16	0.20	0.25	0.30	0.40	0.50	0.63	0.80	1.0	1.2	1.6
$c \approx$	0.20	0.25	0.30	0.35	0.40	0.50	0.63	0.80	1.2	1.6	2	2.5
l 公称（系列值）	2、3、4、5、6、8、10、12、14、16、18、20、22、24、26、28、30、32、35、40、45、50、55、60、65、70、75、80、75、90、95、100、120、140											

注 1. 公称直径为 0.6～50mm。

2. 公差 m6，$R_a \leqslant 0.8 \mu m$；公差 h8，$R_a \leqslant 0.8 \mu m$。

11. 圆锥销（GB/T 117—2000）

A 型（磨削）　　　　　　　　　　　　　　　　　　　B 型（切削或冷镦）

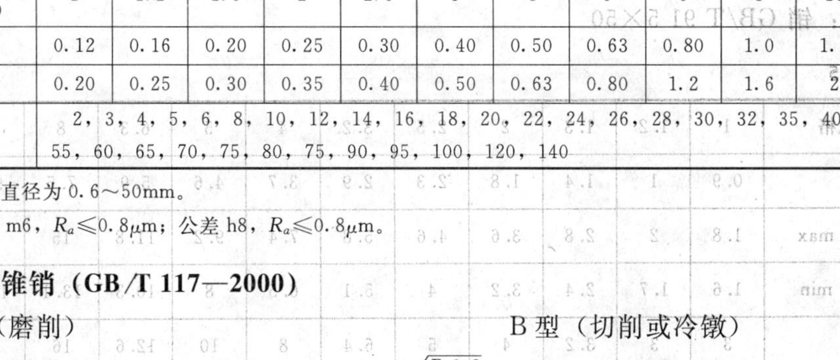

附图 11

标 记 示 例

公称直径 $d=10\text{mm}$、长度 $l=60\text{mm}$，材料为 35 钢，热处理硬度 28～38HRC，表面氧化处理的 A 型圆锥销，其标记为：销 GB/T 117 10×60

附表 14 单位：mm

公称直径 d(m6，h8)	1	1.2	1.5	2	2.5	3	4	5	6	8	10	12
$a\approx$	0.12	0.16	0.20	0.25	0.30	0.40	0.50	0.63	0.80	1.0	1.2	1.6
l 公称 (系列值)	\multicolumn{12}{l}{2, 3, 4, 5, 6, 8, 10, 12, 14, 16, 18, 20, 22, 24, 26, 28, 30, 32, 35, 40, 45, 50, 55, 60, 65, 70, 75, 80, 75, 90, 95, 100, 120, 140}

注　d（公称）为 0.6～50mm。

12. 开口销（GB/T 91—2000）

允许制造的型式

附图 12

标 记 示 例

公称直径 $d=5\text{mm}$、长度 $l=50\text{mm}$、材料为 Q215 或 Q235，不经表面处理的开口销，其标记为：销 GB/T 91 5×50

附表 15 单位：mm

公称规格		1	1.2	1.3	2	2.5	3.2	4	5	6.3	8	10	13
d_{max}		0.9	1	1.4	1.8	2.3	2.9	3.7	4.6	5.9	7.5	9.5	12.4
c	max	1.8	2	2.8	3.6	4.6	5.8	7.4	9.2	11.8	15	19	24.8
	min	1.6	1.7	2.4	3.2	4	5.1	6.5	8	10.3	13.1	16.6	21.7
$b\approx$		3	3	3.2	4	5	6.4	8	10	12.6	16	20	26
a_{max}		1.6		2.5			3.2		4			6.3	
l 公称（系列值）		\multicolumn{12}{l}{4, 5, 6, 8, 10, 12, 14, 16, 18, 20, 22, 24, 26, 28, 30, 32, 36, 40, 45, 50, 55, 60, 65, 70, 75, 80, 85, 90, 95, 100, 120, 140, 160, 180, 200}

注　1. 公称规格为销孔的公称直径。
　　2. 根据供需双方协议，可采用公称规格为 3mm、6mm 和 12mm 的开口销。

13. 平键和键槽的剖面尺寸（GB/T 1095—2003）

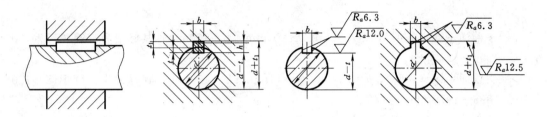

附图 13

附表 16 单位：mm

轴径 d		6～8	8～10	10～12	12～17	17～22	22～30	30～38	38～44	44～50	50～58	58～65	65～75	75～85	85～95	95～110
键的公称尺寸	b	2	3	4	5	6	8	10	12	14	16	18	20	22	25	28
	h	2	3	4	5	6	7	8	8	9	10	11	12	14	14	16
键槽深	轴 t	1.2	1.8	2.5	3.0	3.5	4.0	5.0	5.0	5.5	6.0	7.0	7.5	9.0	9.0	10
	毂 t_1	1.0	1.4	1.8	2.3	2.8	3.3	3.3	3.3	3.8	4.3	4.4	4.9	5.4	5.4	6.4
半径	r	最小 0.08～最大 0.16			最小 0.16～最大 0.25			最小 0.25～最大 0.40				最小 0.40～最大 0.60				

注 1. 在零件工作图中，轴槽深用 $d-t$ 或 t 标注，轮毂槽深用 $d+t_1$ 标注。
　　2. 半径 r 为键槽底面的圆角半径。

14. 普通平键 型式尺寸（GB/T 1096—2003）

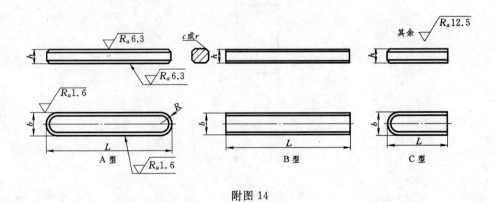

附图 14

347

标 记 示 例

圆头普通平键（A 型），$b=18$mm、$h=11$mm、$L=100$mm，其标记为：键 A18×100 GB/T 1096—1979

平头普通平键（B 型），$b=18$mm、$h=11$mm、$L=100$mm，其标记为：键 B18×100 GB/T 1096—1979

单圆头普通平键（C 型），$b=18$mm、$h=11$mm、$L=100$mm，其标记为：键 C18×100 GB/T 1096—1979

附表 17 单位：mm

b	2	3	4	5	6	8	10	12	14	16	18	20	22	25	28	32	36	40	45	50
h	2	3	4	5	6	7	8	8	9	10	11	12	14	14	16	18	20	22	25	28
C 或 r	0.16~0.25				0.25~0.40				0.40~0.60				0.60~0.80				1.0~1.2			
L 范围	6~20	6~36	8~45	10~56	14~70	18~90	22~110	28~140	36~160	45~180	50~200	56~220	63~250	70~280	80~320	90~360	100~400	100~400	110~450	125~500
L 系列	6, 8, 10, 12, 14, 15, 16, 20, 22, 25, 28, 32, 36, 40, 45, 50, 56, 63, 70, 80, 90, 100, 110, 125, 140, 160, 180, 200, 220, 250, 280, 320, 360, 400, 450, 500																			

注 表中 C 为 45°倒角。

15. 深沟球轴承（GB/T 276—1994）

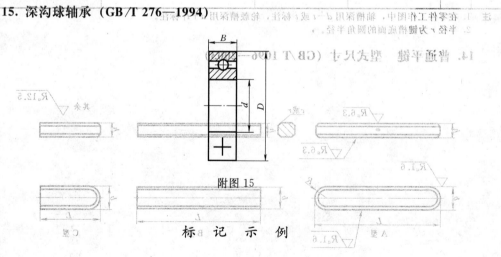

附图 15

标 记 示 例

类型代号 6，尺寸系列代号为 02，内径代号为 06 的深沟球轴承，其标记为：滚动轴承 6206 GB/T 276—1994

轴承代号	外形尺寸			轴承代号	外形尺寸		
	d	D	B		d	D	B
(1) 0 系列 6004	20	42	12	**(0) 3 系列** 6304	20	52	15
6005	25	47	12	6305	25	62	17
6006	30	55	13	6306	30	72	19
6007	35	62	14	6307	35	80	21
6008	40	68	15	6308	40	90	23
6009	45	75	16	6309	45	100	25
6010	50	80	16	6310	50	110	27
6011	55	90	18	6311	55	120	29
6012	60	95	18	6312	60	130	31
6013	65	100	18	6313	65	140	33
6014	70	110	20	6314	70	150	35
6015	75	115	20	6315	75	160	37
6016	80	125	22	6316	80	170	39
6017	85	130	22	6317	85	180	41
6018	90	140	24	6318	90	190	43
6019	95	145	24	6319	95	200	45
6020	100	150	24	6320	100	215	47
(0) 2 系列 6204	20	47	14	**(0) 4 系列** 6404	20	72	19
6205	25	52	15	6405	25	80	21
6206	30	62	16	6406	30	90	23
6207	35	72	17	6407	35	100	25
6208	40	80	18	6408	40	110	27
6209	45	85	19	6409	45	120	29
6210	50	90	20	6410	50	130	31
6211	55	100	21	6411	55	140	33
6212	60	110	22	6412	60	150	35
6213	65	120	23	6413	65	160	37
6214	70	125	24	6414	70	180	42
6215	75	130	25	6415	75	190	45
6216	80	140	26	6416	80	200	48
6217	85	150	28	6417	85	210	52
6218	90	160	30	6418	90	225	54
6219	95	170	32	6419	95	240	55
6220	100	180	34	6420	100	250	58

16. 圆锥滚子轴承（GB/T 297—1994）

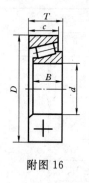

附图 16

标 记 示 例

　　类型代号 3，尺寸系列代号为 03，内径代号为 12 的圆锥滚子轴承，其标记为：滚动轴承 30312 GB/T 297—1994

附表 19　　　　　　　　　　　　　　　　　　　　　　　　　　　　　　　单位：mm

轴承代号		外 形 尺 寸					轴承代号		外 形 尺 寸				
		d	D	T	B	C			d	D	T	B	C
02系列	30204	20	47	15.25	14	12	03系列	30304	20	52	16.28	15	13
	30205	25	52	16.25	15	13		30305	25	62	18.25	17	15
	30206	30	62	17.25	16	14		30306	30	72	20.75	19	16
	30207	35	72	18.25	17	15		30307	35	80	22.75	21	18
	30208	40	80	19.75	18	16		30308	40	90	25.25	23	20
	30209	45	85	20.75	19	16		30309	45	100	27.25	25	22
	30210	50	90	21.75	20	17		30310	50	110	29.25	27	23
	30211	55	100	22.75	21	18		30311	55	120	31.50	29	25
	30212	60	110	23.75	22	19		30312	60	130	33.50	31	26
	30213	65	120	24.75	23	20		30313	65	140	36	33	28
	30214	70	125	26.25	24	21		30314	70	150	38	35	30
	30215	75	130	27.25	25	22		30315	75	160	40	37	31
	30216	80	140	28.25	26	22		30316	80	170	42.50	39	33
	30217	85	150	30.50	28	24		30317	85	180	44.50	41	34
	30218	90	160	32.50	30	26		30318	90	190	46.50	43	36
	30219	95	170	34.50	32	27		32319	95	200	49.50	45	38
	30220	100	180	37	34	29		30320	100	215	51.50	47	39

轴承代号	外形尺寸					轴承代号	外形尺寸				
	d	D	T	B	C		d	D	T	B	C
32204	20	47	19.25	18	15	32304	20	52	22.25	21	18
32205	25	52	19.25	18	16	32305	25	62	25.25	24	20
32206	30	62	21.25	20	17	32306	30	72	28.75	27	23
32207	35	72	24.25	23	19	32307	35	80	32.75	31	25
32208	40	80	24.75	23	19	32308	40	90	35.25	33	27
32209	45	85	24.75	23	19	32309	45	100	38.25	36	30
32210	50	90	24.75	23	19	32310	50	110	42.25	40	33
32211	55	100	26.75	25	21	32311	55	120	45.50	43	35
32212	60	110	29.75	28	24	32312	60	130	48.50	46	37
32213	65	120	32.75	31	27	32313	65	140	51	48	39
32214	70	125	33.25	31	27	32314	70	150	54	51	42
32215	75	130	33.25	31	27	32315	75	160	58	55	45
32216	80	140	35.25	33	28	32316	80	170	61.50	58	48
32217	85	150	38.50	36	30	32317	85	180	63.50	60	49
32218	90	160	42.50	40	34	32318	90	190	67.50	64	53
32219	95	170	45.50	43	37	30319	95	200	71.50	67	55
32220	100	180	49	46	39	32320	100	215	77.50	73	60

(左侧 22 系列，右侧 23 系列)

17. 推力球轴承（GB/T 301—1995）

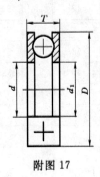

附图 17

标 记 示 例

类型代号 5，尺寸系列代号为 13，内径代号为 10 的推力球轴承，其标记为：滚动轴

附表 20　　　　　　　　　　　　　　　　　　　　　　　　　　　　单位：mm

系列	轴承代号	d	D	T	d_{1smin}	系列	轴承代号	d	D	T	d_{1smin}
11系列	51104	20	35	10	21	13系列	51304	20	47	18	22
	51105	25	42	11	26		51305	25	52	18	27
	51106	30	47	11	32		51306	30	60	21	32
	51107	35	52	12	37		51307	35	68	24	37
	51108	40	60	13	42		51308	40	78	26	42
	51109	45	65	14	47		51309	45	85	28	47
	51110	50	70	14	52		51310	50	95	31	52
	51111	55	78	16	57		51311	55	105	35	57
	51112	60	85	17	62		51312	60	110	35	62
	51113	65	90	18	67		51313	65	115	36	67
	51114	70	95	18	72		51314	70	125	40	72
	51115	75	100	19	77		51315	75	135	44	77
	51116	80	105	19	82		51316	80	140	44	82
	51117	85	110	19	87		51317	85	150	49	88
	51118	90	120	22	92		51318	90	155	50	93
	51120	100	135	25	102		51320	100	170	55	103
12系列	51204	20	40	14	22	14系列	51405	25	60	24	27
	51205	25	47	15	27		51406	30	70	28	32
	51206	30	52	16	32		51407	35	80	32	37
	51207	35	62	18	37		51408	40	90	36	42
	51208	40	68	19	42		51409	45	100	39	47
	51209	45	73	20	47		51410	50	110	43	52
	51210	50	78	22	52		51411	55	120	48	57
	51211	55	90	25	57		51412	60	130	51	62
	51212	60	95	26	62		51413	65	140	56	68
	51213	65	100	27	67		51414	70	150	60	73
	51214	70	105	27	72		51415	75	160	65	78
	51215	75	110	27	77		51416	80	170	68	83
	51216	80	115	28	82		51417	85	180	72	88
	51217	85	125	31	88		51418	90	190	77	93
	51218	90	135	35	93		51420	100	210	85	103
	51220	100	150	38	103		51422	110	230	95	113

三、极限与配合

附表 21　基本尺寸至 500mm 的标准公差数值（摘自 GB/T 1800.3—1998）

基本尺寸(mm)		标准公差等级																
大于	至	IT1	IT2	IT3	IT4	IT5	IT6	IT7	IT8	IT9	IT10	IT11	IT12	IT13	IT14	IT15	IT16	IT17	IT18
		μm											mm						
—	3	0.8	1.2	2	3	4	6	10	14	25	40	60	0.1	0.14	0.25	0.4	0.6	1	1.4
3	6	1	1.5	2.5	4	5	8	12	18	30	48	75	0.12	0.18	0.3	0.48	0.75	1.2	1.8
6	10	1	1.5	2.5	4	6	9	15	22	36	58	90	0.15	0.22	0.36	0.58	0.9	1.5	2.2
10	18	1.2	2	3	5	8	11	18	27	43	70	110	0.18	0.27	0.43	0.7	1.1	1.8	2.7
18	30	1.5	2.5	4	6	9	13	21	33	52	84	130	0.21	0.33	0.52	0.84	1.3	2.1	3.3
30	50	1.5	2.5	4	7	11	16	25	39	62	100	160	0.25	0.39	0.62	1	1.6	2.5	3.9
50	80	2	3	5	8	13	19	30	46	74	120	190	0.3	0.46	0.74	1.2	1.9	3	4.6
80	120	2.5	4	6	10	15	22	35	54	87	140	220	0.35	0.54	0.87	1.4	2.2	3.5	5.4
120	180	3.4	5	8	12	18	25	40	63	100	160	250	0.4	0.63	1	1.6	2.5	4	6.3
180	250	4.5	7	10	14	20	29	46	72	115	185	290	0.46	0.72	1.15	1.85	2.9	4.6	7.2
250	315	6	8	12	16	23	32	52	81	130	210	320	0.52	0.81	1.3	2.1	3.2	5.2	8.1
315	400	7	9	13	18	25	36	57	89	140	230	360	0.57	0.89	1.4	2.3	3.6	5.7	8.9
400	500	8	10	15	20	27	40	63	97	155	250	400	0.63	0.97	1.55	2.5	4	6.3	9.7

注　1. IT01 和 IT0 的标准公差未列入。

2. 基本尺寸小于或等于 1mm 时，无 IT14 和 IT18。

附表 22

轴的基本偏差数值（摘自 GB/T 1800.3—1998）

单位：μm

上偏差 es 所列各列（a、b、c、cd、d、e、ef、f、fg、g、h、js）为所有标准公差等级；下偏差 ei 所列各列（j、k、m、n、p、r、s、t、u、v、x、y、z、za、zb、zc）为所有标准公差等级。j 列分 IT5和IT6、IT7、IT8；k 列分 IT4~IT7、≤IT3 和 >IT7。js 列：偏差 $= \pm IT_n/2$，式中 IT_n 是 IT 值数。

基本尺寸(mm) 大于	至	a	b	c	cd	d	e	ef	f	fg	g	h	j (IT5,IT6)	j (IT7)	j (IT8)	k (IT4~IT7)	k (≤IT3,>IT7)	m	n	p	r	s	t	u	v	x	y	z	za	zb	zc
—	3	-270	-140	-60	-34	-20	-14	-10	-6	-4	-2	0	-2	-4	-6	0	0	+2	+4	+6	+10	+14		+18		+20		+26	+32	+40	+60
3	6	-270	-140	-70	-46	-30	-20	-14	-10	-6	-4	0	-2	-4		+1	0	+4	+8	+12	+15	+19		+23		+28		+35	+42	+50	+80
6	10	-280	-150	-80	-56	-40	-25	-18	-13	-8	-5	0	-2	-5		+1	0	+6	+10	+15	+19	+23		+28		+34		+42	+52	+67	+97
10	14	-290	-150	-95		-50	-32		-16		-6	0	-3	-6		+1	0	+7	+12	+18	+23	+28		+33		+40		+50	+64	+90	+130
14	18	-290	-150	-95		-50	-32		-16		-6	0	-3	-6		+1	0	+7	+12	+18	+23	+28		+33	+39	+45		+60	+77	+108	+150
18	24	-300	-160	-110		-65	-40		-20		-7	0	-4	-8		+2	0	+8	+15	+22	+28	+35		+41	+47	+54	+63	+73	+98	+136	+188
24	30	-300	-160	-110		-65	-40		-20		-7	0	-4	-8		+2	0	+8	+15	+22	+28	+35	+41	+48	+55	+64	+75	+88	+118	+160	+218
30	40	-310	-170	-120		-80	-50		-25		-9	0	-5	-10		+2	0	+9	+17	+26	+34	+43	+48	+60	+68	+80	+94	+112	+148	+200	+274
40	50	-320	-180	-130		-80	-50		-25		-9	0	-5	-10		+2	0	+9	+17	+26	+34	+43	+54	+70	+81	+97	+114	+136	+180	+242	+325
50	65	-340	-190	-140		-100	-60		-30		-10	0	-7	-12		+2	0	+11	+20	+32	+41	+53	+66	+87	+102	+122	+144	+172	+226	+300	+405
65	80	-360	-200	-150		-100	-60		-30		-10	0	-7	-12		+2	0	+11	+20	+32	+43	+59	+75	+102	+120	+146	+174	+210	+274	+360	+480
80	100	-380	-220	-170		-120	-72		-36		-12	0	-9	-15		+3	0	+13	+23	+37	+51	+71	+91	+124	+146	+178	+214	+258	+335	+445	+585
100	120	-410	-240	-180		-120	-72		-36		-12	0	-9	-15		+3	0	+13	+23	+37	+54	+79	+104	+144	+172	+210	+254	+310	+400	+525	+690
120	140	-460	-260	-200		-145	-85		-43		-14	0	-11	-18		+3	0	+15	+27	+43	+63	+92	+122	+170	+202	+248	+300	+365	+470	+620	+800
140	160	-520	-280	-210		-145	-85		-43		-14	0	-11	-18		+3	0	+15	+27	+43	+65	+100	+134	+190	+228	+280	+340	+415	+535	+700	+900
160	180	-580	-310	-230		-145	-85		-43		-14	0	-11	-18		+3	0	+15	+27	+43	+68	+108	+146	+210	+258	+310	+380	+465	+600	+780	+1000
180	200	-660	-340	-240		-170	-100		-50		-15	0	-13	-21		+4	0	+17	+31	+50	+77	+122	+166	+236	+284	+350	+425	+520	+670	+880	+1150
200	225	-740	-380	-260		-170	-100		-50		-15	0	-13	-21		+4	0	+17	+31	+50	+80	+130	+180	+258	+310	+385	+470	+575	+740	+960	+1250
225	250	-820	-420	-280		-170	-100		-50		-15	0	-13	-21		+4	0	+17	+31	+50	+84	+140	+196	+284	+340	+425	+520	+640	+820	+1050	+1350
250	280	-920	-480	-300		-190	-110		-56		-17	0	-16	-26		+4	0	+20	+34	+56	+94	+158	+218	+315	+385	+475	+580	+710	+920	+1200	+1550
280	315	-1050	-540	-330		-190	-110		-56		-17	0	-16	-26		+4	0	+20	+34	+56	+98	+170	+240	+350	+425	+525	+650	+790	+1000	+1300	+1700
315	355	-1200	-600	-360		-210	-125		-62		-18	0	-18	-28		+4	0	+21	+37	+62	+108	+190	+268	+390	+475	+590	+730	+900	+1150	+1500	+1900
355	400	-1350	-680	-400		-210	-125		-62		-18	0	-18	-28		+4	0	+21	+37	+62	+114	+208	+294	+435	+530	+660	+820	+1000	+1300	+1650	+2100
400	450	-1500	-760	-440		-230	-135		-68		-20	0	-20	-32		+5	0	+23	+40	+68	+126	+232	+330	+490	+595	+740	+920	+1100	+1450	+1850	+2400
450	500	-1650	-840	-480		-230	-135		-68		-20	0	-20	-32		+5	0	+23	+40	+68	+132	+252	+360	+540	+660	+820	+1000	+1250	+1600	+2100	+2600

注：1. 基本尺寸小于或等于 1mm 时，基本偏差 a 和 b 均不采用。

2. 公差带 js7～js11，若 IT_n 值数是奇数，则取偏差 $= \pm\dfrac{IT_n - 1}{2}$。

附表 23　**孔的基本偏差数值（摘自 GB/T 1800.3—1998）**

单位：μm

基本偏差	标准公差等级	大于—	3	6	10	14	18	24	30	40	50	65	80	100	120	140	160	180	200	225	250	280	315	355	400	450
基本尺寸(mm)	至	3	6	10	14	18	24	30	40	50	65	80	100	120	140	160	180	200	225	250	280	315	355	400	450	500
		下偏差 EI																								
A	所有标准公差等级	+270	+270	+280	+290	+290	+300	+300	+310	+320	+340	+360	+380	+410	+460	+520	+580	+660	+740	+820	+920	+1050	+1200	+1350	+1500	+1650
B		+140	+140	+150	+150	+150	+160	+160	+170	+180	+190	+200	+220	+240	+260	+280	+310	+340	+380	+420	+480	+540	+600	+680	+760	+840
C		+60	+70	+80	+95	+95	+110	+110	+120	+130	+140	+150	+170	+180	+200	+210	+230	+240	+260	+280	+300	+330	+360	+400	+440	+480
CD		+34	+46	+56																						
D		+20	+30	+40	+50	+50	+65	+65	+80	+80	+100	+100	+120	+120	+145	+145	+145	+170	+170	+170	+190	+190	+210	+210	+230	+230
E		+14	+20	+25	+32	+32	+40	+40	+50	+50	+60	+60	+72	+72	+85	+85	+85	+100	+100	+100	+110	+110	+125	+125	+135	+135
EF		+10	+14	+18																						
F		+6	+10	+13	+16	+16	+20	+20	+25	+25	+30	+30	+36	+36	+43	+43	+43	+50	+50	+50	+56	+56	+62	+62	+68	+68
FG		+4	+6	+8																						
G		+2	+4	+5	+6	+6	+7	+7	+9	+9	+10	+10	+12	+12	+14	+14	+14	+15	+15	+15	+17	+17	+18	+18	+20	+20
H		0	0	0	0	0	0	0	0	0	0	0	0	0	0	0	0	0	0	0	0	0	0	0	0	0
JS		偏差 $=\pm\dfrac{IT_n}{2}$，式中 IT_n 是 IT 值数																								
		上偏差 ES																								
J	IT6	+2	+5	+5	+6	+6	+8	+8	+10	+10	+13	+13	+16	+16	+18	+18	+18	+22	+22	+22	+25	+25	+29	+29	+33	+33
J	IT7	+4	+6	+8	+10	+10	+12	+12	+14	+14	+18	+18	+22	+22	+26	+26	+26	+30	+30	+30	+36	+36	+39	+39	+43	+43
J	IT8	+6	+10	+12	+15	+15	+20	+20	+24	+24	+28	+28	+34	+34	+41	+41	+41	+47	+47	+47	+55	+55	+60	+60	+66	+66
K	≤IT8	0	−1+Δ	−1+Δ	−1+Δ	−1+Δ	−2+Δ	−2+Δ	−2+Δ	−2+Δ	−2+Δ	−2+Δ	−3+Δ	−3+Δ	−3+Δ	−3+Δ	−3+Δ	−4+Δ	−4+Δ	−4+Δ	−4+Δ	−4+Δ	−4+Δ	−4+Δ	−5+Δ	−5+Δ
K	>IT8	0																								
M	≤IT8	−2	−4+Δ	−6+Δ	−7+Δ	−7+Δ	−8+Δ	−8+Δ	−9+Δ	−9+Δ	−11+Δ	−11+Δ	−13+Δ	−13+Δ	−15+Δ	−15+Δ	−15+Δ	−17+Δ	−17+Δ	−17+Δ	−20+Δ	−20+Δ	−21+Δ	−21+Δ	−23+Δ	−23+Δ
M	>IT8	−2	−4	−6	−7	−7	−8	−8	−9	−9	−11	−11	−13	−13	−15	−15	−15	−17	−17	−17	−20	−20	−21	−21	−23	−23
N	≤IT8	−4	−8+Δ	−10+Δ	−12+Δ	−12+Δ	−15+Δ	−15+Δ	−17+Δ	−17+Δ	−20+Δ	−20+Δ	−23+Δ	−23+Δ	−27+Δ	−27+Δ	−27+Δ	−31+Δ	−31+Δ	−31+Δ	−34+Δ	−34+Δ	−37+Δ	−37+Δ	−40+Δ	−40+Δ
N	>IT8	−4	0	0	0	0	0	0	0	0	0	0	0	0	0	0	0	0	0	0	0	0	0	0	0	0
P～ZC	≤IT7	在大于 $IT7$ 的相应数值上增加一个 Δ 值																								

基本偏差数值（上偏差 ES） （单位：μm）

基本偏差	大于: —	3	6	10	14	18	24	30	40	50	65	80	100	120	140	160	180	200	225	250	280	315	355	400	450
至	3	6	10	14	18	24	30	40	50	65	80	100	120	140	160	180	200	225	250	280	315	355	400	450	500
P	-6	-12	-15	-18	-18	-22	-22	-26	-26	-32	-32	-37	-37	-43	-43	-43	-50	-50	-50	-56	-56	-62	-62	-68	-68
R	-10	-15	-19	-23	-23	-28	-28	-34	-34	-41	-43	-51	-54	-63	-65	-68	-77	-80	-84	-94	-98	-108	-114	-126	-132
S	-14	-19	-23	-28	-28	-35	-35	-43	-43	-53	-59	-71	-79	-92	-100	-108	-122	-130	-140	-158	-170	-190	-208	-232	-252
T							-41	-48	-54	-66	-75	-91	-104	-122	-134	-146	-166	-180	-196	-218	-240	-268	-294	-330	-360
U	-18	-23	-28	-33	-33	-41	-48	-60	-70	-87	-102	-124	-144	-170	-190	-210	-236	-258	-284	-315	-350	-390	-435	-490	-540
V					-39	-47	-55	-68	-81	-102	-120	-146	-172	-202	-228	-252	-284	-310	-340	-385	-425	-475	-530	-595	-660
X	-20	-28	-34	-40	-45	-54	-64	-80	-97	-122	-146	-178	-210	-248	-280	-310	-350	-385	-425	-475	-525	-590	-660	-740	-820
Y						-63	-75	-94	-114	-144	-174	-214	-254	-300	-340	-380	-425	-470	-520	-580	-650	-730	-820	-920	-1000
Z	-26	-35	-42	-50	-60	-73	-88	-112	-136	-172	-210	-258	-310	-365	-415	-465	-520	-575	-640	-710	-790	-900	-1000	-1100	-1250
ZA	-32	-42	-52	-64	-77	-98	-118	-148	-180	-226	-274	-335	-400	-470	-535	-600	-670	-740	-820	-920	-1000	-1150	-1300	-1450	-1600
ZB	-40	-50	-67	-90	-108	-136	-160	-200	-242	-300	-360	-445	-525	-620	-700	-780	-880	-960	-1050	-1200	-1300	-1500	-1650	-1850	-2100
ZC	-60	-80	-97	-130	-150	-188	-218	-274	-325	-405	-480	-585	-690	-800	-900	-1000	-1150	-1250	-1350	-1550	-1700	-1900	-2100	-2400	-2600
Δ值 标准公差等级大于IT7 IT3	0	1	1	1	1	1.5	1.5	2	2	2	2	3	3	3	3	3	3	3	3	4	4	4	4	5	5
IT4	0	1.5	1.5	2	2	2	2	3	3	3	3	4	4	4	4	4	4	4	4	4	4	5	5	5	5
标准公差等级 IT5	0	1	2	3	3	3	3	4	4	5	5	5	5	6	6	6	6	6	6	7	7	7	7	7	7
IT6	0	3	3	3	3	4	4	5	5	6	6	7	7	7	7	7	9	9	9	9	9	11	11	13	13
IT7	0	4	6	7	7	8	8	9	9	11	11	13	13	15	15	15	17	17	17	20	20	21	21	23	23
IT8	0	6	7	9	9	12	12	14	14	16	16	19	19	23	23	23	26	26	26	29	29	32	32	34	34

注：
1. 基本尺寸小于或等于1mm时，基本偏差A和B及大于IT8的N均不采用。
2. 公差带JS7至JS11，若 IT_n 值数是奇数，则偏差 $=\pm\dfrac{IT_n-1}{2}$。
3. 对小于或等于IT8的K、M、N和小于或等于IT7的P至ZC，所需Δ值从表内右侧选取。
例如：18～30mm段的K7：Δ=8μm，所以 ES=-2+8=+6μm；
18～30mm段的S6：Δ=4μm，所以 ES=-35+4=-31μm。
4. 特殊情况：250～315mm段的M6，ES=-9μm（代替-11μm）。

（摘自 GB/T 1800.3—1998）

356

基本尺寸 (mm) 大于	至	c11	d9	f7	g6	h6	h7	h9	h11	k6	n6	p6	s6	u6
—	3	−60 / −120	−20 / −45	−6 / −16	−2 / −8	0 / −6	0 / −10	0 / −25	0 / −60	+6 / 0	+10 / +4	+12 / +6	+20 / +14	+24 / +18
3	6	−70 / −145	−30 / −60	−10 / −22	−4 / −12	0 / −8	0 / −12	0 / −30	0 / −75	+9 / +1	+16 / +8	+20 / +12	+27 / +19	+31 / +23
6	10	−80 / −170	−40 / −76	−13 / −28	−5 / −14	0 / −9	0 / −15	0 / −36	0 / −90	+10 / +1	+19 / +10	+24 / +15	+32 / +23	+37 / +28
10	14	−95 / −205	−50 / −93	−16 / −34	−6 / −17	0 / −11	0 / −18	0 / −43	0 / −110	+12 / +1	+23 / +12	+29 / +18	+39 / +28	+44 / +33
14	18	−95 / −205	−50 / −93	−16 / −34	−6 / −17	0 / −11	0 / −18	0 / −43	0 / −110	+12 / +1	+23 / +12	+29 / +18	+39 / +28	+44 / +33
18	24	−110 / −240	−65 / −117	−20 / −41	−7 / −20	0 / −13	0 / −21	0 / −52	0 / −130	+15 / +2	+28 / +15	+35 / +22	+48 / +35	+54 / +41
24	30	−110 / −240	−65 / −117	−20 / −41	−7 / −20	0 / −13	0 / −21	0 / −52	0 / −130	+15 / +2	+28 / +15	+35 / +22	+48 / +35	+61 / +48
30	40	−120 / −280	−80 / −142	−25 / −50	−9 / −25	0 / −16	0 / −25	0 / −62	0 / −160	+18 / +2	+33 / +17	+42 / +26	+59 / +43	+76 / +60
40	50	−130 / −290	−80 / −142	−25 / −50	−9 / −25	0 / −16	0 / −25	0 / −62	0 / −160	+18 / +2	+33 / +17	+42 / +26	+59 / +43	+86 / +70
50	65	−140 / −330	−100 / −174	−30 / −60	−10 / −29	0 / −19	0 / −30	0 / −74	0 / −190	+21 / +2	+39 / +20	+51 / +32	+72 / +53	+106 / +87
65	80	−150 / −340	−100 / −174	−30 / −60	−10 / −29	0 / −19	0 / −30	0 / −74	0 / −190	+21 / +2	+39 / +20	+51 / +32	+78 / +59	+121 / +102
80	100	−170 / −390	−120 / −207	−36 / −71	−12 / −34	0 / −22	0 / −35	0 / −87	0 / −220	+25 / +3	+45 / +23	+59 / +37	+93 / +71	+146 / +124
100	120	−180 / −400	−120 / −207	−36 / −71	−12 / −34	0 / −22	0 / −35	0 / −87	0 / −220	+25 / +3	+45 / +23	+59 / +37	+101 / +79	+166 / +144
120	140	−200 / −450	−145 / −245	−43 / −83	−14 / −39	0 / −25	0 / −40	0 / −100	0 / −250	+28 / +3	+52 / +27	+68 / +43	+117 / +92	+195 / +170
140	160	−210 / −460	−145 / −245	−43 / −83	−14 / −39	0 / −25	0 / −40	0 / −100	0 / −250	+28 / +3	+52 / +27	+68 / +43	+125 / +100	+215 / +190
160	180	−230 / −480	−245 / −83	−39	−25	0	0	0	0	+3	+27	+43	+133 / +108	+235 / +210
180	200	−240 / −530	−170 / −285	−50 / −96	−15 / −44	0 / −29	0 / −46	0 / −115	0 / −290	+33 / +4	+60 / +31	+79 / +50	+151 / +122	+265 / +236
200	225	−260 / −550	−170 / −285	−50 / −96	−15 / −44	0 / −29	0 / −46	0 / −115	0 / −290	+33 / +4	+60 / +31	+79 / +50	+159 / +130	+287 / +258
225	250	−280 / −570	−285 / −96	−44	−29	0	0	0	0	+4	+31	+50	+169 / +140	+313 / +284
250	280	−300 / −620	−190	−56	−17	0	0	0	0	+36	+66	+88	+190 / +158	+347 / +315

基本尺寸(mm)		公差带												
		c	d	f	g	h				k	n	p	s	u
大于	至	11	9	7	6	6	7	9	11	6	6	6	6	6
280	315	−330 −650	−320	−108	−49	−32	−52	−130	−320	+4	+34	+56	+202 +170	+382 +350
315	355	−360 −720	−210	−62	−18	0	0	0	0	+40	+73	+98	+226 +190	+426 +390
355	400	−400 −760	−350	−119	−54	−36	−57	−140	−360	+4	+37	+62	+244 +208	+471 +435
400	450	−440 −840	−230	−68	−20	0	0	0	0	+45	+80	+108	+272 +232	+530 +490
450	500	−480 −880	−385	−131	−60	−40	−63	−155	−400	+5	+40	+68	+292 +252	+580 +540

附表 25 优先配合中孔的极限偏差 (摘自 GB/T 1800.4—1999) 单位：μm

基本尺寸(mm)		公差带												
		C	D	F	G	H				K	N	P	S	U
大于	至	11	9	8	7	7	8	9	11	7	7	7	7	7
—	3	+120 +60	+45 +20	+20 +6	+12 +2	+10 0	+14 0	+25 0	+60 0	0 −10	−4 −14	−6 −16	−14 −24	−18 −28
3	6	+145 +70	+60 +30	+28 +10	+16 +4	+12 0	+18 0	+30 0	+75 0	+3 −9	−4 −16	−3 −20	−15 −27	−19 −31
6	10	+170 +80	+76 +40	+35 +13	+20 +5	+15 0	+22 0	+36 0	+90 0	+5 −10	−4 −19	−9 −24	−17 −32	−22 −37
10	14	+205 +95	+93 +50	+43 +16	+24 +6	+18 0	+27 0	+43 0	+110 0	+6 −12	−5 −23	−11 −29	−21 −39	−26 −44
14	18	+205 +95	+93 +50	+43 +16	+24 +6	+18 0	+27 0	+43 0	+110 0	+6 −12	−5 −23	−11 −29	−21 −39	−26 −44
18	24	+240 +110	+117 +65	+53 +20	+28 +7	+21 0	+33 0	+52 0	+130 0	+6 −15	−7 −28	−14 −35	−27 −48	−33 −54
24	30	+240 +110	+117 +65	+53 +20	+28 +7	+21 0	+33 0	+52 0	+130 0	+6 −15	−7 −28	−14 −35	−27 −48	−40 −61
30	40	+280 +120	+142 +80	+64 +25	+34 +9	+25 0	+39 0	+62 0	+160 0	+7 −18	−8 −33	−17 −42	−34 −59	−51 −76
40	50	+290 +130	+142 +80	+64 +25	+34 +9	+25 0	+39 0	+62 0	+160 0	+7 −18	−8 −33	−17 −42	−34 −59	−61 −86
50	65	+330 +140	+174	+76	+40	+30	+46	+74	+190	+9	−9	−21	−42 −72	−76 −106

基本尺寸 (mm)		公差带												
		C	D	F	G	H				K	N	P	S	U
大于	至	11	9	8	7	7	8	9	11	7	7	7	7	7
65	80	+340 +150	+100	+30	+10	0	0	0	0	−21	−39	−51	−48 −78	−91 −121
80	100	+390 +170	+207	+90	+47	+35	+54	+87	+220	+10	−10	−24	−58 −93	−111 −146
100	120	+400 +180	+120	+36	+12	0	0	0	0	−25	−45	−59	−66 −101	−131 −166
120	140	+450 +200	+245	+106	+54	+40	+63	+100	+250	+12	−12	−28	−77 −117	−155 −195
140	160	+460 +210											−85 −125	−175 −215
160	180	+480 +230	+145	+43	+14	0	0	0	0	−28	−52	−68	−93 −133	−195 −235
180	200	+530 +240	+285	+122	+61	+46	+72	+115	+290	+13	−14	−33	−105 −151	−219 −265
200	225	+550 +260											−113 −159	−241 −287
225	250	+570 +280	+170	+50	+15	0	0	0	0	−33	−60	−79	−123 −169	−267 −313
250	280	+620 +300	+320	+137	+69	+52	+81	+130	+320	+16	−14	−36	−138 −190	−295 −347
280	315	+650 +330	+190	+56	+17	0	0	0	0	−36	−66	−88	−150 −202	−330 −382
315	355	+720 +360	+350	+151	+75	+57	+89	+140	+360	+17	−16	−41	−169 −226	−369 −426
355	400	+760 +400	+210	+62	+18	0	0	0	0	−40	−73	−98	−187 −244	−414 −471
400	450	+840 +440	+385	+165	+83	+63	+97	+155	+400	+18	−17	−45	−209 −279	−467 −530
450	500	+880 +480	+230	+68	+20	0	0	0	0	−45	−80	−108	−229 −292	−517 −580

参　考　文　献

[1]　韩满林主编．工程制图．北京：电子工业出版社，2000.

[2]　赵炳利，姜贵荣主编．工程制图．第 1 版．北京：中国标准出版社，2001.

[3]　焦永和，林宏主编．画法几何及工程制图．第 2 版．北京：北京理工大学出版社，2000.

[4]　杨欣欣，许国玉，等主编．画法几何及工程制图．第 1 版．哈尔滨：哈尔滨工程大学出版社，2000.

[5]　胡建生主编．机械制图．第 1 版．北京：机械工业出版社，2001.

[6]　焦永和主编．机械制图．第 1 版．北京：北京理工大学出版社，2001.

[7]　陈树国主编．机械制图．第 1 版．北京：机械工业出版社，2001.

[8]　马慧主编．机械制图．第 1 版．北京：机械工业出版社，2000.

[9]　胡勇主编．机械制图．第 1 版．北京：中国人民大学出版社，2000.

[10]　合肥工业大学工程图学教研室主编．机械制图．第 1 版．北京：机械工业出版社，1999.

[11]　冯秋官，仝基斌主编．工程制图．第 1 版．北京：机械工业出版社，2005.

[12]　成大先主编．机械设计手册．第 4 版．北京：化学工业出版社，2007.

[13]　大连理工大学工程画教研室编．机械制图．第 5 版．北京：高等教育出版社，2003.

[14]　国家质量技术监督局．中华人民共和国国际标准——技术制图与机械制图．北京：中国标准出版社，1996 - 2003.

[15]　刘朝儒，彭福荫，高政一主编．机械制图．第 4 版．北京：高等教育出版社，2000.

[16]　蒋允静，裴金萍主编．计算机绘图．第 1 版．西安：西安地图出版社出版，2003.

[17]　刘瑞新主编．AutoCAD 2002 中文版应用教程．第 1 版．北京：高等教育出版社，2003.

[18]　刘魁敏主编．机械制图．北京：机械工业出版社，2007.